Teubner Studienbücher Wirtschaftswissenschaften

H. Corsten
Grundlagen der Wettbewerbsstrategie

Teubner Studienbücher Wirtschaftswissenschaften

Herausgegeben von
Univ.-Prof. Dr. Ulrich Blum, Dresden
Univ.-Prof. Dr. Stephan Zelewski, Essen

Die Studienbücher der Reihe Wirtschaftswissenschaften behandeln wichtige Teilgebiete, Problembereiche und Instrumente der Wirtschaftswissenschaften, insbesondere der Betriebs- und der Volkswirtschaftslehre. Sie streben nicht die thematische Breite eines umfangreichen Lehrbuchs oder die inhaltliche Tiefe einer wissenschaftlichen Forschungsarbeit an. Vielmehr soll Studierenden ein kompetenter Überblick sowohl über grundlegende als auch über aktuelle ökonomische Fragestellungen gewährt werden. Darüber hinaus wenden sich die Studienbücher aufgrund ihrer Prägnanz ebenso an interessierte Praktiker.

Die Bände zielen darauf ab, wesentliche Grundzüge des jeweils relevanten wirtschaftswissenschaftlichen Wissens auf klare, einfach verständliche, aber dennoch präzise Weise zu vermitteln.

Grundlagen der Wettbewerbsstrategie

Von Univ.-Prof. Dr. Hans Corsten
Universität Kaiserslautern

Springer Fachmedien Wiesbaden GmbH 1998

o. Univ.-Prof. Dr. rer. pol. habil. Hans Corsten

Geboren 1949 in Aachen. Studium der Betriebswirtschaftslehre an der RWTH Aachen und an der Universität zu Köln (Abschluß: Dipl.-Kfm.). Promotion (1980) und Habilitation (1986) an der Technischen Universität Braunschweig. 1986/87 Leitung eines internationalen Forschungsprojektes zum Technologietransfer bei der Kommission der Europäischen Gemeinschaften in Brüssel und Luxemburg. 1988 Ruf auf die Professur für Produktionswirtschaft an der Universität Kaiserslautern. 1988/89 Professor in Kaiserslautern. 1989 Ruf auf den Lehrstuhl für Produktionswirtschaft an der Universität Eichstätt/Ingolstadt. Von 1989 bis 1995 Lehrstuhlinhaber für Allgemeine Betriebswirtschaftslehre, insbes. Produktionswirtschaft an der Universität Eichstätt/Ingolstadt. 1992 Rufe an die Universität Kaiserslautern und die Phillips-Universität Marburg (beide abgelehnt). 1995 Ruf auf den Lehrstuhl für Produktionswirtschaft an der Universität Klagenfurt (abgelehnt). 1995 Ruf auf den Lehrstuhl für Produktionswirtschaft an der Universität Kaiserslautern. Seit 1. September 1995 Inhaber des Lehrstuhls für Produktionswirtschaft an der Universität Kaiserslautern.
Autor von 14 Monographien und etwa 150 Aufsätzen sowie Herausgeber von 19 Werken und der Schriftenreihen „Lehr- und Handbücher der Betriebswirtschaftslehre" und „Information - Organisation - Produktion".

Die Deutsche Bibliothek – CIP-Einheitsaufnahme

Corsten, Hans:
Grundlagen der Wettbewerbsstrategie /
von Hans Corsten.
(Teubner Studienbücher Wirtschaftswissenschaften)
ISBN 978-3-519-00230-7 ISBN 978-3-663-12158-9 (eBook)
DOI 10.1007/978-3-663-12158-9

Ursprünglich erschienen bei B.G. Teubner Stuttgart · Leipzig 1998

Vorwort

Seit den Veröffentlichungen von Porter haben wettbewerbsstrategische Fragestellungen in der betriebswirtschaftlichen Literatur zunehmende Bedeutung erfahren. Die leichte Nachvollziehbarkeit strategischer Empfehlungen der Porterschen Wettbewerbstypologie hat sich auf die starke Verbreitung dieses Gedankengutes in der Praxis positiv ausgewirkt und in der Folge eine Vielzahl wissenschaftlicher Untersuchungen initiiert, die Porters Thesen äußerst kontrovers diskutierten. Im Laufe der Zeit führte diese Diskussion zu einer Entwicklung weiterer und teilweise auch komplexerer wettbewerbsstrategischer Ansätze.

Aufgabe des vorliegenden Lehrbuches soll es sein, den Studenten und auch dem interessierten Praktiker eine kurze und verständliche Einführung in wettbewerbsstrategische Fragestellungen zu bieten, wobei einerseits auf die Instrumente der strategischen Analyse und anderseits auf unterschiedliche wettbewerbsstrategische Ausrichtungen eingegangen wird. Dabei war es nicht das Ziel, eine wie auch immer geartete Vollständigkeit zu erreichen, sondern durch eine bewußte Auswahl Aspekte herauszugreifen, die für das Verständnis wettbewerbsstrategischer Fragestellungen von besonderer Bedeutung sind. Ein umfangreiches Literaturverzeichnis bietet dem Leser darüber hinaus die Möglichkeit, in die entsprechende Spezialliteratur „einzusteigen".

Danken möchte ich meinen Mitarbeitern, den Herren Dipl.-Kfm. Ralf Gössinger und Dipl.-Kfm. Stephan Stuhlmann, für die redaktionelle Unterstützung mit dem gewohnten Engagement. Meine Sekretärin Frau Susanne Bischler und die Herren Dirk Emrich, Stephan Erb und Rainer Welsch haben die Abbildungen erstellt und die drucktechnische Aufbereitung unterstützt. Auch ihnen sei hierfür herzlich gedankt. Erneut darf ich mich bei meiner Frau bedanken, die wie selbstverständlich viele Stunden mit Korrekturarbeiten verbracht hat, eine Arbeit, die sie nun seit mehr als 25 Jahren vollzieht. Schließlich danke ich Herrn Kollegen Univ.-Prof. Dr. Stephan Zelewski für die Anregung zu diesem Buch und für die Aufnahme in diese Reihe.

Kaiserslautern, im Mai 1998 | Hans Corsten

Schlüsselbegriffe

Geschäftsfeldstrategie, Hybride Wettbewerbsstrategien, Kernkompetenzen, Marktorientierter Ansatz, Ressourcenorientierter Ansatz, Strategie, Strategische Unternehmungsführung, Wettbewerbsstrategie

Zusammenfassung

Wettbewerbsstrategische Überlegungen sind für die erfolgreiche Entwicklung einer Unternehmung von grundlegender Bedeutung. Ausgehend von einem Analyserahmen für die Unternehmung und ihre Umwelt werden Instrumente wie Erfahrungskurvenkonzept, Lebenszykluskonzepte, PIMS-Programm, Gap-Analyse und Stärken-/Schwächen-Analyse thematisiert. Im Rahmen wettbewerbsstrategischer Ausrichtungen wird zwischen marktorientiertem und ressourcenorientiertem/ kompetenzbasiertem Ansatz unterschieden. Die kritische Analyse der generischen Wettbewerbsstrategien nach Porter bildet den Ausgangspunkt der marktorientierten Ansätze (Outside-in-Perspektive), deren Spektrum vom Outpacing-Strategies-Ansatz bis hin zu hybriden Strategien reicht. Demgegenüber zielt die Darstellung der Voraussetzungen und konkreten Ausgestaltungsformen des ressourcenorientierten Ansatzes in einer Inside-out-Perspektive auf eine interne Kompetenzanalyse. Im letzten Abschnitt des vorliegenden Buches werden Strategieformulierung, -implementierung und -kontrolle als Phasen der Strategieentwicklung untersucht.

Inhaltsverzeichnis

1 Grundlegungen

Die Entwicklung der **strategischen Unternehmungsführung** wird in Anlehnung an Gluck/Kaufmann/Walleck[1)] in einem vierstufigen Entwicklungsschema[2)] erfaßt, das sich in der Literatur weitgehend durchgesetzt hat[3)] (vgl. Abbildung 1).

Den **Entwicklungsstufen** liegen dabei eine zunehmende Instabilität der Unternehmungsumwelt und komplexer werdende Strukturen und Prozesse in den Unternehmungen zugrunde. Im Zentrum der **ersten Entwicklungsstufe** stand eine primär finanzwirtschaftlich orientierte Planung, deren inhaltliche Schwerpunkte die Budgetierung und Projektplanung waren. Die **zweite Stufe** konzentrierte sich hingegen auf Fragen der Strategiebildung. In **Stufe drei** gelangten dann Probleme der Umweltanalyse und des Wettbewerbs ins Zentrum des Interesses. Dabei ging es um die Frage, wie die Unternehmungen auf der Grundlage geeigneter Strategien auf die Umwelt einwirken und wie sie auf Veränderungen der Umwelt möglichst flexibel reagieren können. In **Stufe vier** wird vor allem der Zusammenhang zwischen Strategie - Struktur - Technologie - Kultur thematisiert, wobei die Hauptaufgabe des strategischen Management darin besteht, die Gestaltungsparameter situativ und zielorientiert aufeinander abzustimmen[4)].

Auch wenn die kurz skizzierten Entwicklungsstufen den Eindruck vermitteln, als handele es sich hierbei um isolierte Ansätze, ist zu betonen, daß vielmehr Modifikationen und Schwerpunktverlagerungen einer Grundidee vorliegen, wobei die Entwicklung des strategischen Denkens noch keinesfalls als abgeschlossen zu betrachten ist[5)]. So wird einerseits die **gesellschaftliche Verantwortung der Unternehmung** und anderseits die wechselseitige Anpassung von **Strategie** und **Kultur** sowie das **Humanpotential** betont.

---

1) Vgl. Gluck/Kaufmann/Walleck (1980, S. 4).

2) Rollberg (1996, S. 6 f.) ergänzt dies um eine fünfte Entwicklungsstufe „Kollektives strategisches Management", mit der er vor allem auf Unternehmungsverbunde abzielt.

3) Vgl. z.B. Bühner (1993, S. 194); Knafl (1995, S. 7 ff.); Neubauer (1985, S. 406 ff.); Welge/Al-Laham (1992, S. 7).

4) Vgl. Rollberg (1996, S. 7). Zu einer differenzierten Beschreibung der Entwicklungsstufen vgl. Welge/Al-Laham (1992, S. 8 ff.).

5) Vgl. Welge/Al-Laham (1992, S. 24); Wüthrich (1990, S. 178 ff.).

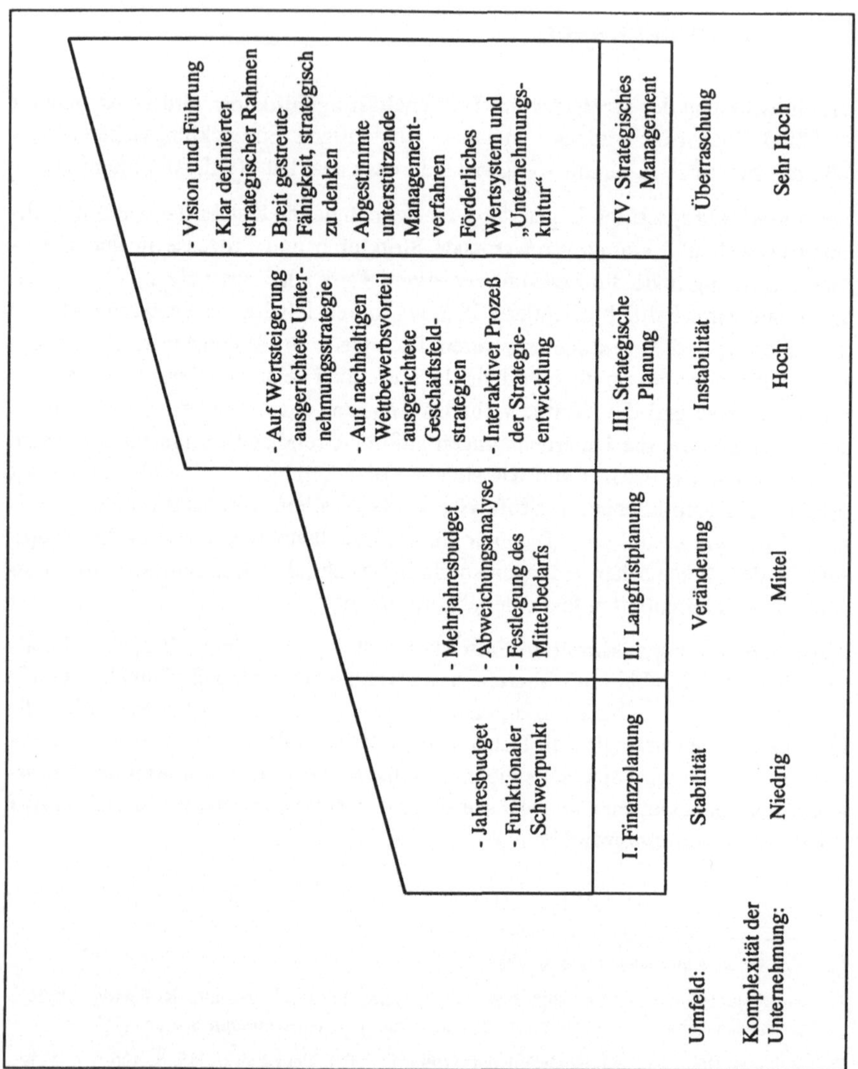

Abb. 1: Entwicklungsphasen nach Gluck/Kaufmann/Walleck

1.1 Zum Strategiebegriff

Der Strategiebegriff ist zunehmend zu einem Modebegriff geworden, der häufig alles das beschreiben soll, was sich einer konkreten Erfassung entzieht. So wundert es dann auch nicht, daß der Strategiebegriff, der etwa Mitte des 20. Jahrhunderts im Rahmen der **Spieltheorie** in die Betriebswirtschaftslehre Eingang fand[1)], in der Literatur höchst unterschiedliche Abgrenzungsversuche erfahren hat[2)]. Dabei soll auf **Allgemeinplätze** wie „die Kräfte auf die entscheidenden Stellen konzentrieren" oder „von Anfang an so handeln, daß am Ende Erfolg eintritt", wie dies teilweise von Unternehmungsberatungen beschrieben wird, verzichtet werden, da sie kaum als ernsthafte Definitionsversuche eingestuft werden können. Ebenfalls wird auf die aus unserer Sicht nicht haltbare **Analogiebildung** zwischen Militär- und Unternehmungsstrategie[3)] verzichtet, da auch dies letztlich zu Allgemeinplätzen führt.

In einer **abstrakten Form** kann die Strategie als ein **Muster** in einem Strom von Entscheidungen[4)] oder Aktionen und Handlungen[5)] umschrieben werden. Dieses Muster läßt sich als ein **Handlungsprogramm** einer Unternehmung auffassen[6)], d.h., Strategien bilden **Verhaltensrichtlinien**[7)]. Sie sind **Grundsatzentscheidungen**, die unter Beachtung der Umweltgegebenheiten[8)] und der Unternehmungsressourcen die Erreichung übergeordneter Unternehmungsziele sicherstellen sollen[9)].

1) Vgl. z.B. Gälweiler (1987, S. 56); Neumann/Morgenstern (1967, S. 79).

2) Zur Entwicklung des Begriffs Strategie vgl. z.B. Bracker (1980, S. 219 ff.); Hinterhuber (1996, S. 17 f.); Kreikebaum (1997, S. 17 ff.). Einen Überblick über die deutschsprachige und angloamerikanische Literatur geben Welge/Al-Laham (1992, S. 165 ff.).

3) Vgl. Gälweiler (1987, S. 60 ff.). Daudel/Vialle (1989, S. 13) sprechen von einer kriegerischen Sprache des unternehmerischen Wettbewerbs.

4) Vgl. Mintzberg (1978, S. 935).

5) Vgl. Mintzberg/Waters (1985, S. 257).

6) Vgl. Heß (1991, S. 47 ff.).

7) Vgl. Ansoff (1984, S. 31).

8) Heß (1991, S. 3) betont, daß die Reaktionsverbundenheit der Unternehmung mit ihrer Umwelt explizit im Strategieformulierungsprozeß zu verankern sei: „Die Unternehmungsstrategie bildet sich - so verstanden - in der Interaktion mit den Marktakteuren heraus und muß wegen der eingeschränkten Antizipierbarkeit von Wettbewerbshandlungen dynamisch konzeptionalisiert werden."

9) Vgl. z.B. Hofer/Schendel (1978, S. 25); Noetel (1993, S. 55); Segler (1981, S. 237).

Die **Unternehmungsziele** bilden damit den Ausgangspunkt, während die Strategien Mittel der Zielerreichung sind, d.h., es handelt sich um grundsätzliche Entscheidungen über die Vorgehensweise zur Zielerreichung[1)] („wie"). Strategische Entscheidungen sind damit nicht nur von besonderer Bedeutung[2)] für die Unternehmung, sondern sie sind darüber hinaus **äußerst komplex** und **schlecht-strukturiert**[3)]. Damit wird gleichzeitig deutlich, daß strategisch nicht mit der Langfristplanung gleichzusetzen ist[4)], sondern daß in der „Stärke und Dauer der Erfolgswirkung" das relevante Kriterium zu sehen ist[5)]. So betont dann auch Gälweiler[6)], daß es nicht weiterführe, wenn alle Entscheidungen, die für die Zukunft einer Unternehmung wichtig seien, oder alle Entscheidungen mit langfristiger Wirkung als strategisch eingestuft werden.

Strategische Entscheidungen dienen der **dauerhaften Unternehmungssicherung**, d.h., ein Hauptanliegen jeder Strategie ist in der Erschließung und Sicherung von **Erfolgspotentialen** zu sehen[7)]. Aus diesen Überlegungen resultiert, daß es sich bei Strategien nicht um exakt quantifizierbare Sachverhalte handeln kann, sondern lediglich um „quantitative Vermutungen", d.h., das heranzuziehende Zahlenmaterial ist lediglich mit „hinreichender" Genauigkeit zu schätzen[8)]. Im Rahmen von Strategien erlangen damit **qualitative Erwägungen** eine besondere Bedeutung. Letztlich bleiben Strategien immer **gedankliche Konstrukte**[9)]. So werden dann auch in der Literatur[10)] Eigenschaften herausgearbeitet, die erfüllt sein müssen, damit von einer Strategie gesprochen werden kann:

---

1) Vgl. Adrian (1989, S. 27); Heß (1991, S. 18); Kolks (1990, S. 28); Schreyögg (1984, S. 133).

2) Vgl. Schreyögg (1984, S. 150).

3) Vgl. Arnold (1981, S. 290).

4) Vgl. Gälweiler (1980a, S. 31). Demgegenüber zielt Bamberger (1981, S. 97) in seiner Definition primär auf die Langfristigkeit ab.

5) Gutenberg (1971, S. 140) spricht in diesem Zusammenhang von echten Führungsentscheidungen.

6) Vgl. Gälweiler (1987, S. 56).

7) Vgl. Gälweiler (1979, S. 253); Köhler (1981, S. 264).

8) Vgl. Hering (1995, S. 5).

9) Vgl. Kreikebaum (1997, S. 18).

10) Vgl. Kreikebaum (1997, S. 19); Scholz (1987, S. 5 f.).

- inhaltliche Betonung des Wichtigen (Relevanz[1]),
- methodische Beschränkung auf wesentliche Gesichtspunkte[2] (Vereinfachung) und
- Streben nach frühzeitigem Handeln (Proaktivität).

Gemeinsam ist dabei allen Strategiedefinitionen, daß sie sich auf das Verhältnis zwischen Organisation und Umwelt beziehen[3]. Strategien können damit als Verhaltensmuster[4] beschrieben werden[5], die unter Beachtung der Umwelt und der Ressourcen bestrebt sind, Erfolgspotentiale zu erschließen und zu sichern. Sie stellen gleichzeitig den Rahmen für die taktische und operative Ebene dar[6].

1.2 Strategietypologien

In der Literatur liegt eine fast unüberschaubare Anzahl unterschiedlicher Einteilungen von Strategien vor. Die folgende Tabelle 1 soll einen - keinesfalls vollständigen - Überblick über die unterschiedlichen Ansatzpunkte geben[7].

1) Heß (1991, S. 48) spricht von begründeten Relevanzvermutungen.

2) Es wird insbesondere auf aggregierte Größen zurückgegriffen.

3) Vgl. Werkmann (1989, S. 27).

4) Vgl. Görgel (1992, S. 9).

5) Chandler (1962, S. 13) spricht von Handlungsverläufen (courses of action).

6) Vgl. Corsten (1998, S. 27 ff.).

7) Zu weiteren Übersichten vgl. z.B. Adrian (1989, S. 27 f.); Kolks (1990, S. 49); Kreikebaum (1997, S. 58). Dabei bleiben eher unsystematische Einteilungen wie Marketing-, Integrations-, Auslandsstrategien, Logistische Strategien, Effizienz- und Abschöpfungsstrategien unberücksichtigt. Vgl. Hax/Majluf (1988, S. 41 f.).

Kriterium	Strategien
Betrachtungsebene	- Unternehmungsstrategie - Geschäftsfeldstrategie - Funktionalstrategie
Strategisches Grundprinzip/ Basis des Wettbewerbsvorteils	- Kostenführerschaftsstrategie - Differenzierungsstrategie[1)] - Konzentrationsstrategie[2)] (Nischenstrategie)
Funktionsbereich	- Beschaffungsstrategie - Produktionsstrategie - Absatzstrategie - F&E-Strategie - Investitionsstrategie - Finanzierungsstrategie - Personalstrategie
Zielgruppenabdeckung[3)]	- Globale Strategie (grundsätzliche Handlungsorientierung der Unternehmung und ihrer Geschäftseinheiten) - Konkrete Strategie (in der Form von Stakeholder-Strategien, d.h., es geht um die Festlegung der strategischen Handlungsorientierung gegenüber einzelnen Stakeholders)

(Fortsetzung nächste Seite)

1) Hall (1980, S. 75 ff.) unterscheidet zwischen Minimalkostenstrategie und Produkt-, Qualitäts- und Servicedifferenzierungsstrategie.

2) Eine ähnliche Vorgehensweise findet sich bei Hamermesh/Silk (1979, S. 161 ff.), die zwischen der Konzentration auf Wachstumssegmente (Teilmärkte), dem Streben nach hochwertigen, innovativen Produkten (Differenzierung) und dem Bemühen um hohe Wirtschaftlichkeit (Kostensenkung) unterscheiden. Eine explizite Unterscheidung zwischen Teilmarkt und Gesamtmarkt wird dabei nicht thematisiert.

3) Vgl. Heß (1991, S. 107 ff.).

Kriterium	Strategien
Marktverhalten	- Beeinflussungsstrategie - Anpassungsstrategie
	- Angriffsstrategie - Verteidigungsstrategie
	- offensive Strategie - defensive Strategie
Produkt-Markt-Kombination	- Marktdurchdringung - Marktentwicklung - Produktentwicklung - Diversifikation
Entwicklungsrichtung	- Wachstumsstrategie (Investitionsstrategie) - Schrumpfungsstrategie (Desinvestitionstrategie) - Stabilisierungsstrategie (Haltestrategie) - Selektive Strategie
intendiert - nicht indendiert realisiert - nicht realisiert[1]	- Unrealized Strategy (beabsichtigte, aber nicht realisierte Strategie) - Deliberate Strategy (beabsichtigte und realisierte Strategie) - Emergent Strategy (realisierte Strategie, die nicht beabsichtigt war[2])

Tab. 1: Überblick über Strategieausprägungen

1) Diese Strategien resultieren aus Lernprozessen. Sie entwerfen nicht die zukünftige Realität, sondern legitimieren Handlungsmuster und Entscheidungen nachträglich durch Fakten.

2) Mintzberg (1978, S. 945) spricht dabei von Strategiedimensionen, die er in einer 4-Felder-Matrix kombiniert, wobei nur drei relevante Typen entstehen.

Für die weiteren Überlegungen von zentraler Bedeutung[1)] ist die Untergliederung in

- Unternehmungsstrategie (corporate strategy),
- Geschäftsfeldstrategie (business strategy) und
- Funktionalstrategie (functional area strategy)[2)].

Teilweise wird als vierte Kategorie die „Geschäftspolitische Strategie" (enterprise strategy) erwähnt, die sich mit der Legitimation und Einbindung der Unternehmung in die Gesamtwirtschaft und die Gesellschaft befaßt. Görgel formuliert das Anliegen dieser Strategieebene in präziser Form: „Sie soll die Fragen beantworten, welche Haltung das Unternehmen zu den existierenden und sich abzeichnenden gesellschaftlichen Problemen einzunehmen hat, welchen allgemeinen Auftrag (Mission) das Unternehmen erfüllen will und welche Geschäftsgrundsätze hierbei gelten sollen."[3)] Diese Strategieebene ist für die weiteren Überlegungen nicht von Interesse, so daß auf eine Thematisierung verzichtet werden soll. Demgegenüber sollen die drei anderen Strategietypen, die letztlich, wie in Abbildung 2 dargestellt, eine Strategiehierarchie bilden, weiter spezifiziert werden[4)].

Die **Unternehmungsstrategien** geben Antwort auf die Frage, in welchen Märkten oder Geschäftsfeldern eine Unternehmung aktiv werden möchte, d.h., es ergibt sich ein Portfolio von Geschäftseinheiten. Es geht damit um die Aufteilung der Gesamtaktivitäten auf strategische Geschäftseinheiten.

Die Produkte sind die Objekte der **Geschäftsfeldstrategien**[5)], d.h., es geht um die Festlegung der **Produkt-Markt-Kombination** (strategische Geschäftseinheit). Es liegt damit eine klar abgrenzbare Subeinheit in einer Unternehmung vor, wobei **strategische Geschäftseinheiten**[6)] die folgenden Merkmale erfüllen müssen:

---

1) Dies bedeutet nicht, daß die anderen Einteilungen irrelevant sind, sondern sie werden in den weiteren Ausführungen punktuell herangezogen.

2) Vgl. z.B. Ansoff (1979, S. 30 ff.); Fombrun (1983, S. 193); Görgel (1992, S. 20 ff.); Hax/ Majluf (1988, S. 62); Hinterhuber (1982, S. 27 ff.); Hofer/Schendel (1978, S. 12); Welge/Al-Laham (1993, S. 195 und S. 199); Wheelen/Hunger (1986, S. 8 f.).

3) Görgel (1992, S. 21).

4) Vgl. Kolks (1990, S. 30).

5) Regionen können ebenfalls Objektbereich sein.

6) „Strategische Geschäftseinheiten sind als organisatorische Subsysteme anzusehen, denen strategische Subautonomie zugesprochen wird." Werkmann (1989, S. 167).

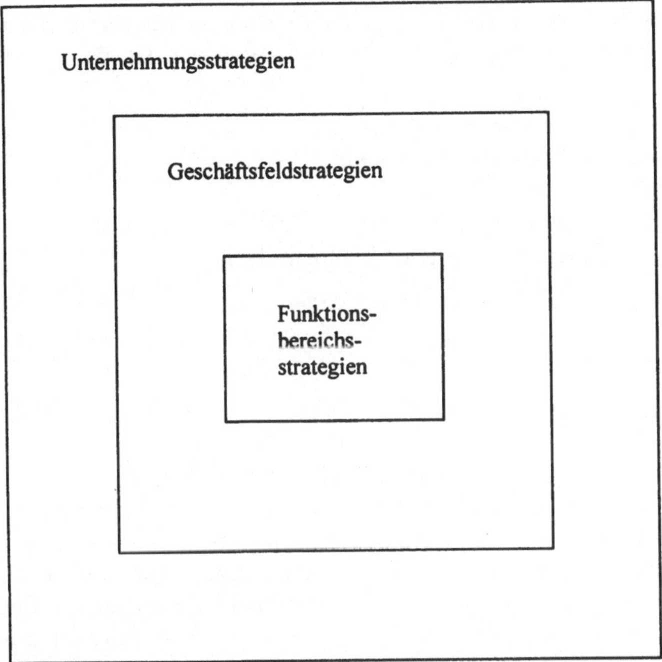

Abb. 2: Strategiehierarchie

- Sie stellen von anderen Einheiten unabhängige und klar abgrenzbare Produkt-Markt-Kombinationen dar.
- Mit ihnen müssen sich Wettbewerbsvorteile erzielen lassen[1].

Ihnen obliegt damit die Aufgabe, Wettbewerbsvorteile langfristig zu erhalten oder zu verbessern[2], d.h., sie sollen dazu beitragen, eine vorteilhafte Wettbewerbsposition zu erreichen, und so den Unternehmungserfolg sichern[3]. Die Produkt-Markt-Kombination wird damit zum zentralen Aktionsparameter. In diesem Kontext wird von **Wettbewerbsstrategien** gesprochen[4]. Wettbewerbsstrategie ist die

1) Vgl. Abell (1980, S. 18 ff. und S. 169 ff.); Adrian (1989, S. 82); Felzmann (1982, S. 44); Köhler (1981, S. 272 f.).

2) Vgl. Hax/Majluf (1988, S. 39); Bresser (1989, S. 545).

3) Vgl. Schreyögg (1984, S. 5).

4) Vgl. z.B. Kolks (1990, S. 17); Porter (1989, S. 17).

Wahl von offensiven oder defensiven Maßnahmen, die geeignet erscheinen, eine gefestigte Branchenposition zu schaffen und damit mit den fünf Wettbewerbskräften

- Gefahr durch neue Marktteilnehmer,
- Bedrohung durch Substitutionsprodukte,
- Verhandlungsmacht der Kunden,
- Verhandlungsmacht der Lieferanten,
- Rivalität zwischen den etablierten Wettbewerbern

fertig zu werden und damit am Markt bestehen zu können[1)]. Die Wettbewerbsstrategie gibt damit eine Antwort auf die Frage nach der Art und Weise, wie eine Unternehmung sich mit einer Wettbewerbssituation auseinandersetzt[2)].

Funktionalstrategien beziehen sich hingegen auf verrichtungsorientierte Teilbereiche, wie etwa Forschung und Entwicklung, Beschaffung, Produktion und Absatz[3)]. So zielt etwa die Produktionsstrategie auf die Entscheidungstatbestände, die sich auf Produktionsaufgabe, Produktionsstruktur und Produktionsprozeß beziehen[4)]. Gerade im Bereich des Produktionsmanagement wird zunehmend auf die hohe Bedeutung einer strategischen Sichtweise hingewiesen[5)]. Dabei stellen sich Fragen der Produktionsstrategie in der Produktionsprogrammgestaltung (z.B. Festlegen von Produktfeldern), der Potentialgestaltung (z.B. Produktionstechnologien) und Prozeßgestaltung (z.B. Organisationstyp der Produktion)[6)]. Darüber hinaus wird intensiv über eine Abstimmung der CIM-Einführungsstrategien mit der Wettbewerbsstrategie diskutiert[7)]. Dabei wird betont, daß CIM einerseits die Bestandsflexibilität und anderseits die Entwicklungsflexibilität tendenziell zu steigern vermag, so daß Produkte schnell an Kundenwünsche angepaßt werden kön-

1) Vgl. Porter (1989, S. 22 ff.).

2) Vgl. Olemotz (1995, S. 32).

3) Vgl. Kolks (1990, S. 30); zu ausführlichen Ausführungen vgl. z.B. Welge/Al-Laham (1992, S. 250 ff.).

4) Vgl. Gröger (1992, S. 101).

5) Vgl. z.B. Noetel (1993, S. 220); Skinner (1985, S. 9 ff.); Zahn (1989, S. 153 ff.); Zäpfel (1989, S. 7 ff.).

6) Vgl. Corsten (1994b, S. 10 ff.).

7) Dabei stehen vor allem die Koppelung einzelner CIM-Komponenten und damit einhergehende Einführungspfade von CIM in Abhängigkeit von der verfolgten Wettbewerbsstrategie im Zentrum des Interesses. Vgl. hierzu z.B. Wildemann (1989, S. 199 ff.).

nen[1)]. Diese Sichtweise, die insbesondere durch die Wertkette und durch die zunehmende Bedeutung technologischer Aspekte im Rahmen strategischer Überlegungen forciert wurde[2)], wird jedoch in der Literatur kontrovers diskutiert. Demgegenüber spricht Schreyögg[3)] explizit nicht von Funktionalstrategien, sondern von **funktionalen Programmplänen** und Hinterhuber[4)] von **funktionalen Politiken** und ordnet sie dem Bereich der Taktik zu. Letztlich wird jedoch zunehmend auf die Bedeutung der Produktion im Rahmen einer erfolgreichen Umsetzung von Geschäftsfeldstrategien hingewiesen[5)], woraus die Notwendigkeit einer Abstimmung resultiert[6)]. In den weiteren Ausführungen wird aber stets von Funktionalstrategien gesprochen.

1.3 Wettbewerbsvorteile und ihre Ursachen

Wettbewerbsvorteile[7)] sind Positionsvorteile eines Anbieters[8)] im Vergleich zur Konkurrenz, d.h., sie resultieren aus einem Vergleich zwischen Konkurrenten[9)] und sind damit keine absoluten Vorteile. Ein **strategischer Wettbewerbsvorteil**[10)] muß dann nach Simon[11)] die folgenden Kriterien erfüllen:

---

1) Vgl. Gröger (1992, S. 59).

2) Vgl. Welge/Al-Laham (1992, S. 246).

3) Vgl. Schreyögg (1984, S. 124 f.).

4) Vgl. Hinterhuber (1982, S. 24).

5) Vgl. z.B. Noetel (1993, S. 220).

6) Dies zeigt sich unmittelbar bei der Fertigungssegmentierung, bei der es ein zentrales Anliegen ist, das Fertigungssystem auf die Anforderungen der Geschäftsfeldstrategie auszurichten. Vgl. Skinner (1974, S. 115 ff.).

7) In einer informationsökonomischen Betrachtung kann ein Wettbewerbsvorteil als Ergebnis eines Informationsvorsprunges betrachtet werden. Vgl. Kaas (1988, S. 45).

8) Vgl. Engelhardt/Freiling (1995, S. 11).

9) Vgl. Zäpfel/Pölz (1987, S. 257 ff.).

10) Olemotz (1995, S. 35) unterscheidet zwischen strategischem und operativem Wettbewerbsvorteil, wobei letzterer dadurch gekennzeichnet ist, daß das Kriterium der Dauerhaftigkeit nicht erfüllt ist.

11) Vgl. Simon (1988, S. 464 f.).

- Der Vorteil muß sich auf ein für den Kunden wichtiges Leistungsmerkmal beziehen,
- muß von den Kunden tatsächlich wahrgenommen werden und
- darf von der Konkurrenz nicht schnell einholbar sein, d.h., er muß eine gewisse Dauerhaftigkeit aufweisen.

Damit kann letztlich jedes für eine Erfolgsposition relevante Umfeld- und Unternehmungsmerkmal als strategischer Vorteil gesehen werden[1)] (z.B. Preis, Qualität, Flexibilität, Service etc.[2)]). Wettbewerbsvorteile spiegeln sich letztlich in Kaufentscheidungen wider[3)]. Aus der Sicht der Unternehmung gehen **Wettbewerbsvorteile** mit der Konsequenz einher, daß sich ein reaktionsfreier Gestaltungsspielraum[4)], d.h. ein quasi-monopolistischer Spielraum ergibt, in dem eine geringe Nachfrageelastizität gegeben ist[5)]. Dieser monopolistische Bereich[6)] führt bei einem heterogenen Polypol zu einer doppelt geknickten Preisabsatzfunktion, die der Unternehmung die Möglichkeit bietet, am Markt ähnlich einem Monopolisten zu agieren. Damit ist es notwendig, nicht nur seine Wettbewerbsvorteile, sondern die sich daraus ergebenden Gestaltungsspielräume zu kennen. In dieser Sichtweise lassen sich Wettbewerbsvorteile dann als **quasi-monopolistische Spielräume** interpretieren, die sich für eine bestimmte Marktleistung einer Unternehmung ergeben[7)].

---

1) Vgl. Krüger/Homp (1996b, S. 4).

2) Vgl. Koch (1986, S. 7 ff.).

3) Vgl. Zäpfel/Pölz (1987, S. 257). „Wirtschaftlicher Wettbewerb charakterisiert das direkt empfundene oder indirekt vorhandene Rivalisieren von Wirtschaftseinheiten (...), um für die einzelnen vorteilhafte Geschäftsabschlüsse (...)" zu erlangen. Bartling (1992, S. 735). Mit Wettbewerb wird damit versucht, den hochkomplexen Sachverhalt der Wechselwirkungen zwischen rivalisierenden Wirtschaftseinheiten zu beschreiben.

4) Vgl. Faix/Görgen (1994, S. 162).

5) Vgl. Schreyögg (1984, S. 27).

6) In diesem Bereich ist die Elastizität der Nachfrage äußerst gering, so daß der Anbieter den Preis in diesem Bereich variieren kann, ohne eine größere Verringerung der Nachfragemenge befürchten zu müssen. Vgl. Gutenberg (1971, S. 233 ff.).

7) Vgl. Faix/Görgen (1994, S. 163).

Aus Nachfragersicht liegt dann eine überlegene Leistung vor, wenn

- entweder der Preis einer Leistung bei gegebenem Nutzen niedriger oder
- der Nutzen bei gegebenem Preis höher ist,

als dies bei der Konkurrenz der Fall ist[1)]. Es ergibt sich dann der in Abbildung 3 dargestellte Zusammenhang[2)].

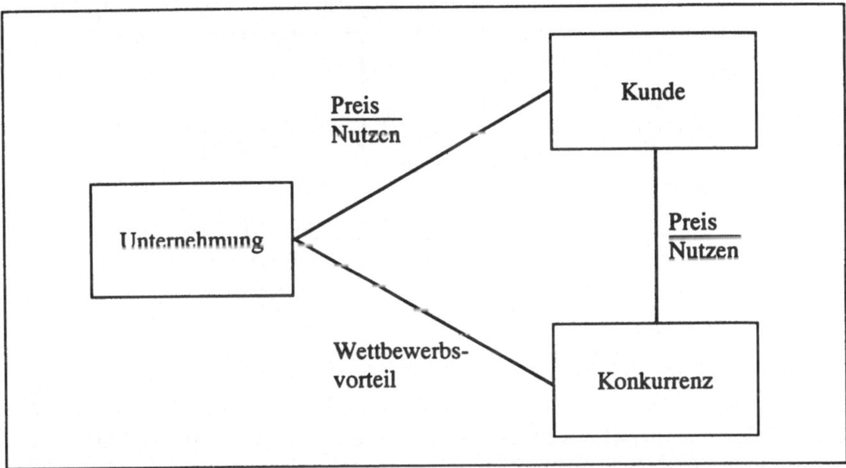

Abb. 3: Das Spannungsfeld zwischen Unternehmung, Konkurrenz und Kunden

Nach Porter sind Wettbewerbsvorteile entweder Differenzierungs- oder Kostenvorteile, und zwar bezogen auf ein Produkt oder Geschäftsfeld[3)]. Zur Identifikation von Wettbewerbsvorteilen schlägt Porter die sogenannte **Wertkette** (value chain) vor[4)], die ein Instrument zur Unterstützung der unternehmerischen Aktivitäten und deren Wechselbeziehungen ist[5)]. Mit ihrer Hilfe läßt sich die Unternehmung gedanklich durchdringen und disaggregieren, wie dies in Abbildung 4 dargestellt ist.

1) Vgl. Rollberg (1996, S. 14 f.).

2) Vgl. Ohmae (1986, S. 72); Fischer (1993, S. 34).

3) Vgl. Porter (1997, S. 67).

4) Vgl. Porter (1989, S. 59 ff.); ferner Day/Wensley (1988, S. 3).

5) Vgl. Esser (1989, S. 194); Görgel (1992, S. 27).

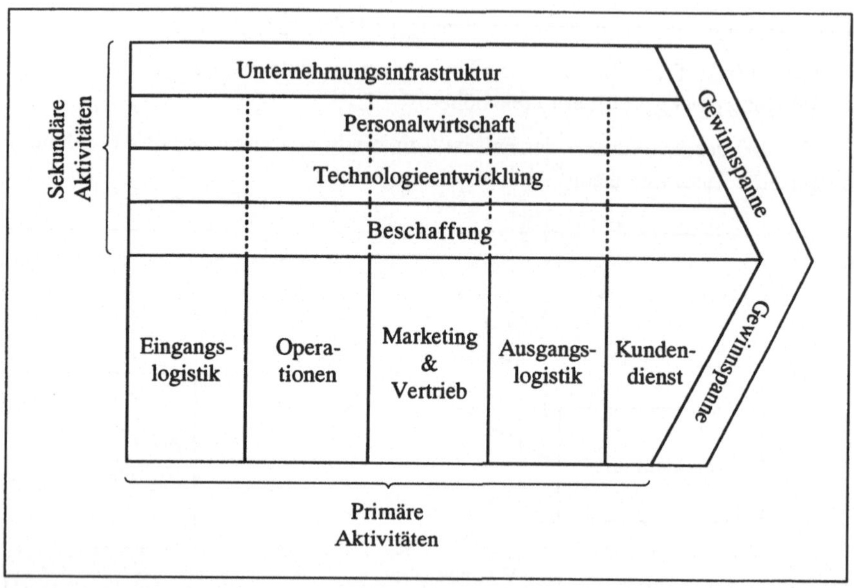

Abb. 4: Wertkette

Die Wertkette ist damit ein **System von miteinander verknüpften Aktivitäten**, wobei, nicht ganz ohne Willkür, zwischen primären und sekundären Wertschöpfungsaktivitäten unterschieden wird. Während erstere die Bausteine des Leistungsprozesses, wie Eingangslogistik, Leistungserstellung (Operationen), Ausgangslogistik, Marketing/Vertrieb und Kundendienst, umfassen, gehören zu letzteren Beschaffung, Technologieentwicklung, Personalwirtschaft und Infrastruktur. Welche Aktivität(en) für die Erreichung von Wettbewerbsvorteilen von besonderer Bedeutung ist (sind), hängt von der einzelnen Unternehmung und der jeweiligen Branche ab. Dabei wird jede Aktivität auf ihre Wertschöpfung geprüft und in eine physische und eine informationsverarbeitende Komponente zerlegt.

Damit stellt sich unmittelbar die Frage nach den **Quellen von Wettbewerbsvorteilen.** In einem umfassenderen Ansatz gehen Day/Wensley[1)] von folgendem Modell aus.

1) Vgl. Day/Wensley (1988, S. 2 ff.); ferner Day/Wensley (1983, S. 87 ff.); Haedrich/Tomczak (1990, S. 12 f.).

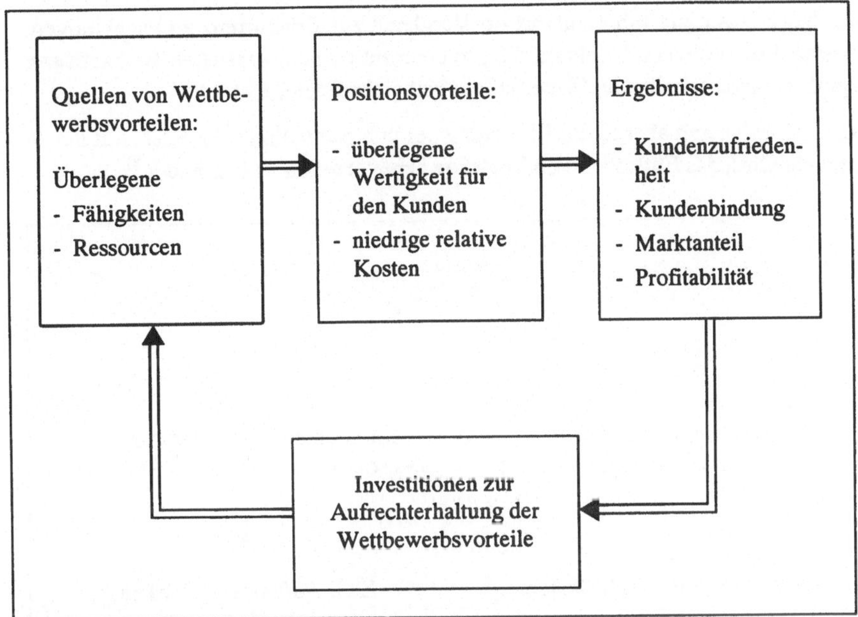

Abb. 5: Elemente von Wettbewerbsvorteilen
(übersetzt von Engelhardt/Freiling (1995, S. 12))

Überlegene Fähigkeiten und Ressourcen[1] sind damit der Ausgangspunkt für sich hieraus ergebende Positionsvorteile, die sich dann in Marktanteil und Profitabilität[2] niederschlagen, wodurch die Unternehmung in die Lage versetzt wird, weitere Investitionen zur Aufrechterhaltung ihrer Wettbewerbsvorteile tätigen zu können. Diese zirkuläre Betrachtung unterstreicht ferner, daß Wettbewerbsvorteile nicht durch einmalige Investitionen entstehen, sondern permanenter Pflege und ständiger Reinvestitionen der erwirtschafteten Mittel bedürfen[3].

1) Vgl. Haedrich/Jenner (1995, S. 31).

2) Kundenzufriedenheit und Kundenbindung sind nicht unabhängig voneinander und schlagen sich letztlich in einem entsprechenden Marktanteil nieder.

3) Vgl. Faix/Görgen (1994, S. 161).

Wettbewerbsvorteile führen damit im Vergleich zur Konkurrenz zu nachhaltigen, überdurchschnittlichen Erfolgen, d.h., in einer **mikroökonomischen Betrachtung** ergibt sich eine spezifische (dauerhafte, strategiebedingte) **Rente**[1)].

Letztlich existieren aber in der Literatur zwei unterschiedliche **Ansätze**, mit denen versucht wird, das Entstehen von **Wettbewerbsvorteilen** zu begründen[2)]:

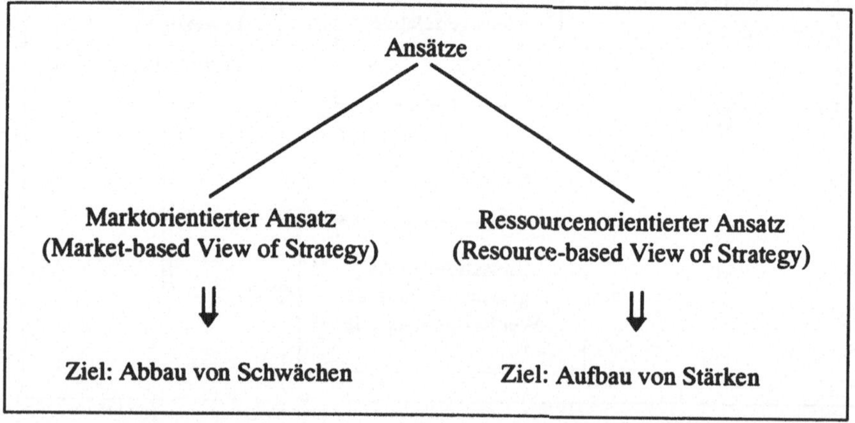

Abb. 6: Ansätze zur Erklärung von Wettbewerbsvorteilen

Beiden Ansätzen liegen dabei unterschiedliche Paradigmen zugrunde, wie dies aus Abbildung 7 hervorgeht[3)].

1) Vgl. Bowman (1974, S. 47). Letztlich ist die Schaffung einer permanenten Rente das Ziel jeder Unternehmung, wobei unter Rente in einer allgemeinen Definition ein Rückfluß aus den eingesetzten Ressourcen zu verstehen ist, der nach Abzug eventueller Opportunitätskosten verbleibt. Darüber hinaus lassen sich verschiedenartige Renten unterscheiden: Ricardian Rents (Ricardo), Schumpeterian Rents (Schumpeter), Monopoly Rents (Bain) und Quasi-Renten (Klein/Crawford/Alchian). Vgl. Thiele (1997, S. 56 ff.).

2) Vgl. Krüger/Homp (1996b).

3) Vgl. Friedrich (1995a, S. 345); Rühli (1995, S. 93); Schreyögg (1984, S. 55).

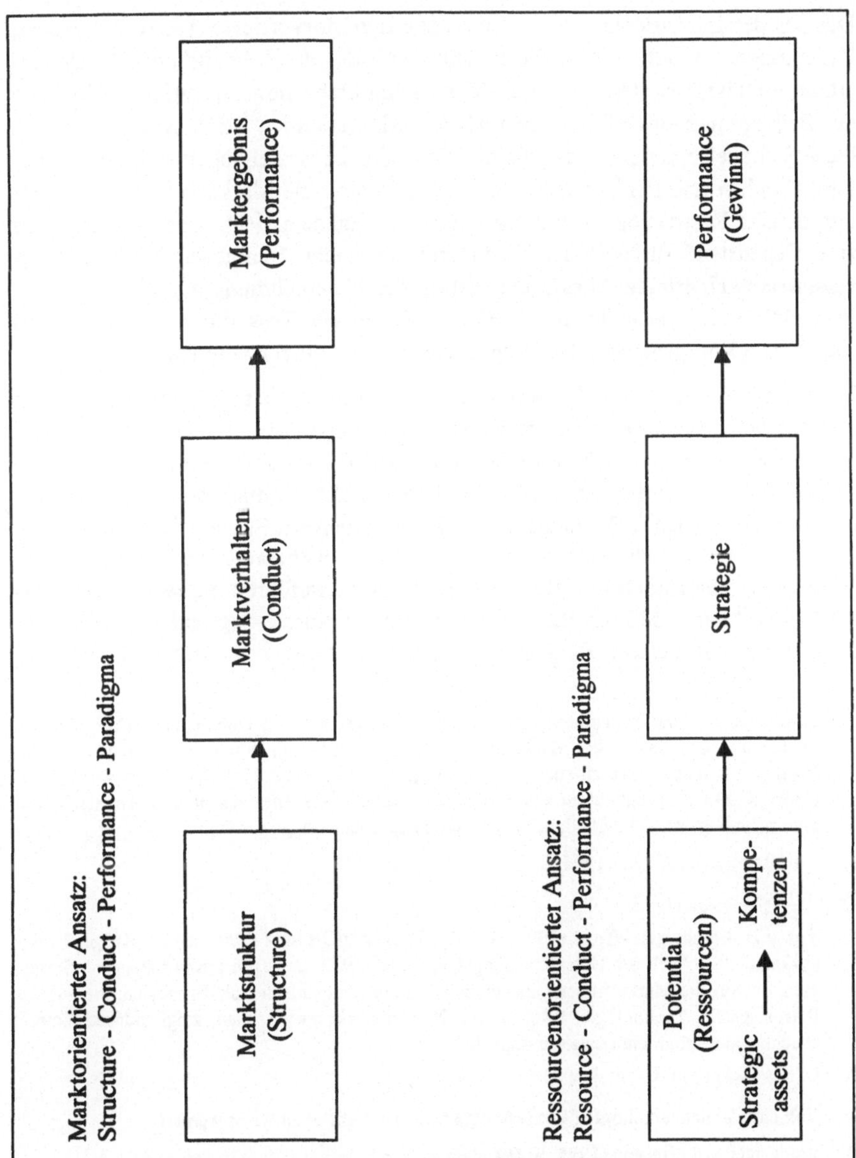

Abb. 7: Paradigmen zur Erklärung von Wettbewerbsvorteilen

Der aus der Industrieökonomik stammende **marktorientierte Ansatz**[1)]versucht, Beziehungen zwischen der Marktstruktur und der durchschnittlichen Branchenattraktivität herzustellen, wobei überdurchschnittliche Gewinne auf der Grundlage der Bedingungen unvollkommener Märkte erklärt werden[2)]. Schreyögg[3)] erweitert diese Sichtweise, indem er auf die interdependenten Beziehungen zwischen Structure, Conduct und Performance hinweist und damit die Marktstruktur nicht mehr nur als eine Restriktion für unternehmerisches Handeln sieht, sondern diese auch zum Gegenstand strategischer Veränderungen macht. Demgegenüber erklärt der **ressourcenorientierte Ansatz** den Erfolg der Unternehmung aus einer internen Perspektive, d.h., er sieht in der Einzigartigkeit der Ressourcen, verstanden als spezifische Kompetenzen, den Ursprung von Wettbewerbsvorteilen.

In der Literatur herrscht dabei weitgehend Einigkeit darüber, daß sich diese beiden Ansätze nicht gegenseitig ausschließen, sondern ergänzen[4)]. Auch Porter[5)] unterstreicht diesen Sachverhalt letztlich mit seinem Ansatz der Wertkette und betont darüber hinaus, daß der ressourcenorientierte Ansatz den marktorientierten Ansatz zu ergänzen vermag[6)]. Demgegenüber lehnen Engelhardt/Freiling[7)] eine Kombination dieser Ansätze ab, weil ihnen die „wissenschaftstheoretische Kompatibilität" fehle, ohne dies jedoch in differenzierter Weise auszuführen. So weisen Bamberger/Wrona[8)] nach, daß das dem marktorientierten Ansatz zugrundeliegende Aussagesystem unmittelbare Beziehungen zum Ressourcenansatz aufweist, wie dies

1) Grundidee des marktorientierten Ansatzes ist es dabei, daß die Unternehmung die Wettbewerbskräfte und damit den Markt analysieren muß, um dann durch die Strategiewahl die Position im Wettbewerb zu suchen. Vgl. Krüger/Homp (1996a, S. 1 ff.). Ferner weist Rühli (1995, S. 93 f.) explizit auf die einseitige Ausrichtung dieses Ansatzes hin und bemängelt, daß unternehmungsintern begründete Erfolgsfaktoren vernachlässigt werden.

2) Vgl. Bamberger/Wrona (1996, S. 146); Minderlein (1989, S. 95 ff.).

3) Vgl. Schreyögg (1984, S. 55).

4) Vgl. z.B. Bamberger/Wrona (1996, S. 147); Buchholz/Olemotz (1995, S. 3); Krüger/Homp (1996a, S. 5). Auch die Unterscheidung von Child (1972, S. 18) in umweltbezogene Strategien, die auf die Markteffizienz ausgerichtet sind, und organisationale Strategien, die auf die Betriebsgröße, Technologie, Struktur und Humanressourcen abzielen, zeigt industrieökonomische und ressourcenorientierte Aspekte.

5) Vgl. Porter (1989, S. 107 ff.).

6) Von einer gleichberechtigten Betrachtung kann aber nicht gesprochen werden.

7) Vgl. Engelhardt/Freiling (1995, S. 19).

8) Vgl. Bamberger/Wrona (1996, S. 146).

z.B. bei Eintritts- und Austrittsbarrieren als Merkmalen der Branchenstruktur deutlich wird, da diese durch die Ressourcenausstattung[1)] der Unternehmungen einer Branche bestimmt werden. Ebenso läßt sich der marktorientierte Ansatz mit seinen Aussagen zu **strategischen Gruppen** und damit zur Unterschiedlichkeit von Unternehmungen durch den Ressourcenansatz spezifizieren. Es ergibt sich damit die folgende Situation:

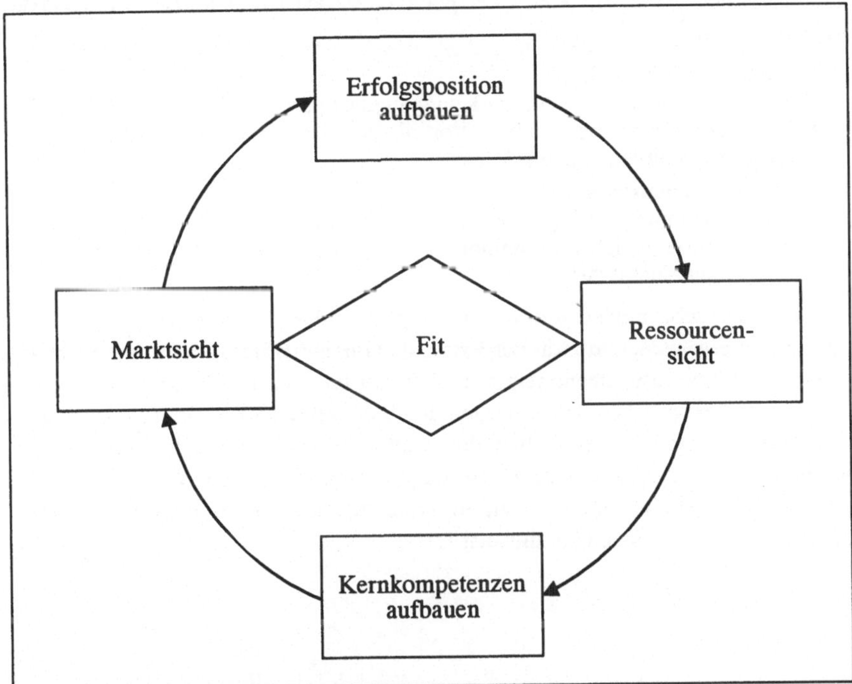

Abb. 8: Wirkungskreislauf von Markt- und Ressourcensicht

1) Engelhardt/Freiling (1995, S. 17 f.) unterscheiden bei den Ressourcen zwischen generalisierten und spezialisierten Faktoren, wobei sie einerseits auf Aspekte der Flexibilität (Einzweck- vs. Mehrzweckaggregate) und anderseits auf den Aspekt des allgemeinen und speziellen Vorbereitungsgrades von Ellinger (1959, S. 69) zurückgreifen. Mit Bezug auf die Humanressourcen führt Schüring (1978, S. 42 ff.) zusätzlich einen immateriellen Vorbereitungsgrad ein. Durch eine geeignete Kombination spezieller und genereller Faktoren ließe sich auch eine hybride Strategie unterstützen.

Mit „Fit“ wird dabei die Abstimmung zwischen diesen „Sichten“ bezeichnet. Ergänzend oder alternativ wird in der jüngeren Literatur[1] der „Stretch“-Gedanke hervorgehoben, der das Erzeugen einer produktiven Spannung betont, d.h., „Stretch“ wird durch einen „Misfit“ erzeugt.

Erfolgsfaktoren (externe Sicht) und Erfolgspotential (interne Sicht) beeinflussen sich folglich gegenseitig und bestimmen damit letztlich die Erfolgsposition der Unternehmung[2], d.h., die beiden Perspektiven stellen letztlich „zwei Seiten einer Medaille“[3] dar[4]:

- **Marktorientierte Sicht**:
  Die Unternehmung versucht, die Kundenbedürfnisse im Vergleich zur Konkurrenz besser zu befriedigen, um so Vorteile zu erlangen. Darauf aufbauend kann dann der Ressourcenaufbau erfolgen.
- **Ressourcenorientierte Sicht**:
  Die Unternehmung verfügt über spezifische Ressourcen und Fähigkeiten und versucht, diese gezielt zu kombinieren, um eine Erfolgsposition zu erreichen (Erfolgspotentialaufbau).

Im folgenden wird hingegen davon ausgegangen, daß diese beiden Ansätze sich gegenseitig ergänzen, und zwar dergestalt, daß die industrieökonomische Sicht am externen und die ressourcenorientierte Sicht am internen Erfolgspotential ansetzt. Abbildung 9 zeigt dabei, daß zwischen den Schlüsselfaktoren, die aus der marktorientierten Sicht resultieren, und den wettbewerbsrelevanten Ressourcen eine wechselseitige Beziehung gegeben ist, die einerseits auf einen gegenseitigen Abstimmungsbedarf und anderseits auf ein synergetisches Zusammenwirken im Hinblick auf das Erfolgspotential hinweist[5].

---

1) Vgl. Krüger/Homp (1997, S. 87 ff.); Osterloh/Frost (1996, S. 142 f.).

2) Vgl. Buchholz/Olemotz (1995, S. 3); Thiele (1997, S. 5 f. und S. 65 f.).

3) Buchholz/Olemotz (1995, S. 27).

4) Vgl. Krüger/Homp (1996a, S. 9).

5) Vgl. Bamberger/Wrona (1996, S. 147 und S. 149).

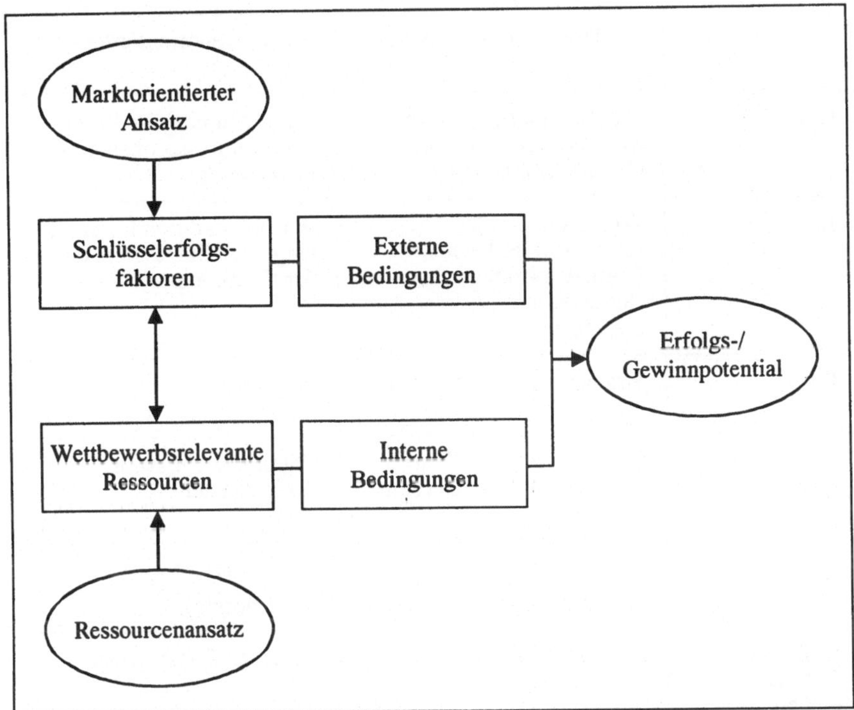

Abb. 9: Interdependenz zwischen marktorientiertem Ansatz und Ressourcenansatz

Tabelle 2 gibt eine kriteriengeleitete Gegenüberstellung der beiden Ansätze wieder[1]. Dabei wird deutlich, daß sich der markt- und der ressourcenorientierte Ansatz nicht nur von der Grundidee her unterscheiden, sondern darüber hinaus auch für die Unternehmung zu unterschiedlichen Grundlagen und Empfehlungen führen, und zwar sowohl unternehmungsintern als auch -extern.

1) Krüger/Homp (1996a, S. 5).

	Marktorientierter Ansatz	Ressourcenorientierter Ansatz
Idee	Unternehmung als Portfolio[1] von strategischen Geschäftseinheiten	Unternehmung als Reservoir von Ressourcen und Fähigkeiten
Ziel	Wachstum durch Cash-Flow-Balance im Laufe des strategischen Geschäftsfeld-Lebenszyklus	Wachstum durch Entwicklung, Nutzung und Transfer der Kernkompetenzen
Basis	Strategische Geschäftseinheit	Ressourcen
Konkurrenzgrundlage	Produktbezogene Kosten- und/oder Differenzierungsvorteile	Unternehmungsweite Kompetenzen
Charakter des Vorteils	- geschäftsfeldspezifisch - wahrnehmbar	- transferierbar - verborgen
Rolle der Geschäftseinheit	Profit Center	Center of Competence

Tab. 2: Gegenüberstellung des markt- und ressourcenorientierten Ansatzes auf der Basis ausgewählter Kriterien

Abbildung 10 zeigt noch einmal das Zusammenspiel dieser beiden Ansätze und unterstreicht ihre Komplementarität[2]. Ferner zeigt diese Abbildung, daß der strategische Prozeß auf einer rein formalen Ebene unabhängig von dem zugrundeliegenden Ansatz ist, d.h. die Schritte Strategieformulierung, -implementierung und -kontrolle durchlaufen werden müssen.

1) Hamel/Prahalad (1995, S. 52) sprechen beim Ressourcenansatz von einem Portfolio der Kompetenzen und betonen, daß eine Unternehmung beides brauche.

2) Vgl. Hax/Majluf (1991, S. 34), entnommen aus Buchholz/Olemotz (1995, S. 29).

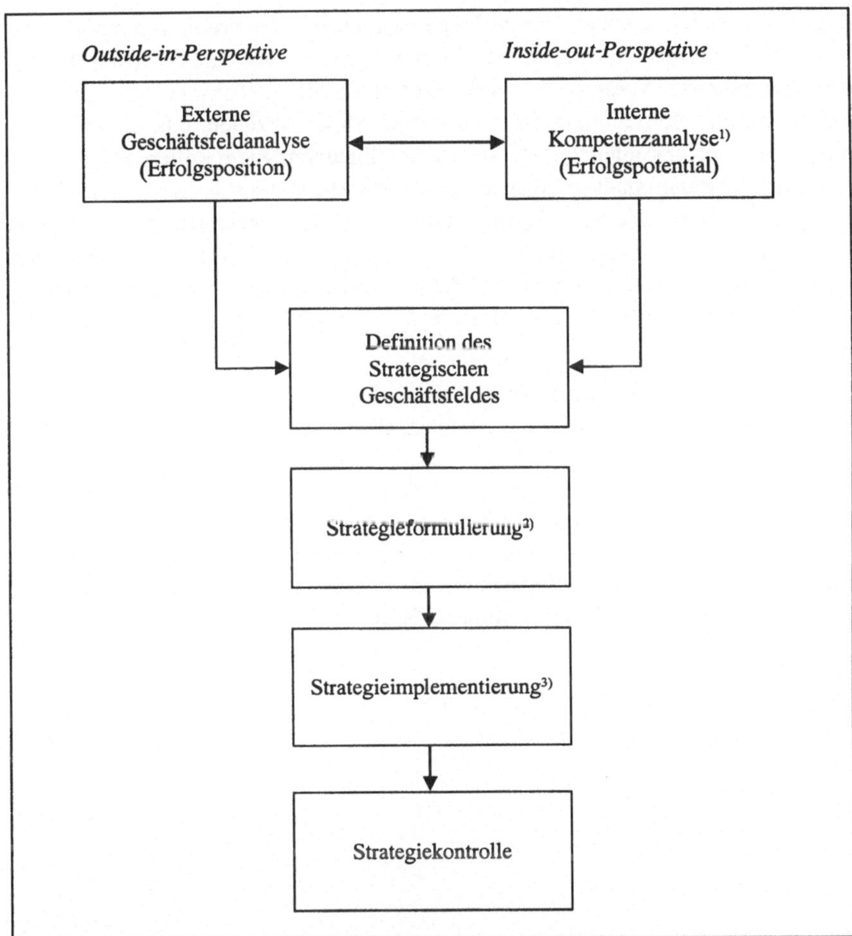

Abb. 10: Outside-in/Inside-out-Perspektive

1) Der Kernkompetenzansatz ist eine spezifische Form des ressourcenorientierten Ansatzes. Vgl. Prahalad/Hamel (1990, S. 79 ff.).

2) Die Strategieformulierung stellt dabei einen Problemlösungsprozeß dar, der dazu dient, die Strategie(n) auszuwählen, die zur Zielerreichung am besten geeignet ist (sind).

3) Mit der Strategieimplementierung werden die Voraussetzungen für die Erfolgswirksamkeit der gewählten Strategie geschaffen. Vgl. Schreyögg (1984, S. 84).

Damit stellt sich die weitergehende Frage nach einer **Integration** von markt- und ressourcenbasiertem Ansatz, wobei in der Literatur von „**Marktorientierten Kernkompetenzen**" gesprochen wird[1]. Gemeinsam ist zunächst beiden Ansätzen, daß sie auf die Befriedigung der Kundenbedürfnisse abzielen, d.h. die Generierung eines Nutzens intendieren[2]. In der kombinativen Sicht sollen sich Markt- und Unternehmungsanalyse ergänzen und unter Beachtung der situativen Gegebenheiten[3] wechselnde Schwerpunkte bilden. Jede Unternehmung sollte folglich Markt- und Ressourcensicht gleichermaßen beachten, da einerseits der Markt über die Relevanz von Ressourcen entscheidet und anderseits die Ressourcen entscheidend die Wettbewerbskräfte beeinflussen. Abbildung 11 gibt diesen kombinativen Ansatz wieder[4].

Die Kerneigenschaften, unter denen Merkmale der Leistungen einer Unternehmung und einzelner Organisationseinheiten, die einen besonderen externen Nutzen stiften, zu verstehen sind, bilden dabei das konzeptionelle Verbindungselement dieser Ansätze. Kerneigenschaften sind damit einzelfallbezogene strategische Vorteile, die eine Unternehmung von anderen abhebt, d.h. sie letztlich unverwechselbar macht (z.B. Zuverlässigkeit, technische Überlegenheit). Unternehmungen müssen damit die Bedürfnisse identifizieren, von denen die Kaufentscheidung maßgeblich abhängt (Kernbedürfnisse).[5]

1) Vgl. Krüger/Homp (1996a, S. 6 ff.).

2) Vgl. Buchholz/Olemotz (1995, S. 27 ff.).

3) Zum Beispiel Käufer- und Verkäufermarkt, Produkt- und Marktlebenszyklus. Der Situative Ansatz besagt, daß dann, wenn eine bestimmte Situation gegeben ist, die Maßnahme A oder B am geeignetsten ist, um ein Ziel zu erreichen. Grundlage ist damit eine umfassende und sorgfältige Situationsanalyse. Vgl. Ulrich/Fluri (1995, S. 30 ff.).

4) Krüger/Homp (1996a, S. 9).

5) Vgl. Krüger/Homp (1997, S. 66 f.).

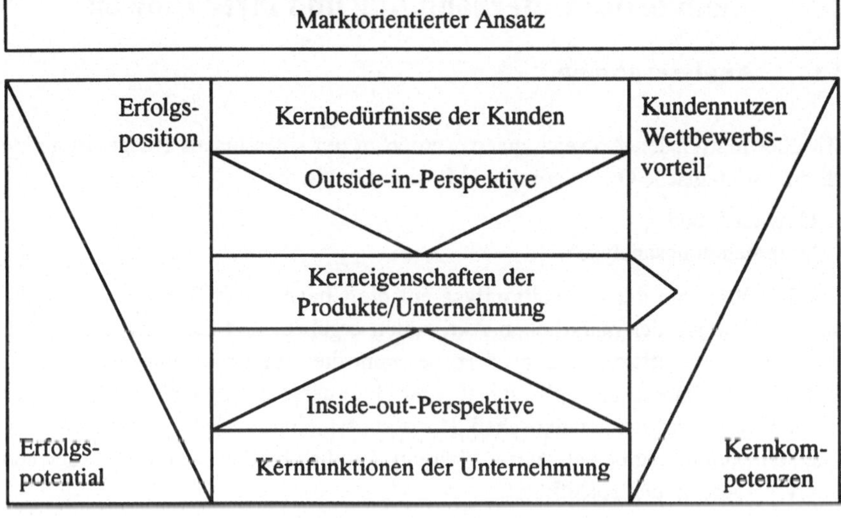

Abb. 11: Ansatz marktorientierter Kernkompetenzen

2 Analyse der Unternehmung und ihrer Umwelt

2.1 Analyserahmen

Mit eher marginalen Abweichungen werden in der Literatur als Ausgangspunkte für eine strategische Orientierung und Positionierung die

- Umwelt[1)]- und
- Unternehmungsanalyse[2)]

gewählt. Während die **Umweltanalyse** auf die Chancen und Risiken abzielt, die sich im Rahmen der marktlichen Aktivitäten ergeben, und die Entwicklung der relevanten Umweltfaktoren analysiert, versucht die **Unternehmungsanalyse**, die strategischen Stärken und Schwächen einer Unternehmung zu analysieren, um auf dieser Grundlage den strategischen Handlungsspielraum abstecken zu können. Systematisierend ergibt sich dann Abbildung 12, die den Bereich der strategischen Analyse abgrenzt und spezifiziert.

Die **globale Umweltanalyse** (general environment) konzentriert sich auf die Faktoren, die auf die Unternehmung eher indirekt Einfluß nehmen[3)]. So sind unter **makroökonomischen Gesichtspunkten**, bei denen es sich letztlich um aggregierte Größen[4)] handelt, Fragen wie

- Entwicklung des Sozialproduktes,
- Staatsausgaben,

---

1) Auf der Grundlage der Merkmale Komplexität und Dynamik unterscheidet Mintzberg (1979, S. 286) vier Typen: einfache-statische, einfache-dynamische, komplexe-statische und komplexe-dynamische Umwelt, wobei letztgenannte Erscheinungsform dem diesem Buch zugrundeliegenden Umweltverständnis entspricht.

2) Vgl. z.B. Adrian (1989, S. 63 ff.); Berger/Kalthoff (1995, S. 164), die zur systematischen Auflistung der Unternehmungsstärke die Erfolgskette vorschlagen. Bühner (1992b, S. 154 ff.); Kreikebaum (1997, S. 40 ff.); Noetel (1993, S. 56); Schreyögg (1984, S. 100 ff.); Welge/Al-Laham (1993, S. 198).

3) Vgl. Kubicek/Thom (1976, Sp. 3980 ff.); Olemotz (1995, S. 27).

4) Aggregation kann dabei einerseits eine Zusammenfassung der Teilnehmer am Wirtschaftsprozeß zu Sektoren (Private Haushalte, Unternehmungen, Staat, Ausland) und anderseits eine Zusammenfassung der Ergebnisse der Verhaltensweisen aller Wirtschaftssubjekte (Angebots- und Nachfrageentscheidungen) zu gesamtwirtschaftlichen Märkten (Arbeitsmarkt, Gütermarkt, Geldmarkt etc.) bedeuten. Vgl. Rettig/Voggenreiter (1985, S. 2).

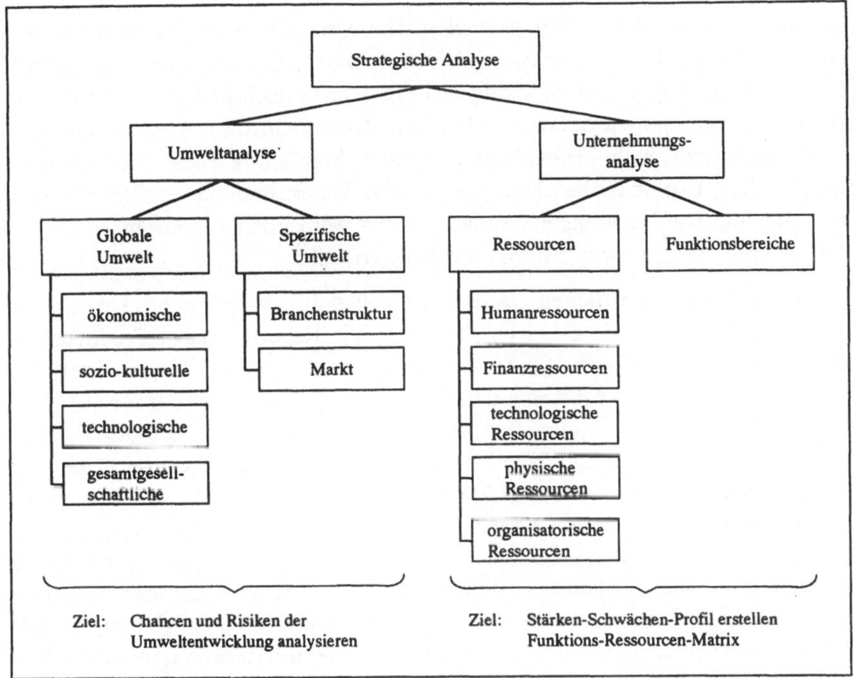

Abb. 12: Elemente der strategischen Analyse

- Konjunkturentwicklung,
- Preisniveauentwicklung,
- Wechselkursentwicklung,
- Inflationsrate,
- Beschäftigten- und Arbeitslosenentwicklung etc.

relevant, da sie letztlich die allgemeine ökonomische Lage beschreiben, in der eine Unternehmung als mikroökonomische Einheit agiert.

Mit der **sozio-kulturellen Umwelt** werden zum einen der Komplex demographischer Merkmale wie Geburtenentwicklung etc. erfaßt und zum anderen Fragen sich verändernder Wertmuster in der Gesellschaft (z.B. Berufstätigkeit und Stellung der Frau, Familie) behandelt.

Die **technologische Umwelt**, die in den letzten Jahrzehnten teilweise dramatische Veränderungen erfahren hat, stellt eine Quelle von Bedrohungen und Chancen für die Unternehmung dar, wobei technologische Veränderungen nur weltweit betrachtet werden können. Erschwerend kommt hinzu, daß derartige Neuerungen (technologische Innovationen) häufig nicht in dem Bereich ihre primäre Nutzung erfahren, in dem sie entwickelt wurden (z.B. Uhrenindustrie). Ähnlich wie Produkte unterliegen auch Technologien einem zyklischen Verlauf (Technologielebenszyklus), den es zu beachten gilt, da eine Unternehmung ständig gefordert ist, technologische Neuerungen häufig in kürzer werdenden Zeitabständen zu implementieren, wenn sie sich am Markt behaupten will[1].

Zum **gesamtgesellschaftlichen Umfeld**, auch als politisch-rechtliches Umfeld bezeichnet, zählen z.B. die Bereiche Außenhandel (Import/Export), Produzentenhaftung, Umweltgesetzgebung, Zulassungsbestimmungen für Arzneimittel etc. Auch dieser Beobachtungsbereich darf nicht an den nationalen Grenzen halt machen. In einer weitergehenden Betrachtung, wie dies etwa beim **Stakeholder-Ansatz**[2] der Fall ist, reicht bereits das „Betroffensein" durch eine Unternehmungstätigkeit aus, um zwischen Unternehmung und Umwelt eine Beziehung aufzustellen. Zentraler Gedanke dieses Konzeptes ist damit die Annahme, daß die Umwelt der Unternehmung sich aus Bezugsgruppen[3] zusammensetzt, mit denen wechselseitige Abhängigkeitsverhältnisse existieren[4]. Welche die relevanten Bezugsgruppen[5] sind, kann letztlich nur in Abhängigkeit vom Unternehmungszweck und der Branchensituation entschieden werden, wobei die Reaktionsverbundenheit zwischen den Stakeholders relevantes Kriterium ist.

Im Rahmen der **spezifischen Umweltanalyse**, auch Aufgabenumwelt (task environment[6]) genannt, ist zunächst die **Branchenstruktur** von Bedeutung. Auf der Grundlage von Porter, der auf die Arbeiten von Mason[7] und Bain[8] zurückgreift,

---

1) Vgl. hierzu auch die sogenannte zweite Zeitfalle. Vgl. Bonus (1997, S. 1 ff.); Corsten (1995b, S. 868).

2) Vgl. Freemann (1984).

3) Götzelmann (1992, S. 40 ff.) unterscheidet bei Bezugsgruppen Interessen-, Anspruchs- und strategische Anspruchsgruppen.

4) Vgl. Heß (1991, S. 71).

5) Hierzu zählen etwa Kirchen, Bürgerinitiativen, Verbände etc.

6) Vgl. Dill (1958, S. 410 f.).

7) Vgl. Mason (1939).

8) Vgl. Bain (1956).

hängen Struktur und Rentabilität einer Branche von fünf Wettbewerbskräften ab, die in Abbildung 13 dargestellt sind[1).2)]

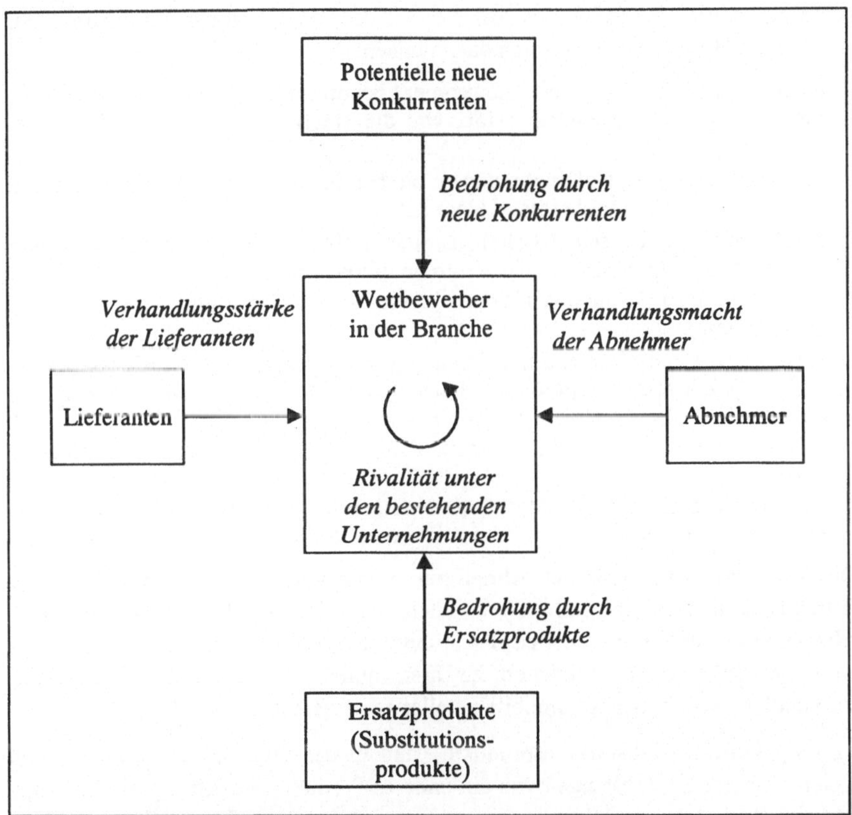

Abb. 13: Triebkräfte des Branchenwettbewerbs nach Porter

Potentielle neue Anbieter stellen ständig eine Bedrohung für die etablierten Anbieter dar. Die Wahrscheinlichkeit für das Auftreten neuer Anbieter („newcomer")

1) Porter (1997, S. 26).

2) Friedrich (1995a, S. 323) erwähnt zusätzlich die Faktoren „Verhandlungsstärke und Verhalten der Arbeitnehmer" und „Eingriffe seitens des Staates" als Determinanten des Wettbewerbs.

wird somit entscheidend von den gegebenen Markteintrittsbarrieren[1] bestimmt. Unter **Markteintrittsbarrieren** werden dabei alle Faktoren verstanden, die Unternehmungen davon abhalten können, in einen Markt einzutreten, d.h., sie schützen letztlich die etablierten Anbieter vor dem Auftreten neuer Konkurrenten. Als **Eintrittsbarrieren** lassen sich dann nennen:

- economies of scale, d.h., ein „newcomer" benötigt eine gewisse Mindestgröße, um mit einer Fixkostendegression, wie die etablierten Anbieter, arbeiten zu können;
- Produkte etablierter Unternehmungen, die bereits im Markt eingeführt sind und eventuell eine Markenidentität erlangt haben;
- Käuferloyalität, die sich letztlich in einer Präferenz für bestimmte Produkte niederschlagen und zu einer Kundentreue führen kann;
- Kapitalbedarf, z.B. für Investitionen in Produktionsmittel oder Forschung und Entwicklung;
- absolute Kostennachteile, d.h. unabhängig von der produzierten Menge (Gründe hierfür können sein: größere Erfahrung, Patente oder günstigere Kreditkonditionen[2]);
- Zugang zu Vertriebskanälen, die neue Anbieter nicht haben und erst aufbauen müssen;
- staatliche Regelungen wie Marktregulierungen in der Form von Gesetzen (z.B. UWG) oder Importschranken, Exportverboten, Niederlassungsvorschriften etc.

Die **Verhandlungsmacht der Abnehmer** nimmt unmittelbaren Einfluß auf die Attraktivität des Marktes, d.h., ist sie hoch, dann liegt i.d.R. eine entsprechende Abnehmerkonzentration vor. Bea/Haas führen in diesem Zusammenhang die Verhältnisse von Automobilherstellern zu ihren Lieferanten an, die durch eine hohe Verhandlungsmacht der Automobilhersteller gekennzeichnet sind[3].

Ersatzprodukte (Substitutionsprodukte) sind in der Lage, einen Bedarf in der gleichen Weise zu befriedigen wie ein anderes Produkt. Die Kreuzpreiselastizität ist bei Substitutionsprodukten positiv, d.h., wird der Preis für ein Gut A erhöht, dann nimmt die Nachfrage c.p. nach dem Substitutionsgut zu. Dies bedeutet, daß der Preisspielraum des Anbieters eingegrenzt wird, und zwar in Abhängigkeit von der Elastizität der Nachfrage.

---

1) Vgl. Bain (1968); Blum (1992, S. 431); Kretschmer (1983, S. 102); Minderlein (1989, S. 113 ff.).

2) Vgl. Schreyögg (1984, S. 30).

3) Vgl. Bea/Haas (1995, S. 86).

Die **Verhandlungsmacht der Lieferanten** hat Einfluß auf den Gewinnspielraum des Abnehmers. Sie hängt ab von möglichen Substituten und der Konzentration der Lieferanten bei gleichzeitig wenig konzentrierter Nachfrage.

Demgegenüber ist die **Rivalität der Wettbewerber** in der Branche abhängig von den folgenden Faktoren[1]:

- Auslastung der Kapazität,
- Heterogenität der Produkte (Differenzierungsgrad),
- Marktaustrittsbarrieren (z.B. Sozialpläne im Personalbereich, Wertverluste bei technisch hochwertigen Anlagen),
- Branchenkultur.

Darüber hinaus wird die Beziehung zwischen den etablierten Abnehmern vom Konzentrationsgrad der Branche, von der Finanzkraft, dem technologischen Know-how etc. bestimmt. Um die Anbieter und ihr Verhalten[2] zu beurteilen, ist auch für die Konkurrenten eine Stärken-/Schwächen-Analyse durchzuführen. Informationen hierfür lassen sich einerseits aus Veröffentlichungen der Unternehmungen (z.B. bei Publikationspflicht) und anderseits vom Außendienst, der Konkurrenzdaten bei Kundenbesuchen erheben kann, gewinnen. Nur auf dieser Grundlage wird es letztlich möglich, das Leistungsangebot und die geschäftlichen Aktivitäten der Wettbewerber zu erkennen, um daraus Schlüsse für die eigene strategische Ausrichtung ableiten zu können[3].

Dabei ist zu berücksichtigen, daß die Konkurrenten sich durch gezielte Informationen gegenseitig beeinflussen können, ein Sachverhalt, der als **strategische Informationsherausgabe** bezeichnet wird[4]. Porter[5] betont zwar die Bedeutung der Veröffentlichung von Informationen zur Erreichung strategischer Ziele, jedoch sind seine Ausführungen hierzu eher fragmentarisch, da er sie einerseits nur im Rahmen der Differenzierungsstrategie und anderseits nur Informationen an Abnehmer berücksichtigt[6]. Von einer strategischen Informationsherausgabe wird

---

1) Vgl. Porter (1997, S. 42 ff.).

2) Vgl. Steinmann/Schreyögg (1991, S. 140). Adrian (1989, S. 63 ff.) spricht von Konkurrenzanalyse.

3) Vgl. Kreikebaum (1997, S. 121 f.). In der Praxis werden hierzu häufig Checklisten eingesetzt.

4) Vgl. Heß (1991, S. 46 ff.).

5) Vgl. Porter (1997, S. 150).

6) „Selektive Herausgabe von Informationen über sich selbst ist ein wichtiges Mittel, über das ein Unternehmen verfügt, um Wettbewerbsmaßnahmen durchzuführen. Die Veröffentlichung

dann gesprochen, „... wenn der Sender den perlokutionären Zweck, den er mit einer Informationsherausgabe verfolgt, als strategieerheblich einstuft und ihn deshalb als Gegenstand seiner strategischen Planung betrachtet.“[1] Die strategische Informationsherausgabe ist damit letztlich eine Handlung, mit der eine Unternehmung (Sender) auf die Handlungen anderer Unternehmungen (Empfänger) Einfluß nehmen möchte, weil der Sender diese Handlungen der Empfänger für den Erfolg seiner Strategie als entscheidend erachtet. Das Konzept der strategischen Informationsherausgabe ist damit durch die folgenden Merkmale charakterisiert[2]:

- zwischen den Marktpartnern existieren Informationsasymmetrien,
- die Handlungen zielen spezifisch auf die Beeinflussung der Umweltwahrnehmung anderer Marktteilnehmer ab, und
- die Maßnahmen müssen einen kritischen Beitrag zur Unternehmungsstrategie leisten.

Dabei ist aber zu berücksichtigen, daß die Antizipation von Konkurrentenverhalten äußerst schwierig ist, da die Beziehung zwischen Konkurrenten von Antagonismus und Unsicherheit gekennzeichnet ist[3]. Dabei muß jeder Konkurrent auch damit rechnen, daß andere Marktteilnehmer auch mit falschen Signalen oder Bluffs arbeiten, um so die Prognosen der anderen Unternehmungen zu konterkarieren. Eine systematische Konkurrenzforschung muß dabei frühzeitig Informationen wahrnehmen, d.h., bereits Planungsaktivitäten und der erforderliche Aufbau von Kapazitäten sind in die Beobachtung einzubeziehen. Kaas betont dabei, daß es erforderlich sei, ein **Konkurrenzaufklärungssystem** (Competitor Intelligence System) aufzubauen[4], in dem

- die Ziele der Konkurrenzforschung definiert sind (z.B.: Welche Ziele verfolgen die Konkurrenten, was sind die Stärken und Schwächen, welche Strategien verfolgen sie?),
- die Informationsinhalte (z.B. definieren von Schlüsselinformationen) und
- die Informationsquellen (z.B. Berichte ehemaliger Mitarbeiter, gemeinsame Kunden und Lieferanten, Patentanmeldungen) sorgfältig spezifiziert sind.

---

jeglicher Informationen sollte nur als integraler Bestandteil der Wettbewerbsstrategie erfolgen.“ Porter (1997, S. 150).

1) Heß (1991, S. 46 f.).

2) Vgl. Heß (1991), der dieses Konzept am Beispiel von IBM anschaulich beschreibt.

3) Vgl. Kaas (1988, S. 46 f.), der die Situation mit der eines Pokerspiels vergleicht.

4) Vgl. Kaas (1988, S. 48 ff.).

Ausgangspunkt der **Marktanalyse** ist die Abgrenzung des relevanten Marktes[1]. Dabei existiert in der betriebswirtschaftlichen und volkswirtschaftlichen Literatur eine Vielzahl an möglichen Ansätzen[2]. Als erste Möglichkeiten bieten sich

- die Produkt(merkmal)e oder deren Ähnlichkeit,
- das Wettbewerbsverhalten der Anbieter und
- die Bedürfnisstruktur der Nachfrager

als Abgrenzungskriterien an. Dabei ergeben sich i.d.R. jeweils unterschiedliche **Marktabgrenzungen**. Es erscheint damit durchaus zweckmäßig, diese Kriterien möglichst integrativ heranzuziehen, um auf dieser Grundlage Schnittmengen und Grenzen besser abschätzen zu können.

Demgegenüber wählt die Mikroökonomie die **Kreuzpreiselastizität**[3], auch **Triffinscher Koeffizient**[4] genannt, als Instrument zur Abgrenzung des Marktes. Diese Kennzahlen geben letztlich Auskunft über die Wettbewerbsintensität, wobei Benkenstein[5] darauf hinweist, daß neben dem Preis auch alle anderen Marketinginstrumente zur Bildung einer Kreuzpreiselastizität herangezogen werden können.

Einen gänzlich anderen Weg geht das Konzept der „Strategischen Gruppe" von Porter[6], das vom Marktverhalten auf die Marktstruktur schließt und letztlich auf das Konzept der **Reaktionsverbundenheit** von Unternehmungen von E. Schneider [7] zurückgreift. Eine Strategische Gruppe ist dann ein Segment von Unternehmungen, die sich durch ein vergleichbares strategisches Verhalten auszeichnen[8]. Dabei kann einerseits eine ganze Branche und anderseits jede einzelne Unterneh-

1) Vgl. hierzu die differenzierte Analyse von Bauer (1989).

2) Vgl. den kritischen Überblick bei Benkenstein (1997, S. 24 ff.).

3) Vgl. Diller (1991, S. 66).

4) Vgl. Triffin (1949, S. 97 ff.).

5) Vgl. Benkenstein (1997, S. 28).

6) Vgl. Porter (1997, S. 177 ff.).

7) Vgl. Schneider (1949, S. 61 ff.). Schneider geht dabei von einer morphologischen Sichtweise ab und rückt die Verhaltensweisen der Unternehmungen ins Zentrum des Interesses: „Nun kann es keinem Zweifel unterliegen, daß für den Ablauf des Wirtschaftsprozesses in der Zeit allein die Verhaltensweise der handelnden Wirtschaftssubjekte relevant ist. Die morphologische Struktur der Anbieter und Nachfrager in einem Wirtschaftsgebiet spielt primär keine Rolle." (S. 65).

8) Vgl. Diegruber (1991, S. 67); Hinterhuber (1982, S. 116); Porter (1997, S. 177).

mung eine Strategische Gruppe darstellen[1]. Zur Bildung Strategischer Gruppen[2] wird als Ausgangspunkt ein möglichst breit gewählter Ausgangsmarkt (z.B. Maschinenbau, chemische Industrie) gewählt. In einem nächsten Schritt werden die Umweltfaktoren identifiziert, die das Wettbewerbsverhalten beeinflussen, um dann darauf aufbauend homogene Marktumfelder zu bilden. In diesen Marktumfeldern sind dann die Strategischen Gruppen abzugrenzen, indem die wettbewerbsrelevanten strategischen Entscheidungsparameter identifiziert werden. Die Unternehmungen, die ihr Verhalten an diesen Parametern ausrichten und damit homogene Verhaltensweisen zeigen, werden zur Strategischen Gruppe zusammengefaßt. Methodisch wird diese Vorgehensweise mit Hilfe der multivariaten Methoden der Statistik (z.B. Clusteranalyse) unterstützt.

Es ist jedoch zu berücksichtigen, daß einerseits, z.B. bei Produktmerkmalen, subjektive Faktoren das Analyseergebnis beeinflussen und anderseits, z.B. bei statistischen Analysen, Datenbeschaffungsprobleme auftreten können. Damit bleibt letztlich festzustellen, daß es keine allgemein anerkannte und gültige Vorgehensweise zur Abgrenzung des relevanten Marktes gibt.

Im Rahmen der Analyse des Marktes ist zwischen

- Beschaffungs- und
- Absatzmärkten

zu unterscheiden[3].

In den letzten Jahren hat sich zunehmend die Auffassung durchgesetzt, daß auch für den **Beschaffungsmarkt** eine systematische Marktforschung, d.h. eine systematische Beobachtung und Analyse der Beschaffungsmärkte, erforderlich ist[4].

---

1) Es wird dabei davon ausgegangen, daß die verschiedenen Strategischen Gruppen auch unterschiedlich hohe Eintrittsbarrieren aufweisen, wobei höhere Eintrittsbarrieren mit höheren Gewinnraten einhergehen. Vgl. Bamberger (1981, S. 102).

2) Zu einem Beispiel vgl. Benkenstein (1997, S. 33).

3) Unter dem Aspekt der Verhandlungsmacht wurden in der Branchenstrukturanalyse von Porter bereits Aspekte dieser Märkte angesprochen.

4) Vgl. Koppelmann (1995, S. 202).

Die folgenden Informationen sind dabei von Bedeutung:

- Angebotsseite
  -- Beschaffungsquelle
    . Marktstruktur
    . relative Größe
    . Preisstruktur
    . Zuverlässigkeit
    . Ausstattung
    . regionale Verteilung
  -- Beschaffungswege
- Nachfrageseite
  -- Mitnachfrager
  -- Struktur der Gesamtnachfrage
- Beschaffungsobjekt
  -- Substitutionsmöglichkeiten
  -- Qualität der Objekte
  -- ökologische Aspekte.

Als **Gründe** für diesen **Bedeutungswandel** lassen sich nennen[1]:

- Um im Zuge der zunehmenden Internationalisierung der Unternehmungstätigkeit ihre **Wettbewerbsfähigkeit** zu erhalten und zu stärken, gehen Unternehmungen in verstärktem Maße dazu über, auf die weltweit kostengünstigsten und gleichzeitig hochwertigen Zukaufteile zurückzugreifen (global sourcing[2]), d.h., im Extremfall sind die Beschaffungsaktivitäten der Unternehmung auf weltweite Bezugsquellen ausgerichtet.
- Die **Fertigungstiefe** vieler Unternehmungen ist in der jüngeren Vergangenheit deutlich gesunken und wird voraussichtlich auch weiter abnehmen[3].
- Es zeigt sich ein Trend zu einer **abnehmenden Anzahl** an **Lieferanten** pro Zukaufteil bis hin zu einem „single sourcing".

---

1) Vgl. Friedl (1990, S. 67).

2) Vgl. Corsten (1994a, S. 187 ff.).

3) Vgl. hierzu auch das Phänomen der virtuellen Unternehmung, vgl. Picot/Reichwald/Wigand (1996, S. 391 ff.).

- Die **Beziehungen** zwischen Lieferanten und Abnehmer haben sich hinsichtlich der folgenden Aspekte gewandelt:
  - -- Pyramidisierung der Zuliefererstruktur (Systemlieferant; system sourcing),
  - -- Einbindung der Zulieferer in die Produktentwicklung (z.B. im Rahmen eines Simultaneous Engineering[1)]),
  - -- Arbeit auf der Grundlage von Kostenzielen (Target Costing[2)]), die von Lieferant und Abnehmer gemeinsam formuliert werden,
  - -- Produktionssynchronisation (Just in Time[3)]).
- **Ökologische Unternehmungsziele** erlangen zunehmende Beachtung.
- Zunehmende **Dynamik** und **Diskontinuität** des unternehmerischen Umsystems[4)].

Neben der Lieferantenbewertung (z.B. mit Hilfe eines Punktbewertungsverfahrens), die periodisch zu wiederholen ist, muß die Unternehmung ihren Überlegungen zur **Lieferantenbeziehung** eine umfassendere Betrachtungsweise zugrunde legen. Ziel ist es dabei, leistungsfähige Beschaffungsquellen zu erschließen und/oder zu erhalten. Bei den Lieferantenbeziehungen sind dann die folgenden Formen zu unterscheiden[5)]:

- Lieferantenentwicklung,
- Lieferantenförderung und
- Lieferantenpflege.

Lieferantenentwicklung, bei der es um den Aufbau neuer Beziehungen geht, wird dann erforderlich, wenn

- das nachgefragte Gut auf dem Beschaffungsmarkt bislang nicht angeboten wird oder
- die am Beschaffungsmarkt anbietenden Lieferanten nicht in der Lage sind, die nachfragende Unternehmung zu beliefern.

Die **Lieferantenförderung** umfaßt eine aktive Unterstützung des Lieferanten durch die nachfragende Unternehmung. Hierbei kann es sich um die Vermittlung

1) Vgl. Corsten (1995b, S. 868 ff.).

2) Vgl. Franz (1993, S. 124 ff.); Freidank (1994, S. 223 ff.).

3) Vgl. Lackes (1995).

4) Vgl. hierzu kritisch Stuhlmann (1992, S. 22 ff.).

5) Vgl. Meier (1988, S. 158 ff.).

von organisatorischem und/oder technischem Wissen, Personalschulung bis hin zur Kreditgewährung handeln.

Demgegenüber strebt die **Lieferantenpflege** an, das bestehende Leistungspotential der Lieferanten und ein partnerschaftliches Verhältnis zu diesen zu erhalten. Sie zielt damit auf den Erhalt und den Aufbau guter Geschäftsbeziehungen zu den Lieferanten ab.

Im Rahmen der Analyse des **Absatzmarktes** ist zunächst die Abgrenzung des Marktes[1)] vorzunehmen, der wiederum in Segmente aufgeteilt werden kann. Unter einem **Marktsegment** ist dabei die Zusammenfassung homogener potentieller Nachfrager[2)] zu verstehen, die sich durch ihr Konsumverhalten hinreichend von anderen Segmenten unterscheiden[3)].

Ziel der Marktanalyse[4)] ist es dabei, Informationen über

- Struktur und
- Veränderungen

der als relevant erachteten Marktsegmente zu gewinnen[5)]. Dabei lassen sich die folgenden Merkmale heranziehen:

- Marktvolumen,
- Marktwachstum,
- Marktanteil der Unternehmung,
- Marktanteile der wichtigsten Konkurrenten,
- Preisentwicklung (bisherige und erwartete),
- Ausgestaltung weiterer Marketinginstrumente[6)].

Tabelle 3 gibt die Grundstruktur einer solchen Marktanalyse wieder[7)].

---

1) Unter Markt ist der Ort der Koordination von Angebot und Nachfrage nach einem Gut zu verstehen. Vgl. Blum (1992, S. 130).

2) Segmentierungskriterien sind z.B. geographische, soziodemographische, ökonomische und psychologische Merkmale. Vgl. z.B. Meffert (1998, S. 177 ff.).

3) Vgl. Kroeber-Riel/Weinberg (1996, S. 213).

4) Vgl. Kreikebaum (1997, S. 123 ff.).

5) Vgl. hierzu auch die Produkt-Positionierungsmatrix bei Schreyögg (1984, S. 97), die eine Modifikation der Vorgehensweise von Hofer/Schendel (1978, S. 35) darstellt.

6) Diese Aspekte bilden auch die Grundlage für die Beurteilung der Marktattraktivität.

7) Vgl. Kreikebaum (1997, S. 125).

Merkmale	Eigene Unternehmung	Konkurrenten A	Konkurrenten B	Konkurrenten C
Marktvolumen				
Marktwachstum				
Marktanteil				
Erwartete Veränderung des Marktanteils in x Jahren				
Aktueller Preis				
Erwartete Preisentwicklung in den nächsten x Jahren				
Weitere Marketinginstrumente - Produktqualität - Werbung - Service - Vertriebswege				

Tab. 3: Grundstruktur einer Marktanalyse

Ein häufig in der Literatur[1)] herangezogenes Schema zur Abgrenzung der Märkte geht auf Abell[2)] zurück, der die drei folgenden Betrachtungsdimensionen unterscheidet, wie dies in Abbildung 14 dargestellt ist.

1) Vgl. z.B. Köhler (1981, S. 268 ff.), der dies am Beispiel einer Verlagsunternehmung durchführt; Kreikebaum (1997, S. 127); Schreyögg (1984, S. 90).

2) Vgl. Abell (1980, S. 268 ff.).

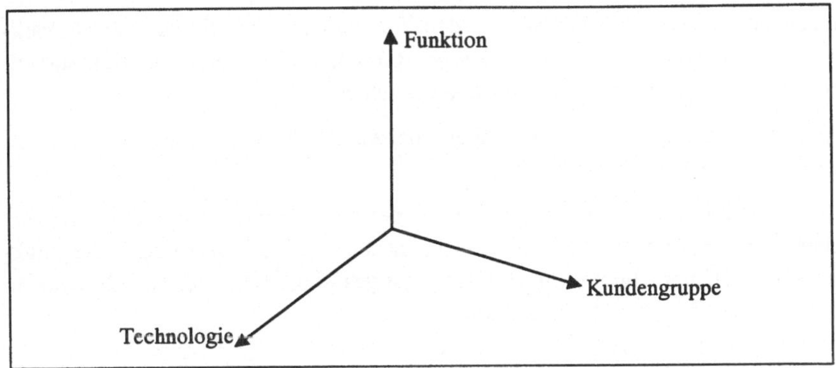

Abb. 14: Marktabgrenzung nach Abell

Dabei wird das Produkt als ein Leistungsbündel betrachtet, das in der Lage ist, ein bestimmtes Bedürfnis zu befriedigen, wobei die Produkteigenschaften aus der Sicht der Nachfrager zu definieren sind. Ein Produkt dient damit der **Funktionserfüllung**, d.h., es hat einen Beitrag zur Lösung eines Kundenproblems zu leisten[1]. Die Achse „Technologie“ gibt die verwendbaren Technologien an, die letztlich zur Lösung des Kundenproblems dienen. Die Kundengruppe (potentielles Nachfragersegment) bedarf einer genauen Beschreibung der relevanten Käufer.

Die Marktanalyse ist damit die Grundlage für die Strategiegestaltung im Absatzbereich, wobei die dreidimensionale Marktabgrenzung nach Abell einen heuristischen Bezugsrahmen zu bieten vermag.

Im Rahmen der **Unternehmungsanalyse**, die keine Garantie für eine objektive, werturteilsfreie Analyse bietet[2], sollen die Stärken und Schwächen einer Unternehmung analysiert werden, d.h., es handelt sich um interne Variablen einer Unternehmung, wobei

- Stärken Vorteile und
- Schwächen Nachteile

der Unternehmung im Vergleich zu Wettbewerbern darstellen[3]. Ziel ist es dabei, das Entscheidungsfeld der Unternehmung für die Strategieformulierung weiter

1) Vgl. Jantsch (1968, S. 438 ff.).

2) Vgl. Kieser (1984, S. 37).

3) Vgl. Adrian (1989, S. 37).

einzuengen, indem etwa bestimmte identifizierte Chancen, die aus der Umweltanalyse resultieren, nicht weiter verfolgt werden, weil sie mit dem Ressourcenprofil der Unternehmung nicht im Einklang stehen[1].

Die Unternehmungsanalyse setzt dabei einerseits an der **Ressourcenseite** und anderseits an den **Funktionen** an.

Als Orientierungsrahmen für die Ressourcenanalyse kann dabei das Analyseschema von Hofer/Schendel[2] dienen, das neben den Ressourcen auch die Funktionen einer Unternehmung in die Überlegungen einbezieht. Bei den Ressourcen sind die folgenden fünf **Ressourcenarten** zu unterscheiden:

- finanzielle Ressourcen,
- physische Ressourcen,
- Humanressourcen,
- organisatorische Ressourcen und
- technologische Ressourcen.

Durch die gleichzeitige Berücksichtigung der **Funktionen**

- Forschung und Entwicklung,
- Produktion,
- Marketing,
- Finanzwirtschaft und
- Management

ergibt sich dann die in Tabelle 4 dargestellte Funktions/Ressourcen-Matrix nach Hofer/Schendel. Als **Basisressourcen** werden dabei die finanziellen Ressourcen aufgefaßt, deren Analyse nach den üblichen Kriterien wie Eigenkapitalrentabilität, Kapitalumschlag, Cash Flow, Verschuldungsgrad, Liquidität usw. vollzogen wird. Demgegenüber werden die anderen vier Ressoucenkategorien vor dem konkreten Hintergrund der unternehmungsbezogenen Sach- und Führungsfunktionen untersucht.[3]

1) Vgl. Schreyögg (1984, S. 111).

2) Vgl. Hofer/Schendel (1978, S. 144 f.).

3) Vgl. Steinmann/Schreyögg (1991, S. 155).

Ressourcen \ Funktion	Forschung und Entwicklung	Produktion	Marketing	Finanzwirtschaft	Management
Allokation der finanziellen Ressourcen (Vorjahres-budgets)	DM für Grundlagenforschung DM für Entwicklung neuer Produkte DM für Produktverbesserungen DM für Prozeßverbesserungen	DM für Werkshallen DM für Ausrüstung DM für Material DM für Arbeit	DM für Verkauf und Promotion DM für Distribution DM für Service DM für Marktforschung	DM für Cash-Management DM für Kapitalbeschaffung DM für Kapitalallokation DM für Betriebsabrechnung	DM für Planungssystem DM für Management-Informationssystem DM für Personalentwicklung DM für Organisationsentwicklung
Physische Ressourcen	Größe, Alter und Standort der Labore und Ausrüstungen	Zahl, Größe, Alter und Standort der Werke; Grad der Automation Fertigungstyp	Zahl und Standort der Verkaufsbüros, der Verkaufsstellen, der Servicestellen	Zahl und Typen der EDV Sonstige Ausrüstung	Größe und Ausstattung der Zentralverwaltung
Humanressourcen	Zahl, Qualifikation, Fachrichtung der Wissenschaftler und Ingenieure Fluktuationsrate	Zahl und Alter des Schlüsselpersonals Fluktuationsrate	Zahl, Qualifikation und Alter der Schlüsselverkäufer und des Marketingstabes Fluktuationsrate	Zahl, Qualifikation und Alter des Schlüsselpersonals Fluktuationsrate	Zahl, Qualifikation und Alter des Management und der zentralen Stabsleute Fluktuationsrate
Organisatorische Ressourcen	Konzepte für F&E-Projektmanagement	Art und Komplexitätsgrad des Beschaffungssystems, des Produktionsplanungs- und -kontrollsystems, des Lagerhaltungssystems	Art und Komplexitätsgrad des: - Distributionssystems - Servicesystems - Preisbestimmungssystems - Marktforschungssystems	Art und Komplexitätsgrad des: - Cash-Management-Systems - Finanzplanungssystems - Rechnungswesens	Art der Organisationskultur, des Führungsmodells, der Kommunikationssysteme
Technologische Ressourcen	Zahl der Patente und der neuen Produkte % des Umsatzes durch neue Produkte	Verfügbarkeit der Rohmaterialien; Produktivität, Kapazitätsauslastung, Produktionskostenentwicklung	%-Anteil der Marketingkosten an den Stückkosten; Markenloyalität, Preissetzungsmacht, Beeinflußbarkeit der Nachfrage	Kreditwürdigkeit Cash Flow Kursentwicklung	Unternehmensimage, Beziehungen zu öffentlichen Instanzen; spezifisches Know-how (z.B. Joint Ventures, Konsortialführung, Ost-West-Handel)

Tab. 4: Die Funktions/Ressourcen-Matrix nach Hofer/Schendel[1)]

1) Vgl. Schreyögg (1984, S. 113); Bühner (1992b, S. 155).

Eine weitere Möglichkeit für die Ressourcenanalyse bietet die bereits erwähnte **Wertkette** von Porter, wobei auch der wirtschaftliche Gesamtzusammenhang der Unternehmung zu beachten ist, der sich aus der Einordnung der eigenen Unternehmung in den **gesamten Wertschöpfungsprozeß** ergibt, wie dies in Abbildung 15 dargestellt ist[1)].

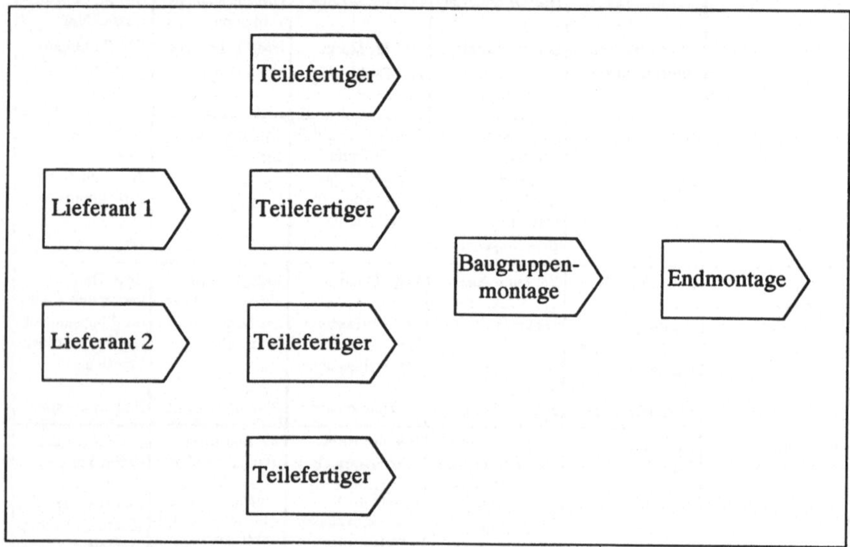

Abb. 15: Beispielhafte Wertkettenverschränkung

Die jeweilige Unternehmung ist damit mit ihrer eigenen Wertkette in ein System von Wertketten integriert, das es zu beachten gilt.

Eine Stärken-/Schwächen-Analyse läuft Gefahr, bei der Vielzahl der Wertaktivitäten äußerst unübersichtlich zu werden. Um dieses Dickicht zu durchdringen und zu ordnen, bietet sich der Ansatz der **strategischen Erfolgsfaktoren** an[2)]. Ein

1) Vgl. Porter (1989, S. 60).

2) Hoffmann (1986, S. 832) betont dabei, daß die Erfolgsfaktorenforschung älter ist als die populärwissenschaftliche Veröffentlichung von Peters/Waterman (1984). So sei beispielhaft auf den Bereich der Innovationsforschung hingewiesen, in dem etwa das Projekt SAPPHO (Scientific Activity Predictor from Patterns with Heuristic Origins) untersucht, welche Faktoren für erfolgreiche und welche für erfolglose Innovationen relevant sind. Vgl. Rupp (1976, S. 13 ff.).

Faktor ist dann strategisch bedeutsam, wenn er einen wesentlichen Beitrag zur Schaffung und Aufrechterhaltung eines zukünftigen Erfolgspotentials zu leisten vermag[1]. Ein Erfolgspotential kann dabei als eine unternehmerische Kernkompetenz gesehen werden, die letztlich zu einem überdurchschnittlichen Ergebnis der Unternehmung beiträgt. Gröger bezeichnet dann auch die Faktoren, denen eine erfolgsrelevante Schlüsselrolle zukommt, als kritische Erfolgsfaktoren[2] (critical success factors). Ziel der **Erfolgsfaktorenforschung**, die ein erhebliches Theoriedefizit und in der Mehrzahl einen explorativen, datenorientierten Charakter aufweist[3], ist es folglich, die Faktoren herauszuarbeiten, die als Schlüsselfaktoren des Erfolges der Unternehmung oder einer strategischen Geschäftseinheit bezeichnet werden können. Wesentliche Annahme ist dabei „... daß trotz der Multidimensionalität und Multikausalität des Unternehmungserfolgs einige wenige Einflußfaktoren über Erfolg und Mißerfolg entscheiden.“[4] Gelingt es somit einer Unternehmung, die relevanten Erfolgsfaktoren zu identifizieren, dann hat sie letztlich die Voraussetzungen dafür geschaffen, ihre Wettbewerbsposition zu verbessern[5].

Die Literatur[6] zeigt jedoch eine kaum zu überblickende Vielfalt strategischer **Erfolgsfaktorenauflistungen**. Für einen Literaturboom sorgte dabei die Arbeit von Peters/Waterman[7], die die folgenden acht zentralen Erfolgsfaktoren unterscheiden:

- Neigung zur Handlung,
- Nähe zum Kunden,
- unternehmerische Freiräume im mittleren Management,
- Achtung der Mitarbeiter,

---

1) Vgl. Rollberg (1996, S. 9 f.).

2) Vgl. Gröger (1992, S. 6). Teilweise finden sich in der Literatur auch die Bezeichnungen Exzellenzfaktor oder strategischer Faktor. Vgl. Diegruber (1991, S. 15).

3) Vgl. Fritz (1989, S. 15).

4) Hoffmann (1986, S. 832 f.); vgl. hierzu auch Krüger (1988, S. 37 ff.).

5) Vgl. Diegruber (1991, S. 17); vgl. ferner Adrian (1989, S. 21).

6) Vgl. z.B. Ackermann (1990, S. 9 ff.); Albach (1988, S. 73 ff.); Curti (1995, S. 289 ff.); Diegruber (1991, S. 298 ff.); Fritz (1989, S. 4 ff.); Goldsmith/Clutterbuck (1984); Hoffmann (1986, S. 834 f.); Knafl (1995, S. 18 ff.); Knyphausen (1993, S. 777 ff.); Kolks (1990, S. 35 ff.); Noetel (1993, S. 58); Peters/Waterman (1984, S. 36 ff.); Rollberg (1996, S. 11 f.); Steiner (1969, S. 28 ff.).

7) Vgl. Peters/Waterman (1984, S. 36 ff.).

- Unternehmungsführung durch Werte,
- Orientierung am angestammten Geschäft,
- einfache, flexible Organisationsstruktur und
- straff-lockere Führung.

Aus der Sicht der Autoren belegen diese Erfolgsfaktoren letztlich die überragende Bedeutung der **Unternehmungskultur**[1)] für den Unternehmungserfolg[2)]. Die Studie von Peters und Waterman ist auf der einen Seite „theorielos", und auf der anderen Seite sind die Erfolgsfaktoren wenig präzise abgegrenzt[3)]. Neben dieser eher populärwissenschaftlichen Abhandlung gab es eine Fülle weiterer Analysen zur Identifikation strategischer Erfolgsfaktoren[4)]. Eine Auswertung der Literatur durch Fritz[5)] ergab, daß sich insgesamt **keine Dominanz eines Erfolgsfaktors** nachweisen läßt. So werden teilweise die Humanressourcen am häufigsten genannt und danach Faktoren wie Kundennähe, Innovationsfähigkeit und Produkt- bzw. Angebotsqualität, teilweise werden aber auch Finanzierung und Investition an erster Stelle genannt und Kundennähe erst an achter Stelle. So betrachtet dann auch Adrian[6)] die Ermittlung der Erfolgsfaktoren als einen mentalen, kognitiven Prozeß, der die besondere Unternehmungssituation und den individuellen Charakter dieses Vorgangs unterstreicht. Trotz dieser Vielfalt lassen sich zwei Klassen an Erfolgsfaktoren weiter unterscheiden[7)]:

---

1) Vgl. Steinle/Bruch/Müller (1996, S. 652).

2) Zur Seriosität der Studie von Peters/Waterman vgl. Frese (1985, S. 604 ff.).

3) Zu einer Kritik vgl. Fritz (1989, S. 12 f.).

4) Vgl. z.B. Hoffmann (1990, S. 315 ff.), der ein modular aufgebautes Unternehmungs-Bewertungs-System (UBS) entwirft und dabei drei Gruppen von Erfolgsfaktoren unterscheidet: Kernfaktoren (Unternehmungsziele und -kultur), unternehmungsexterne Faktoren (generelle Umwelt und Aufgabenumwelt) und unternehmensinterne Faktoren (Mitarbeiter, Organisationsstruktur, produktionstechnisches Potential, Leistungsprogramm, Informationssystem). Krüger (1988, S. 28 ff.) entwirft das KOMPASS-Modell (Konzept zur mehrdimensionalen Planung und Analyse strategischer Erfolgsmomente) und unterscheidet sechs Erfolgssegmente: (1) Träger (Personen bzw. Gruppen mit maßgeblichem Einfluß auf die Unternehmungspolitik), (2) Philosophie und Kultur (Wertsystem), (3) Strategie (Wettbewerbsstrategie), (4) Struktur (Regelungen der Organisation und rechtliche Konstitution), (5) Systeme (Führungs-Anreizsysteme, Planungs-, Steuerungs- und Kontrollsysteme, Informations- und Rechnungssysteme), (6) Realisationspotential (Ausführung der Strategie).

5) Vgl. Fritz (1989, S. 16 ff.).

6) Vgl. Adrian (1989, S. 69).

7) Vgl. Gröger (1992, S. 7 f.).

- weiche Faktoren (z.B. Mitarbeiterqualität, Unternehmungskultur) und
- harte Faktoren (z.B. Struktur, Technologie).

Als generelle Schwachpunkte der Erfolgsfaktorenforschung lassen sich zusammenfassend nennen[1]:

- vielen Beiträgen mangelt es an konzeptioneller Klarheit und Differenziertheit;
- der Mehrzahl empirischer Untersuchungen fehlt ein differenzierter Bezugsrahmen;
- die methodische Vorgehensweise ist datengestützt und nicht theoriegeleitet;
- die Ergebnisse stützen sich primär auf
  - Plausibilitätsüberlegungen,
  - situationsspezifisches Wissen oder
  - Erfahrungen von Entscheidungsträgern.

Etwas pointiert gelangt dann auch Fritz zu der folgenden Aussage: „Die Erfolgsfaktorenforschung stellt sich zur Zeit als eine bunte Mischung von oberflächlicher Geschichtenerzählerei, Folklore, Rezeptverkauf, Jagen und Sammeln sowie einigen wenigen Bemühungen um ernstzunehmende eigenständige Forschung dar."[2]

Darauf aufbauend stellt sich die Frage nach den **Abhängigkeiten** der Erfolgsfaktoren und deren **Abstimmung**. Eine zentrale These in diesem Zusammenhang geht auf Chandler zurück, der auf der Grundlage einer historischen Betrachtung von vier großen amerikanischen Unternehmungen feststellt, daß die Strategie die Struktur bestimme: „**structure follows strategy**" [3]. Er geht davon aus, daß es für Unternehmungen typisch sei, zuerst eine geeignete Strategie zu suchen, um Chancen wahrzunehmen, und sich darauf aufbauend dann Gedanken über eine angemessene Organisationsstruktur zu machen[4]. Die Unternehmung soll folglich auf der Basis der Strategieformulierung proaktiv die Struktur anpassen[5], um so die Umsetzung der Strategie sicherzustellen. In einer transaktionskostenorientierten Betrachtung kann die Abstimmung zwischen Strategie und Struktur als ein

---

1) Vgl. Grabner-Kräuter (1993, S. 278).

2) Fritz (1990, S. 103).

3) Vgl. Chandler (1962, S. 383 ff.).

4) Vgl. für die Bundesrepublik Deutschland die Untersuchung von Schmitz (1988), die zu dem Ergebnis kommt, daß erfolgreiche Unternehmungen ab einer bestimmten Größe die Funktionalorganisation wählen und bei weiterem Wachstum und zunehmender Diversifikation einen Übergang zu einer divisionalen Struktur vollziehen.

5) Vgl. Thom/Wenger (1996, S. 54 f.); Werkmann (1989, S. 51).

Abwägen zwischen marktlicher und interner Koordination interpretiert werden. Die Strategie reduziert in dieser Sicht die Koordinationskomplexität in der Organisation, d.h., sie wirkt mit den Koordinationsmechanismen des Marktes korrigierend auf die Organisation ein. Die Transaktionskosten sind dabei um so höher, je spezifischer die Leistung und je höher die Unsicherheit ist. Hohe Spezifität geht mit der Konsequenz einher, daß ein Vertragspartner Investitionen (z.B. für spezifische Aggregate) tätigen muß, die eine Erhöhung der Abhängigkeiten und der Sicherungsbedürfnisse bewirken. Hierzu bedarf es entsprechender vertraglicher Absprachen[1)]. Demgegenüber vertrat Rumelt[2)] die These, daß sich die Struktur eher Modeerscheinungen anpasse[3)]: „structure follows fashion". Gabele, der eine Übersicht über Untersuchungen zur These „Struktur folgt der Strategie" und deren Umkehrung „Strategie folgt der Struktur" gibt, kommt zu dem Ergebnis, daß es **keinen zwingenden Zusammenhang** zwischen den beiden Faktoren gibt[4)]. Auch Bühner betont, daß es keine einseitige Abhängigkeit gäbe, sondern daß Strategie und Struktur sich wechselseitig beeinflussen: Strategien werden durch Strukturen umgesetzt, und die Struktur ist für die strategische Weiterentwicklung wesentlich[5)]. Unterschiedliche Autoren haben weitere Zusammenhänge formuliert, von denen beispielhaft die folgenden genannt seien:

1) Vgl. Müller-Stevens (1992, Sp. 2347 f.); Osterloh/Frost (1996, S. 186). Der Transaktionskostenansatz, der maßgeblich von Williamson (1975), der auf die Arbeit von Coase (1937, S. 386 ff.) zurückgreift, entwickelt wurde, stellt eine Ausprägung der „new institutional economics" dar. Dieser Ansatz verbindet Elemente der Mikroökonomie, der Organisationstheorie und der Rechtswissenschaft, um auf dieser Grundlage institutionelle Gegebenheiten (z.B. Vertrags- und Organisationsformen) zu erklären. Vgl. Schmidt (1992, Sp. 1854). Die Wirtschaftssubjekte verhalten sich dabei „beschränkt rational" und „opportunistisch".

2) Vgl. Rumelt (1974, S. 149).

3) Zum Problem der Abstimmung von Strategie und Struktur vgl. auch Hax/Majluf (1988, S. 55 f.).

4) Vgl. Gabele (1979, S. 181 ff.).

5) Vgl. Bühner (1989, S. 225 f.); ferner Müller-Stevens (1992, Sp. 2345); Thiele (1997, S. 18 ff.).

- Abstimmung von Strategie, Struktur und Prozeß[1];
- Abstimmung von Kultur, Organisation, Technologie und Strategie[2];
- Abstimmung zwischen Strategie, Struktur und Kultur[3];
- Abstimmung zwischen Kultur, Personal, Kompetenz, Prozeß, Struktur, Strategie und System[4].

Gabele sieht neben den Faktoren Struktur, Strategie und Prozeß als vierten Faktor die Situation[5] und schlägt damit die Brücke zum situativen Ansatz[6], den er als Erklärung für die abweichenden Erklärungsversuche heranzieht. Hierdurch wird gleichzeitig der Instrumentalcharakter der Organisation überwunden[7]. Der situative Ansatz besagt dann, daß sich Unterschiede in realen Organisationsstrukturen auf Unterschiede in den Situationen zurückführen lassen, wobei die folgenden Situationselemente zu nennen sind[8]:

- Leistungsprogramm,
- Unternehmungsgröße,
- Technologie,
- Rechtsform,
- Eigentumsverhältnisse,
- Umwelt,
- technologischer Wandel und
- Wettbewerb.

Für Gabele ergibt sich dann die in Abbildung 16 dargestellte Struktur[9].

---

1) Vgl. Miles/Snow (1978).

2) Vgl. Rollberg (1996, S. 4).

3) Vgl. Gröger (1992, S. 14).

4) Vgl. Reiß/Corsten (1995, S. 11).

5) Vgl. Gabele (1979, S. 189).

6) Der Grundgedanke des situativen Ansatzes besagt, daß in unterschiedlichen Situationen (Kontexten) unterschiedliche organisatorische Lösungen notwendig sind. Vgl. Müller-Stevens (1992, Sp. 2350); Welge (1985, S. 91 ff.); Werkmann (1989, S. 60 ff.).

7) Vgl. Kreikebaum (1997, S. 213).

8) Vgl. Gabele (1979, S. 184).

9) Vgl. Gabele (1979, S. 189).

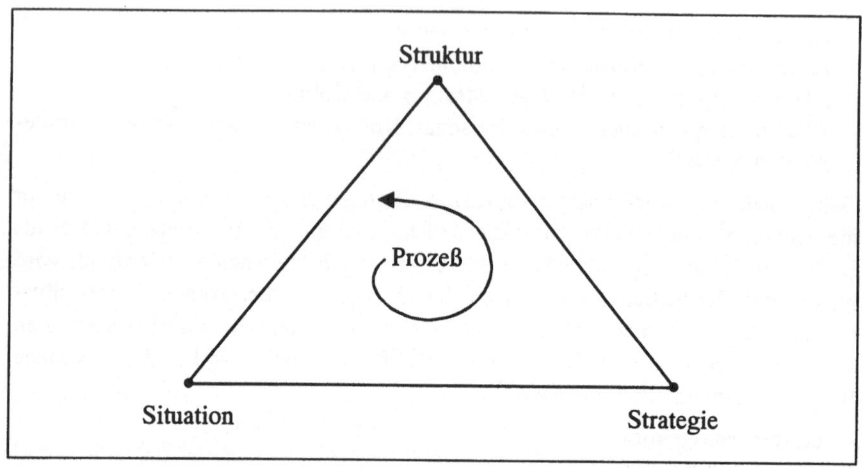

Abb. 16: Zusammenhang zwischen Situation, Struktur, Strategie und Prozeß nach Gabele

Diese Überlegungen zeigen, daß es weniger auf die zeitliche Abfolge der Veränderungen von Strategie und Struktur ankommt, „... sondern vielmehr auf die konsistente Verbindung zwischen Organisationsstruktur, Strategie, Situationsbedingungen und Managementaktivitäten."[1)] Der in einigen Untersuchungen festgestellte time lag zwischen Strategieveränderung und Organisationsänderungen wird zum Teil auch dadurch hervorgerufen, daß der Problemkomplex „strategieadäquater Organisationsformen" durch äußerst rudimentäres Wissen gekennzeichnet ist, so daß eine hohe Unsicherheit existiert: „Wenn also ausreichendes Wissen über zweckmäßige Strategie-Struktur-Kombinationen vorläge, wäre eine frühzeitige Veränderung der Struktur bzw. der internen Konfiguration anzustreben, um potentieller Ineffizienz erst gar keine Chance zu geben."[2)]

Eine rein empirische Vorgehensweise zur Identifikation strategischer Erfolgsfaktoren stellt das **PIMS-Programm** dar[3)]. Grundidee ist dabei die Vorstellung, daß

1) Kreikebaum (1997, S. 213). Auf den Aspekt „stimmiger Konstellationen", die zu einem entsprechenden Erfolg führen, bezieht sich der sog. FIT-Ansatz. Da in diesem Ansatz aber nicht präzisiert wird, welche (zeitlichen und sachlichen) Zusammenhänge zwischen den Variablen bestehen, kann er lediglich als eine fruchtbare Heuristik angesehen werden. Vgl. Werkmann (1989, S. 79 ff.).

2) Werkmann (1989, S. 53).

3) Vgl. Buzzell/Gale (1987); vgl. hierzu Abschnitt 2.2.3.

es sogenannte **Basisfaktoren** gibt, die für den Erfolg einer Unternehmung von grundlegender Bedeutung sind, und zwar unabhängig von der Branchenzugehörigkeit und den situativen Bedingungen[1].

2.2 Instrumente der strategischen Analyse

Zur Analyse der strategischen Orientierung bietet sich eine Fülle an Instrumenten an. Im folgenden sollen jedoch lediglich einige als besonders wichtig erachtete Ansätze skizziert werden.

2.2.1 Erfahrungskurvenkonzept

Mit Hilfe der Erfahrungskurve, die bereits in den sechziger Jahren entwickelt wurde, wird der Zusammenhang zwischen der Kostenentwicklung eines Produktes und der kumulierten Produktionsmenge, die als Erfahrung interpretiert wird, erfaßt[2]. Sie besagt, daß die zur Produktion eines Produktes benötigte Zeit mit steigender Anzahl der produzierten Einheiten abnimmt, wobei dieser Zusammenhang dahingehend präzisiert wird, daß die Zeitersparnis mit der Verdoppelung der produzierten Einheiten zwischen 10% und 30% schwankt[3]. Abbildung 17 gibt diesen Zusammenhang wieder[4].

1) Zu einer kritischen Betrachtung von PIMS vgl. z.B. Chrubasik/Zimmermann (1987, S. 441 ff.).

2) Vgl. Henderson (1974); ferner Bauer (1986, S. 1 ff.); Hentze/Brose/Kammel (1993, S. 171 ff.); Hieber (1991); Kloock/Sabel/Schuhmann (1987, S. 3 ff.); Wacker (1980).

3) Knafl (1995, S. 51 f.) bemerkt hierzu kritisch: „Auch wenn nachgewiesen wurde, daß bei einer Verdoppelung der kummulierten (sic!) Ausstoßmenge die Stückkosten um rund 20% sinken können, stößt die potentielle Erhöhung der Ausstoßmenge vor allem bei Produkten mit kurzem Lebenszyklus sehr schnell an ihre Grenzen. Darüber hinaus werden diese Einsparungen in der beginnenden Reifephase mehr und mehr von zusätzlichen Vermarktungsaufwendungen und Preiseinbußen durch neu auftretende Wettbewerber kompensiert. Letztere können sich zudem die kummulierten (sic!) Erfahrungen von existierenden Wettbewerbern zunutze machen ...".

4) Vgl. Gälweiler (1974, S. 243).

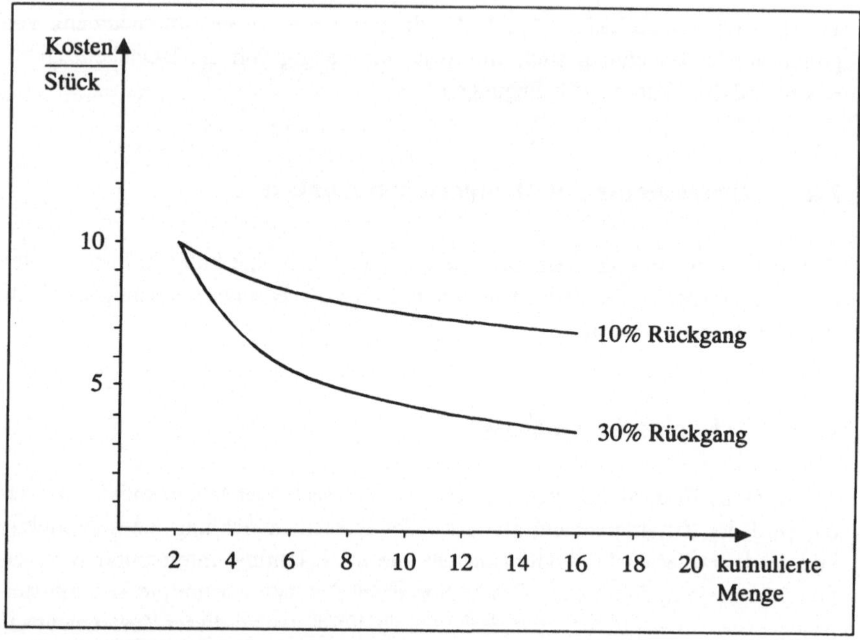

Abb. 17: Erfahrungskurvenverlauf

Formal läßt sich die Erfahrungskurve dann wie folgt formulieren[1]:

$$k_t = k_1 \cdot n_t^{-b}$$

mit:

k_t = Stückkosten des t-ten Stückes

k_1 = Stückkosten für das erste Stück

n_t = bis zum t-ten Stück kumulierte Produktionsmenge

b = Degressionsfaktor, der durch die Erfahrungsrate bestimmt wird. Er gibt an, um wieviel Prozent die Stückkosten sinken, wenn die kumulierte Menge um 1% steigt.

Für b gilt dann:

1) Vgl. Benkenstein (1997, S. 67); Kreikebaum (1997, S. 99 f.).

Bei einer Verdoppelung der Menge von n_1 auf n_2 fallen die Stückkosten k_2 im Vergleich zu k_1 um einen bestimmten Prozentsatz, der die Erfahrung wiedergibt.

$$k_2 = (1 - erf) \cdot k_1$$

$$k_2 = k_1 \cdot n_2^{-b}$$

$$n_2 = 2 \cdot n_1$$

mit:

$$n_1 = 1$$

Durch Einsetzen ergibt sich dann:

$$(1 - erf) \cdot k_1 = k_1 \cdot 2^{-b}$$

$$b = \frac{\ln (1 - erf)}{\ln 2}$$

In einer systematischen Analyse unterscheiden Kloock/Sabel/Schuhmann[1)]

- **Skaleneffekte** („Economies"), denen eine kurzfristige Betrachtung zugrunde liegt, und
- **Lerneffekte** („Savings"), bei denen alle Kosten variabel sind, weil es sich um eine langfristige Betrachtung handelt[2)].

Abbildung 18 gibt diese beiden Effekte wieder[3)].

Während die Stückkostenkurven entlang der Mengenachse die Skaleneffekte wiedergeben, zeigen die Stückkostenverläufe entlang der Periodenachse den Lerneffekt. Darüber hinaus existieren zwischen den Effekten Interdependenzen. In einer differenzierenden Betrachtung lassen sich beide Effekte dann weiter aufteilen, wie dies aus Abbildung 19 ersichtlich ist[4)].

---

1) Vgl. Kloock/Sabel/Schuhmann (1987, S. 10 ff.); Kloock/Sabel (1993, S. 215 ff.); vgl. ferner Bamberger (1981, S. 99); Bauer (1986, S. 2); Kreikebaum (1997, S. 100 ff.).

2) Zur Bedeutung dieser beiden Effekte vgl. Albach (1987, S. 28 ff.); Amit (1986, S. 281 ff.); Kloock/Sabel (1993, S. 224 ff.).

3) In Modifikation von Jacob (1995, S. 119).

4) Vgl. Kloock/Sabel/Schuhmann (1987, S. 13 ff.).

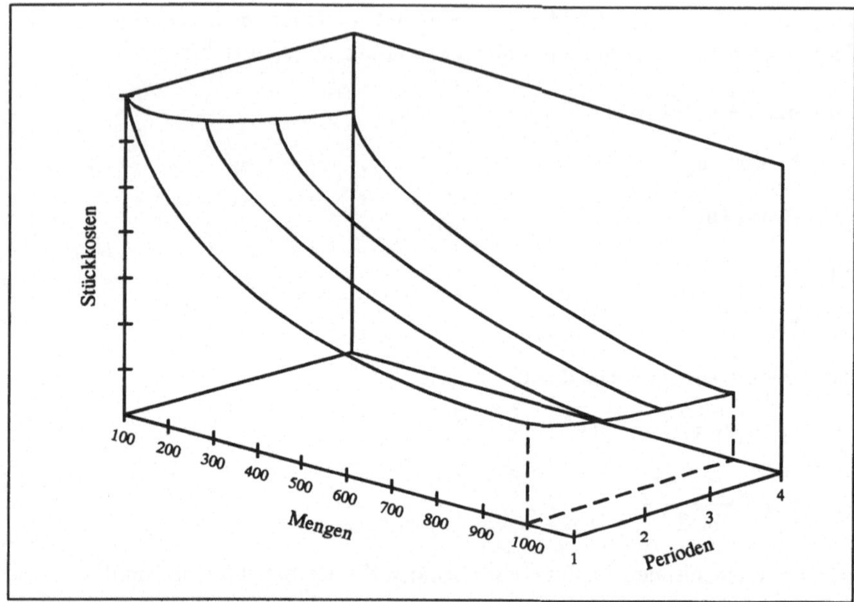

Abb. 18: Skalen- und Lerneffekte

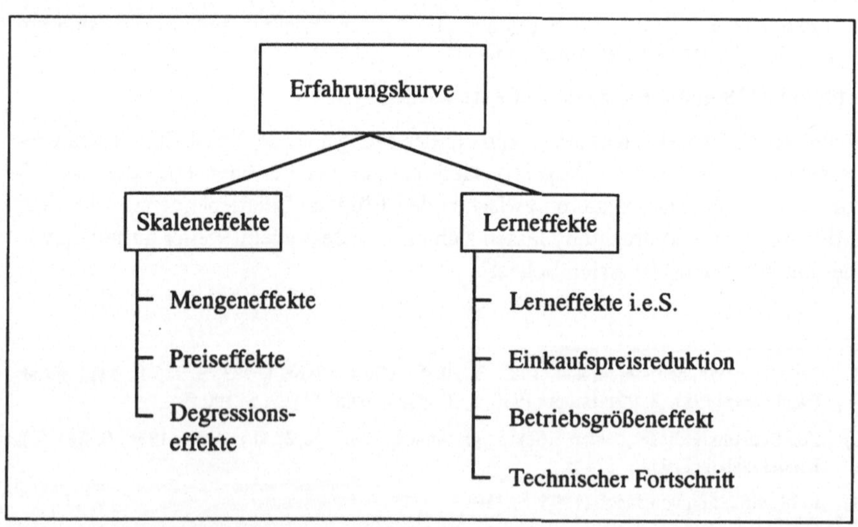

Abb. 19: Einzeleffekte der Erfahrungskurve

Der **Lernkurveneffekt i.e.S.**, der auf das Gesetz der industriellen Lernkurve zurückgeht, besagt, daß ein Mensch bei ständiger Wiederholung eines Arbeitsganges Übungsgewinne realisiert, d.h., die Fertigungszeit pro Einheit nimmt mit den Wiederholungen ab, bis er nach einer Anlaufphase eine „Normalzeit" für die Erstellung einer Einheit benötigt[1)].

Einkaufspreisreduktionen im Sinne der Lernkurve können daraus resultieren, daß Zulieferer an der Erfahrung der Abnehmer partizipieren.

Die **Betriebsgrößendegression** resultiert aus dem Erreichen einer entsprechenden Betriebsgröße, die den Einsatz leistungsfähiger Technologien ermöglicht[2)].

Beim **technischen Fortschritt** sind vor allem Verfahrensinnovationen von Bedeutung, die letztlich zu einer neuen Produktionsfunktion führen, die entweder bei gleichem Input einen höheren Output oder den gleichen Output mit einem geringeren Input realisieren, wie dies in Abbildung 20 vereinfacht wiedergegeben ist.

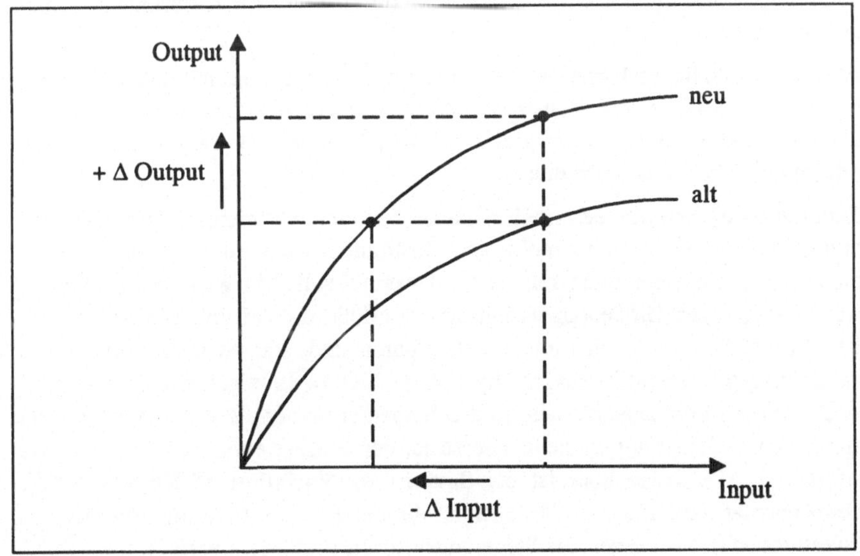

Abb. 20: Technischer Fortschritt

1) Vgl. Kern (1992, S. 182 ff.).

2) Zum Beispiel bei einer selektiven oder mutativen Größenvariation.

Mengeneffekte treten auf, wenn die potentiell produzierbare Menge pro Periode erhöht wird. Sie können unternehmungsintern (z.B. Erhöhen der Ausbeute) und unternehmungsextern (z.B. Erwerb von Produktionsanlagen mit höherer Kapazität) begründet sein. Der zuletzt genannte Aspekt hängt dabei von den marktlichen Gegebenheiten ab, und zwar vom Marktwachstum und vom (relativen) Marktanteil, den eine Unternehmung aufzuweisen hat.

Darüber hinaus bietet das Erfahrungskurvenkonzept eine Grundlage für langfristige Kostenprognosen und mögliche Preisentwicklungen (**Preiseffekt**). Damit gibt dieses Konzept zumindest auch Hinweise für preisstrategische Überlegungen im Rahmen der Einführung neuer Produkte, wobei zu betonen ist, daß hierbei keine ausschließliche Preis-Mengen-Strategie in der Form einer **Penetrationsstrategie**[1)] möglich ist, sondern auch in Abhängigkeit von den marktlichen Gegebenheiten eine **Präferenzstrategie** mit hohen Preisen denkbar ist.

Der **Degressionseffekt** beschreibt die Fixkostendegression einer entsprechenden Kapazitätsauslastung, bei der die Fixkosten auf eine größere Ausbringungsmenge verteilt werden.

Wird als zusätzliches Kriterium die Kapazität herangezogen und dabei zwischen gegebener und variierbarer Kapazität unterschieden, dann lassen sich nach Jacob[2)], der auf Kloock/Sabel[3)] zurückgreift, die in Abbildung 21 dargestellten Steuerungsmöglichkeiten unterscheiden.

Economies of Stream beschreiben dabei den Beschäftigungsgrößeneffekt, der durch den Einsatz des absatzpolitischen Instrumentariums, das zu einer Absatzmengensteigerung beitragen soll, erreicht werden soll. Mit **Economies of Scale** werden diejenigen Größendegressionseffekte erfaßt, die auf unterschiedliche Anfangskapazitäten der Produktion zurückzuführen sind, d.h., Steuerungsinstrument ist die Investitionspolitik. **Savings by Using of Know-how** gehen von einer nicht veränderbaren Lernkapazität aus, so daß Lernen entweder als Automatismus oder durch aktive Steuerung entsteht. Hierzu ist der Einsatz entsprechender Anreize erforderlich. Demgegenüber ist bei **Savings by Variation of Know-how** die Lernkapazität variierbar, so daß auch in diesem Fall die Investitionspolitik, als Investitionen in das Lernen, als Steuerungsinstrument relevant wird.

---

1) Vgl. Bauer (1986, S. 7 ff.).

2) Vgl. Jacob (1995, S. 123).

3) Vgl. Kloock/Sabel (1993, S. 220).

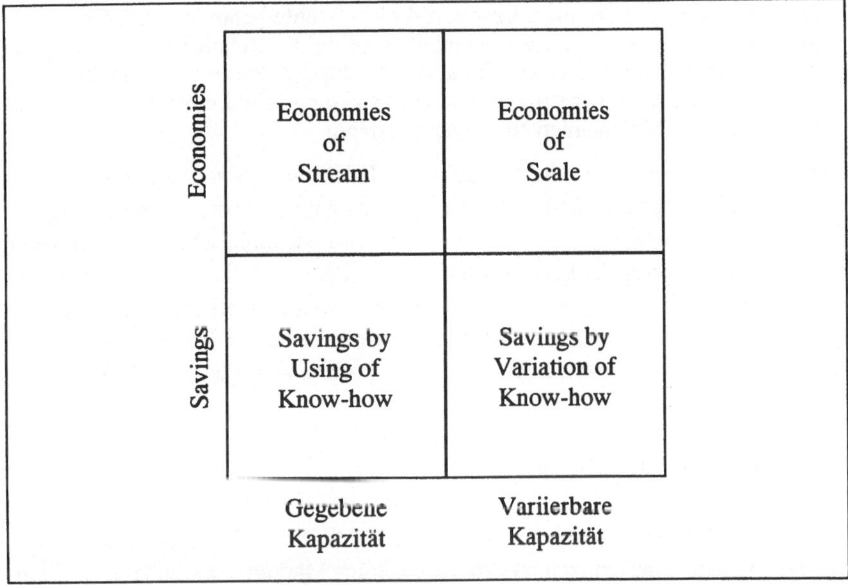

Abb. 21: Steuerung der Erfahrungskurve

Auch das Erfahrungskurvenkonzept wurde in der Literatur kritisch hinterfragt[1). Kreikebaum richtet seine Kritik an den folgenden Aspekten aus[2)]:

- Der herangezogene **Kostenbegriff** bleibe unklar, zumal ausschließlich die Wertschöpfungskosten (Erfahrungseffekte seien aber auch in anderen betrieblichen Funktionsbereichen möglich) und die realen Stückkosten (hierzu bedürfe es eines geeigneten Deflators) betrachtet werden. Synergien, die sich bei der Produktion unterschiedlicher Güter ergäben, könnten nicht berücksichtigt werden. Darüber hinaus sei nicht klar, um welche Stückkosten es sich handele, d.h., um die letzte produzierte Einheit oder um alle bis zu diesem Punkt erstellten Einheiten (durchschnittliche Stückkosten).
- Als erklärende Variable werde nur die **kumulierte Produktionsmenge** herangezogen und von anderen Einflußgrößen abstrahiert. Die Kostensenkungen seien jedoch auch durch Lern- und Größendegressionseffekte verursacht, so daß eine exakte Zurechenbarkeit des Erfahrungskurveneffektes auf die ihn verursachenden Größen nicht möglich sei.

---

1) Vgl. z.B. Lange (1984, S. 229 ff.); Wacker (1980, S. 100 ff.).

2) Vgl. Kreikebaum (1997, S. 107 ff.); ferner Bauer (1986, S. 5 ff.).

Die Höhe des **Erfahrungskurveneffektes** sei unternehmungsspezifisch. Um hieraus Strategieempfehlungen abzuleiten, seien die Rahmenbedingungen wie z.B. Marktwachstum, Preiselastizität der Nachfrage, Phase des Produktlebenszyklus, situative Kostenstruktur und -entwicklung, Konkurrenzreaktionen auf preispolitische Maßnahmen etc. zu spezifizieren.

Trotz dieser vorgebrachten Kritik kann das Erfahrungskurvenkonzept einerseits eine Basis für Prognosen und anderseits Anhaltspunkte für die Formulierung von Handlungsempfehlungen im Rahmen wettbewerbsstrategischer Überlegungen bieten. So ist es etwa denkbar, Kosten und Preisspannen der eigenen Unternehmung und von Wettbewerbern zu schätzen, wenn Ausbringungsmengen und Marktanteile näherungsweise bekannt sind. Damit bietet die Erfahrungskurve zumindest einen ersten Ansatzpunkt im Rahmen preisstrategischer Überlegungen[1)].

2.2.2 Lebenszykluskonzepte

Die Lebenszyklusanalyse geht in Anlehnung an die Evolutionstheorie davon aus, daß das „Leben" eines einzelnen Produktes, eines Marktes oder auch einer Technologie begrenzt ist. Gemeinsam ist dabei allen Lebenszyklen, daß die Zeit als unabhängige Variable in das Modell aufgenommen wird, während als abhängige Variable die unterschiedlichsten Größen herangezogen werden. Dabei wird i.d.R. von einem idealtypischen Verlauf ausgegangen, der mit Hilfe einer logistischen Kurve dargestellt wird. Empirische Untersuchungen zeigen, daß es aber auch andere Zyklustypen gibt. Im folgenden sollen die drei folgenden Varianten des Lebenszykluskonzeptes behandelt werden:

- Produktlebenszyklus,
- Marktlebenszyklus und
- Technologielebenszyklus[2)].

---

1) Vgl. hierzu Bauer (1986, S. 7 ff.).

2) Zu einem Überblick über weitere Konzepte vgl. Höft (1992, S. 103 ff.).

2.2.2.1 Produktlebenszyklus

Der Produktlebenszyklus bezeichnet die Zeitspanne, in der sich ein Produkt am Markt befindet. Die Länge dieser Zeitspanne kann dabei von Produkt zu Produkt erhebliche Unterschiede aufweisen (z.B. Modeartikel oder Investitionsgut). Für eine differenziertere Betrachtung wird der Lebenszyklus in einzelne Phasen untergliedert, wobei insbesondere vier-, fünf- und sechsphasige Ansätze in der Literatur zu finden sind[1)]. Abbildung 22 gibt einen typischen Produktlebenszyklus auf der Grundlage eines Fünfphasenmodells wieder.

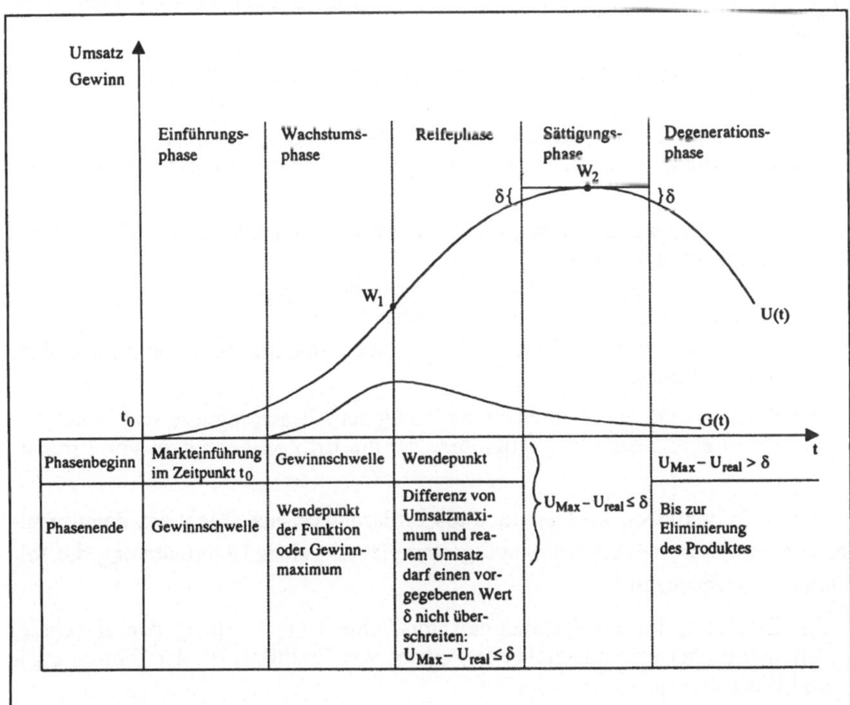

Abb. 22: Produktlebenszyklus

1) Vgl. Höft (1992, S. 16 ff.); Zäpfel (1989, S. 97 f.).

Die **Einführungsphase** beginnt mit der Markteinführung eines Produktes und endet mit dem Erreichen der Gewinnschwelle. Die **Wachstumsphase** zeichnet sich durch steigende Zuwachsraten aus, die auf eine erfolgreiche Marktdurchdringung zurückzuführen sind. In der **Reifephase** tritt eine Verlangsamung des Umsatzwachstums ein, die durch eine zunehmende Marktsättigung induziert wird. In der **Sättigungsphase** zeigt sich eine Stagnation des Umsatzes, der in der **Degenerationsphase** dann kontinuierlich abnimmt. Diese Phasenbeschreibung macht deutlich, daß die Abgrenzung der einzelnen Phasen nicht ganz ohne Willkür erfolgt.

Grundsätzlich gibt der Produktlebenszyklus Auskunft über die folgenden Sachverhalte[1)]:

- Es ergeben sich Informationen über die Altersstruktur des Produktionsprogramms.
- Die Phasen bieten eine Basis für eine Klassifikation strategisch relevanter Entscheidungssituationen, d.h. phasenspezifischer Grundsatzentscheidungen wie z.B.:
  - -- Einführungsphase: Wann soll die Unternehmung ein Produkt auf den Markt bringen (Pionier/Folger[2)])?
  - -- Wachstums- und Reifephase: Wie kann die angestrebte Marktposition erreicht, ausgebaut oder verteidigt werden?
  - -- Degenerationsphase: Wann soll die Unternehmung das Produkt aus dem Markt nehmen?
- Das Konzept ermöglicht eine Unterstützung der Absatzprognose von Produkten und liefert eine Beurteilungsgrundlage für die Erfolgsträchtigkeit von Produkten.

Wird das Produktlebenszyklusmodell als Erklärungsansatz akzeptiert, dann resultieren hieraus für die Produktionsprogrammplanung einer Unternehmung die folgenden Konsequenzen[3)]:

- Zur Erhaltung des Erfolgspotentials muß eine Unternehmung darauf achten, daß sich immer eine ausreichende Anzahl von Produkten in der Einführungs- und Wachstumsphase befindet.

---

1) Vgl. Benkenstein (1997, S. 53 f.); Kreikebaum (1997, S. 110).

2) Vgl. z.B. Murmann (1994, S. 21 ff.); Perillieux (1991, S. 29 ff.).

3) Vgl. Engeleiter (1981, S. 415).

- Damit eine Unternehmung die neuen Produkte auch finanzieren kann, muß sie darauf achten, daß sich immer eine ausreichende Anzahl von Produkten in der Reife- und Sättigungsphase befindet.

In den bisherigen Überlegungen wurde lediglich der sogenannte **Marktzyklus** eines Produktes betrachtet. Diesem vorgelagert sind jedoch

- der Entstehungszyklus und
- der Beobachtungszyklus,

durch deren Aufnahme in das Modell ein integrierter Produktlebenszyklus entsteht, der in Abbildung 23 dargestellt ist[1].

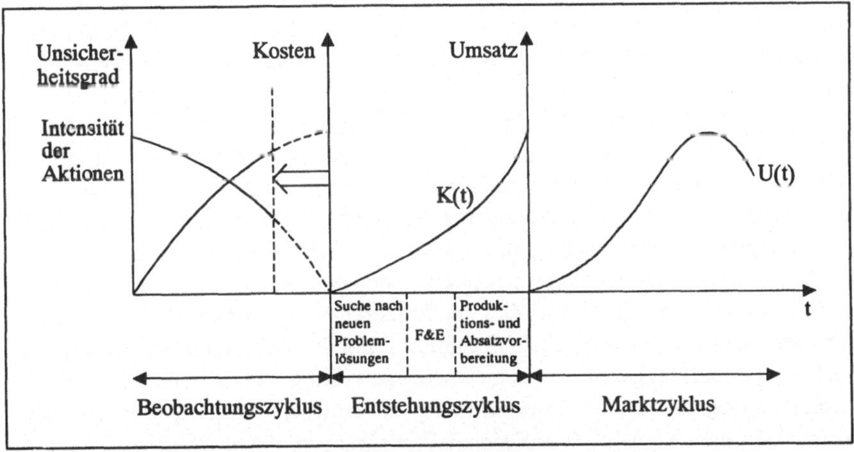

Abb. 23: Integriertes Produktlebenszykluskonzept

Im **Beobachtungszyklus** muß die Unternehmung alle strategisch relevanten Informationen aus der Unternehmungsumwelt beobachten, die für ihre zukünftige Entwicklung von Bedeutung sein können[2]. In diesem Zusammenhang erlangen insbesondere **Früherkennungssysteme** eine hohe Bedeutung, die der Unsicherheit und Komplexität der Umwelt und den daraus wahrgenommenen Informationen Rechnung tragen. Teilweise wird in diesem Zusammenhang auch von Frühwarnsystem oder Frühaufklärung gesprochen, mit dem Hinweis, daß die strategi-

1) Vgl. Pfeiffer u.a. (1991).

2) Vgl. Liebl (1997, S. 40).

sche Planung im Rahmen der Begriffsbildung häufig auf die militärische Terminologie zurückgreife[1]. Hierin jedoch einen inhaltlichen Grund für eine derartige Begriffswahl zu sehen, erachten wir auf Grund der fundamentalen Unterschiede zwischen Unternehmungen und diesem Bereich nicht nur als fragwürdig, sondern als unangemessen. Aus diesem Grund wird in diesem Werk ausschließlich von Früherkennung und Früherkennungssystem gesprochen. Unter einem Früherkennungssystem ist dann ein Informationssystem zu verstehen, das durch seinen spezifischen Output in der Form von Früherkennungsinformationen „... auf real vorhandene, aber noch nicht allgemein als solche erkannte strategische Chancen und Risiken, mit dem für ein rechtzeitiges Agieren erforderlichen Vorlauf, aufmerksam machen“[2] soll. Es geht somit um die Wahrnehmung, Beurteilung und Weitergabe von Signalen, die für eine Unternehmung mit Chancen und Risiken einhergehen können. Es handelt sich folglich um ein „Scanning“, d.h. um ein ungerichtetes Abtasten des Umfeldes[3]. Die Strategische Früherkennung unterstellt, daß Änderungen nicht abrupt auftreten (Indikatorenhypothese[4]), sondern durch entsprechende Signale angekündigt[5] werden. Sie bezieht sich dabei sowohl auf die Gesamtunternehmung als auch auf einzelne Funktionsbereiche. Damit wird der Vorgehensweise, bei bereichsbezogener Betrachtung von einer operativen Frühaufklärung zu sprechen, nicht gefolgt, weil es sich im operativen Bereich um laufende Anpassungsentscheidungen handelt[6] und somit kaum von einer Früherkennung gesprochen werden kann. Ziel der Früherkennung ist es vielmehr, die Zeit, die zwischen dem Auftreten eines Ereignisses und dessen Wahrnehmung liegt und auch als Beobachtungszeit bezeichnet wird, zu verringern, um dadurch ein hohes Reaktionspotential für die Unternehmung zu eröffnen. Dabei sind auch sogenannte schwache Signale[7] (weak signals) zu erkennen, die das Auftreten strategischer Diskontinuitäten ankündigen. Dabei darf es nicht das Ziel sein, durch zeitli-

1) Vgl. Hammer (1992, S. 175 ff.); Kirsch/Esser/Gabele (1979, S. 355).

2) Hammer (1992, S. 177).

3) Vgl. Liebl (1997, S. 41).

4) Die heranzuziehenden Indikatoren müssen dabei den Anforderungen der Validität und Reliabilität genügen. Vgl. Hentze/Brose/Kammel (1993, S. 218 f.). Dabei ist zwischen definitorischen, korrelativen und schlußfolgernden Indikatoren zu unterscheiden. Vgl. Mayntz/Holm/Hübner (1974, S. 41 ff.).

5) Vgl. Pfohl (1988, S. 810).

6) Vgl. Corsten (1994b, S. 5 ff.).

7) Vgl. Ansoff (1976, S. 129 ff.).

che Verzögerung mit zunehmender Informationsaufnahme und -verarbeitung, den Grad der Unsicherheit so weit zu senken, daß Aktionen erst dann vollzogen werden, wenn keine Unsicherheit mehr besteht, da die Unternehmung dann nicht mehr in der Lage ist, Vorteile gegenüber ihren Konkurrenten zu erlangen. Um Vorteile zu erreichen, muß folglich der Entstehungszyklus zeitlich vorgelagert werden (vgl. gestrichelte Linie in Abbildung 23).

Die frühzeitige Wahrnehmung der schwachen Signale ist damit eine wesentliche Aufgabe des strategischen Management. In Abhängigkeit vom Grad der Ungewißheit unterscheidet Ansoff fünf **Stadien der Ignoranz** bei Diskontinuitäten:

- Stufe 1: Es handelt sich lediglich um Vermutungen, daß die Unternehmung mit Risiken oder Chancen rechnen muß.
- Stufe 2: Die Unternehmung kennt die Bereiche, die Ursache möglicher Chancen und Risiken sind.
- Stufe 3: Die Risiken oder Chancen nehmen für die Unternehmung konkrete Gestalt an.
- Stufe 4: Die Unternehmung weiß, mit welchen Maßnahmen Risiken abgewendet oder Chancen genutzt werden können.
- Stufe 5: Es ist klar, zu welchen Ergebnissen die zu ergreifenden Maßnahmen führen.

Tabelle 5 gibt die Stufen der Ignoranz und die damit verbundenen Informationsinhalte noch einmal systematisierend wieder[1)].

Die Tabelle zeigt, daß der Informationsgehalt von Stufe 1 zu Stufe 5 zunimmt. Dabei herrscht der höchste Ungewißheitsgrad dann, wenn bei einer Unternehmung lediglich in allgemeiner Form das Bewußtsein vorhanden ist, daß mit Risiken oder auch Chancen zu rechnen ist. Durch weitere Abstufungen ergibt sich schließlich der niedrigste Grad von Ungewißheit, bei dem die Unternehmung weiß, um welche konkreten Risiken und Chancen es sich handelt, wie sie darauf reagieren kann und mit welchen Ergebnissen diese verbunden sein werden.

---

1) Vgl. Ansoff (1976, S. 135); zur deutschen Übersetzung vgl. Picot (1981, S. 568). Zur generellen Problematik von Diskontinuitäten vgl. Steinle/Thiem/Bosch (1997, S. 10 f.); Stuhlmann (1992, S. 14 ff.).

Stadien der Ignoranz / Informationsinhalt	(1) Gefühl der Chance/ Bedrohung	(2) Quelle der Chance/ Bedrohung	(3) Chance/ Bedrohung konkret	(4) Reaktion konkret	(5) Ergebnis konkret
Überzeugung, daß Diskontinuitäten bevorstehen	Ja	Ja	Ja	Ja	Ja
Gebiet identifiziert, das Quelle der Diskontinuität ist	Nein	Ja	Ja	Ja	Ja
Charakteristika der C/B, Art, Schwere und Zeit der Auswirkung	Nein	Nein	Ja	Ja	Ja
Reaktionsmöglichkeiten bekannt: Programme, Aktionen, usw.	Nein	Nein	Nein	Ja	Ja
Konsequenzen der Reaktion auf die Ertragslage abschätzbar	Nein	Nein	Nein	Nein	Ja

Tab. 5: Stufen der Ignoranz nach Ansoff

Als Grundlage für konkrete Handlungen im Hinblick auf schwache Signale entwirft Ansoff ein **Strategieraster**, das sich aus der kombinativen Verknüpfung der

- Reaktionsstrategien mit dem
- Reaktionsbereich

ergibt und in Tabelle 6 dargestellt ist[1)].

Reaktionsstrategien / Reaktionsgebiet	Direkte Reaktion	Flexibilität	Wahrnehmung
Beziehungen zur Umwelt	Externes Handeln (strategische Planung und Implementierung)	Externe Flexibilität	Umweltwahrnehmung
Interne Konstellation	Unternehmungsinterne Bereitschaft (Eventualplanung)	Interne Flexibilität	Selbstwahrnehmung

Tab. 6: Strategieraster nach Ansoff

Auf dieser Grundlage lassen sich alternative **Reaktionsstrategien** formulieren[2)] (vgl. Tabelle 7).

1) Vgl. Ansoff (1976, S. 137); zur deutschen Übersetzung vgl. Hammer (1992, S. 220).

2) Vgl. Ansoff (1976, S. 137 ff.); die Abbildung ist entnommen aus Picot (1981, S. 568).

Reaktionsstrategien / Reaktionsgebiet	Problembewußtseinsbildung	Flexibilitätserhöhung	Direkte Reaktion
Beziehungen zur Umwelt	Beobachtung der Umwelt z.B. Prognosen der wirtschaftlichen Entwicklung; Absatzprognosen; Prognosen struktureller/ technologischer/ sozialer/ politischer Enwicklung	Externe Flexibilität z.B. Balance der Lebenszyklen; Machtbalance; Langzeitkontrakte; Risikostreuung	Externe Aktion (Strategische Planung und Durchführung) **Risikopolitik** z.B. Erschließung neuer Märkte; Risikoteilung mit anderen Unternehmungen; Sicherung knapper Ressourcen **Informationspolitik** z.B. Verbesserung der Kommunikation mit der Umwelt **Partizipationspolitik** z.B. Beteiligung externer Gruppen am Entscheidungsprozeß **Sanierungspolitik** z.B. Einführung umweltfreundlicher Techniken

(Fortsetzung nächste Seite)

Reaktionsstrategien / Reaktionsgebiet	Problembewußtseinsbildung	Flexibilitätserhöhung	Direkte Reaktion
Interne Struktur	Beobachtung der internen Struktur z.B. Leistungsanalyse; Analyse von Stärken und Schwächen; Fähigkeitendurchschnitt Finanzierungsmodelle; Strategische Modelle	Interne Flexibilität z.B. Risiko- und Wandlungsbereitschaft; Problemlösungsfähigkeit, Einbau von Elastizitäten; Zukunftsbewußtseinsförderung	Interne Bereitschaft (Kontingenzplanung) **Risikopolitik** z.B. Eventualpläne; Erwerb neuer Technologien **Informationspolitik** z.B. Verbesserung der Kommunikation im Unternehmen **Partizipationspolitik** z.B. verstärkte Arbeitnehmerbeteiligung am Entscheidungsprozeß **Sanierungspolitik** z.B. Einführung humaner Arbeitsplätze

Tab. 7: Alternative Reaktionsstrategien

Die Tabelle zeigt das weite Spektrum denkbarer Reaktionen, wobei zwischen „schwachen" und „starken" Reaktionen zu unterscheiden ist. Während die „schwachen" Reaktionen Risiken und Chancen erkennen sollen und dafür ein entsprechendes Flexibilitätspotential voraussetzen, handelt es sich bei „starken" Reaktionen um konkret zu ergreifende Aktionen. Dabei darf aber nicht verkannt werden, daß die Wahrnehmung schwacher Signale letztlich auch von der Empfängersensibilität abhängig ist, der den unspezifischen Signalen entsprechende Informationsinhalte zuordnen muß: „Dazu muß der Empfänger der Informationen zumindest eine grobe Vorstellung von möglichen Ereignissen haben, die aus den unspezifischen Signalen resultieren könnten, um sie mit der strategischen Diskontinuität in Verbindung zu bringen und als schwaches Signal identifizieren zu können."[1)]

Als Instrumente, die eine Früherkennung zu unterstützen vermögen, sind insbesondere **qualitative Prognoseansätze** zu nennen, wobei insbesondere

- die Delphi-Methode und
- die Szenario-Analyse

erwähnt seien.

Bei der Delphi-Methode[2)] handelt es sich um eine mehrstufige Expertenbefragung, die die folgenden **Kernelemente** aufweist:

- Anonymität der Teilnehmer,
- Iteration der Befragung bei kontrollierter Rückkoppelung und
- Darstellung der Gruppenantwort durch statistische Kennzahlen.

Unabhängig von den vielfältigen Modifikationen läßt sich der **typische Verlauf** eines Delphi-Verfahrens durch die folgenden Schritte beschreiben:

- Auswahl der zu befragenden Experten;
- Erste Befragung, in der das Problem - meist zerlegt in Einzelfragen - den Experten zur Stellungnahme vorgelegt wird;
- Erste Analyse, in der die Antworten der Experten durch ein Projektteam zusammengefaßt, verglichen und statistisch ausgewertet werden;
- Bekanntgabe der Ergebnisse der ersten Befragung mit anschließender zweiter Befragung;
- Zweite Analyse der Befragungsergebnisse;

  ⋮

- Ergebnisformulierung.

Ziel ist es dabei, eine Konsenslösung der Experten zu erreichen.

1) Pekayvaz (1985, S. 189).

2) Vgl. z.B. Corsten (1998, S. 170 ff.); Götze/Rudolph (1994, S. 16 ff.); Pfohl/Stölzle (1997, S. 161 ff.).

Ziel der **Szenario-Analyse**[1] ist der Entwurf unterschiedlicher Zukunftsbilder[2]. Ausgangspunkt von Szenarien ist die derzeitige Situation, von der aus - ähnlich einem Gedankenexperiment - Schritt für Schritt die zukünftige Entwicklung als eine logische Abfolge von Ereignissen deduziert wird. Bei der Beschreibung der Ausgangssituation ist zu beachten, daß „... von einer vernünftigen Ansicht über die gegenwärtige Lage ...“[3] auszugehen ist, um die Gefahr zu reduzieren, daß Wunschdenken in die Erstellung von Szenarien einfließt. Damit dienen Szenarien der Beantwortung der Fragen:

- Wie kommt eine hypothetische Situation zustande?
- Welche Handlungsalternativen gibt es in den einzelnen Stadien für die beteiligten Entscheidungsträger?

Um den möglichen Bereich denkbarer Entwicklungen zu erfassen, werden zwei unterschiedliche Entwicklungspfade der Zukunftsausprägungen in der Form von **Extremszenarien** fixiert. Da sich mit zunehmender Entfernung vom aktuellen Zeitpunkt der Einfluß deterministischer Größen verringert, erweitert sich der Bereich denkbarer Entwicklungspfade über den Zeitstrahl trichterförmig, wie dies in Abbildung 24 dargestellt wird[4].

Darüber hinaus ist in dieser Abbildung ein **Trendszenario** eingezeichnet, das die wahrscheinliche Entwicklung markiert, und zwar unter der Voraussetzung, daß die bisherigen Bedingungen weiterhin gültig sind. Im Zeitpunkt t_1 zeigt sich ein Abweichen von dem eingezeichneten Trendszenario. Werden keine Gegenmaßnahmen ergriffen, dann resultiert hieraus unmittelbar ein anderes Zukunftsbild (Szenario A).

1) Vgl. z.B. Aaker (1989, S. 123 ff.); Bea/Haas (1995, S. 262 ff.); Götze/Rudolph (1994, S. 21 ff.); Hentze/Brose/Kammel (1993, S. 268 ff.); Pfohl/Stölzle (1997, S. 164 ff.).

2) Vgl. Ayres (1971, S. 146); Kahn/Wiener (1968).

3) Kahn/Wiener (1968, S. 254).

4) Vgl. z.B. Pfohl/Stölzle (1997, S. 165).

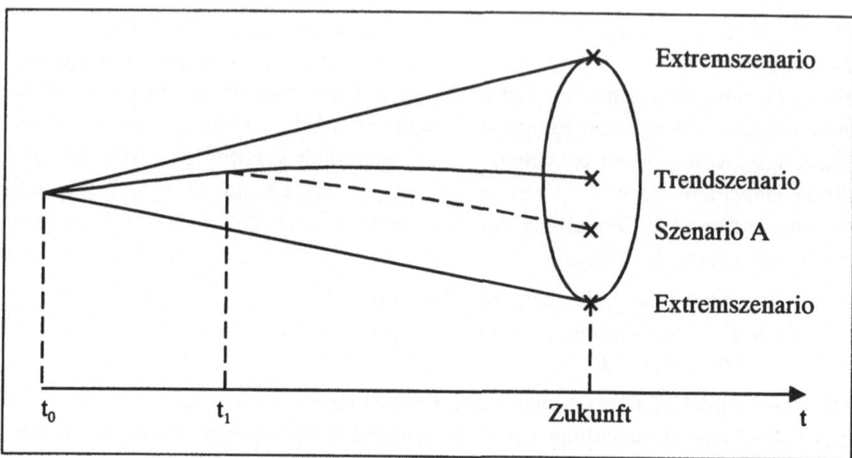

Abb. 24: Trichtermodell

Zur Abfassung von Szenarien nennt de Leon[1)] die folgenden vier Aufgaben:

- Festlegung des zeitlichen Bezugsrahmens,
- Festlegung der Systemumwelt,
- Festlegung des Disaggregationsniveaus und des Detaillierungsgrades und
- Festlegung der Akteure.

Darüber hinaus werden phasenmäßige Einteilungen vorgenommen, wobei häufig zwischen Analyse-, Prognose- und Synthesephase unterschieden wird[2)]. Aufbauend auf in der Literatur angeführten Phaseneinteilungen[3)] wird eine fünfphasige Einteilung in Tabelle 8 vorgeschlagen.

1) Vgl. de Leon (1973, S. V und S. 10 ff.).

2) Vgl. z.B. Lehnen (1979, S. 71).

3) Vgl. z.B. Bea/Haas (1995, S. 265 f.); Hentze/Brose/Kammel (1993, S. 270); Pfohl/Stölzle (1997, S. 164 f.).

Phase	Tätigkeit
Analysephase	Definition der Prognoseaufgabe
	Definition und Abgrenzung des zu untersuchenden Systems
	Identifikation der relevanten Elemente und Beziehungen zwischen den Elementen untereinander und mit der Systemumwelt
	Identifikation relevanter Beziehungen
	Identifikation der Systemziele
	Modellierung des Systemzusammenhangs
	Fixierung des Zeitpunktes t (Gegenwart)
Präspekulative Phase	Identifikation derjenigen exogenen Variablen, die durch Maßnahmen innerhalb des Systems nicht beeinflußt werden und bei denen die Möglichkeit von Veränderungen besteht (und die vermutlich Einfluß auf das Ergebnisprofil haben)
	Identifikation derjenigen Variablen, deren Veränderung möglich scheint, wobei die Veränderung vermutlich Einfluß auf das Ergebnisprofil hat
	Identifikation derjenigen Strukturparameter, deren Veränderung im Zeitablauf möglich erscheint und deren Veränderung vermutlich Einfluß auf das Ergebnisprofil hat
	Formulierung möglicher Entwicklungen der drei vorangegangenen Größen
Synthesephase	Erstellen von Szenarien

(Fortsetzung nächste Seite)

Phase	Tätigkeit
Testphase	Test und eventuelle Korrekturen der Szenarien (logisch-formale Ebene, technische Ebene)
Interpretationsphase	Interpretation der einzelnen Entwicklungszweige des Szenariums
	Interpretation des Gesamtszenariums

Tab. 8: Phasenmodell der Szenario-Analyse

Kahn/Wiener heben die folgenden sechs **Vorteile der Szenario-Analyse** hervor[1]:

- Sie lenkt die Aufmerksamkeit auf eine größere Vielfalt von Möglichkeiten, die für die zukünftigen Entwicklungen und deren Analyse zu beachten sind.
- Sie zwingt zur Auseinandersetzung mit Einzelheiten und Strömungen.
- Sie hilft, Wechselbeziehungen zwischen Faktoren und deren Einfluß zu erhellen.
- Sie kann in vereinfachter Weise Prinzipien und Fragen illustrieren, die sonst übersehen würden.
- Sie kann herangezogen werden, um vergangene und gegenwärtige Ergebnisse in Betracht zu ziehen.
- Szenarien können auch als künstliche „Fälle“ und „historische Anekdoten“ verwendet werden.

Diese Aspekte resultieren jedoch nicht zwangsläufig aus der Anwendung der Szenario-Analyse. Pointiert gelangt dann auch Graff zu folgender Beurteilung: „Es (das Szenario, d.V.) stellt im Bereich der Prognostik sozusagen die Quintessenz der Unwissenschaftlichkeit dar.“[2]

Die Szenario-Analyse stellt keine eigenständige Prognosemethode dar, sondern ist vielmehr als ein heuristischer **Rahmen** für andere Methoden wie etwa Brainstorming, Trendanalyse, Delphi-Methode etc. anzusehen. Die **Qualität** einer Szenario-Analyse hängt somit von

1) Vgl. Kahn/Wiener (1968, S. 252).

2) Graff (1977, S. 3); vgl. ferner Kern/Schröder (1977, S. 139): „Es (das Fehlen methodischer Grundlagen, d.V.) verhindert zudem eine generelle Beurteilung der theoretischen Fundierung des Verfahrens.“

- der fachlichen Kompetenz der Personen,
- der Fähigkeit zu ganzheitlich-vernetztem und kreativem Denken,
- der Bereitschaft der Mitarbeiter zur aktiven Teilnahme und
- den zum Einsatz gelangenden Techniken ab[1].

Der **Entstehungszyklus** beginnt mit der Suche nach neuen Problemlösungen. Im Rahmen der Suche nach neuen Problemlösungen gelangen Kreativitätstechniken[2] zur Anwendung. Dabei ist grundsätzlich zwischen intuitiven und diskursiven Ansätzen zu unterscheiden. Während bei intuitiven Verfahren, zu denen das Brainstorming, das Brainwriting und weitere vielfältige Abwandlungen, die Delphi-Methode, die Synektik und die Bionik zählen, versucht wird, das Kreativitätspotential der einzelnen Mitarbeiter z.B. auf der Grundlage eines organisierten Kreativitätstrainings zu nutzen, basieren diskursive Ansätze, wie etwa die Relevanzbaummethode und der Morphologische Ansatz, auf bewußt logisch-kombinativen Denkprozessen. Zentrales Anliegen dieser Ansätze ist damit die Zerlegung von Problemen in relevante Komponenten, um dann durch logisch-kombinatives Vorgehen zu Lösungen zu gelangen. Hauschildt hebt in diesem Zusammenhang hervor, daß die Vielzahl dieser Kreativitätstechniken[3] kaum noch zu überblicken sei, wobei insbesondere das Brainstorming und der Morphologische Kasten in der Praxis einen hohen Bekanntheitsgrad aufweisen[4].

Der Forschung und Entwicklung kommt dann die Aufgabe zu, generierte Ideen auf ihre Realisierbarkeit hin zu überprüfen und sie dann in Produkte und/oder Verfahren umzusetzen. In einer effizienten F&E ist damit eine wesentliche Voraussetzung für die Erhaltung und den Ausbau der Unternehmungen und darüber hinaus der ganzen Volkswirtschaft zu sehen. Grundlage hierfür sind die aus der F&E fließenden Inventionen und Innovationen. Während unter Invention die Erfindung zu verstehen ist, umfaßt die Innovation die erste wirtschaftliche Nutzbarmachung dieser Invention. Unter Forschung und Entwicklung im weitesten Sinne können dabei alle planvollen und systematischen Aktivitäten verstanden werden, die mit Hilfe wissenschaftlicher Methoden den Erwerb neuer Kenntnisse über Kultur- und Naturphänomene und/oder die erstmalige oder neuartige Anwendung derartiger

---

1) Vgl. Bea/Haas (1995, S. 268).

2) Vgl. Corsten (1998, S. 165 ff.); Hauschildt (1997, S. 311); Schlicksupp (1977); Specht/ Beckmann (1996, S. 129 ff.).

3) Es wird geschätzt, daß es etwa 100 unterschiedliche Techniken gibt.

4) Vgl. Hauschildt (1997, S. 311).

Erkenntnisse anstreben[1]. Dabei ist F&E mit Unsicherheit verbunden, d.h., der Eintritt eines angestrebten Ergebnisses[2] läßt sich nicht mit Sicherheit voraussagen.

Wurden die F&E-Aktivitäten erfolgreich abgeschlossen, müssen die Produktion und der Absatz entsprechende Vorbereitungen treffen, wobei gerade in der Entwicklungsphase, in der es um die konkrete Anwendung der gewonnenen Erkenntnisse geht, eine Parallelisierung der Aktivitäten anzustreben ist. Während die Produktion entsprechend Kapazitäten bereitstellen muß, obliegt dem Absatz die Aufgabe der Vorbereitungen für die Produkteinführung im Markt, d.h. Werbeaktivitäten zu entfalten, Vertriebswege vorzubereiten, Verbrauchertests durchzuführen etc.

Das Produktlebenszykluskonzept stellt zwar einerseits ein sehr anschauliches und leicht verständliches Modell dar, jedoch darf nicht verkannt werden, daß es andererseits auch mit erheblichen Problemen behaftet ist, die sich in den folgenden **Kritikpunkten** niederschlagen, die sich grundsätzlich auch auf die anderen Lebenszykluskonzepte übertragen lassen[3]:

- Die Phaseneinteilung ist eher willkürlich.
- Die idealtypische Form muß nicht realistisch sein. Es können z.B. auch mehrgipflige Kurven auftreten.
- Der Lebenszyklus kann erst ex post identifiziert werden.
- Die Zyklusdauer und die einzelnen Phasen sind ex ante unbekannt.
- Die Zeit ist die einzige Variable. Andere Einflußgrößen wie Kaufhäufigkeit, Rate des technischen Fortschritts etc. werden nicht berücksichtigt.

Das Produktlebenszykluskonzept ist damit eher ein Instrument, um zukünftige Absatzchancen eines Produktes qualitativ zu analysieren[4].

1) Vgl. Kern/Schröder (1977, S. 21 f.).

2) Die Unsicherheit kann sich darüber hinaus auf die Kosten, die Zeit und auf die Verwertung der erworbenen Kenntnisse beziehen.

3) Vgl. Kreikebaum (1997, S. 111 f.).

4) Vgl. Hansmann (1987, S. 41).

2.2.2.2 Marktlebenszyklus

Grundlage des Marktlebenszyklus bildet das Marktphasenschema von Heuss[1], der die vier folgenden **Entwicklungsphasen** unterscheidet:

- Experimentierphase,
- Expansionsphase,
- Ausbreitungsphase und
- Stagnations- oder Rückbildungsphase.

Die Grundlage für die phasenmäßige Einteilung bilden dabei die Wachstumsraten des Produktionsvolumens[2]. Heuss versuchte dabei nachzuweisen, daß diese Marktphasen den Wettbewerb in starkem Maße beeinflussen, wobei er äußerst aufschlußreiche Aussagen über das phasenspezifische Verhalten von Oligopolisten ableitet. Meffert[3] greift auf diesen Ansatz zurück und unterscheidet auf der Basis der Wachstumsraten des Marktvolumens zwischen

- Einführungs-,
- Wachstums-,
- Stagnations- und
- Schrumpfungsphase

und baut hierauf Gestaltungsempfehlungen für das Marketing-Mix auf. Abbildung 25 gibt einen Überblick über die strategischen Besonderheiten und Implikationen der einzelnen Phasen des Marktlebenszyklus[4].

---

1) Vgl. Heuss (1965, S. 25 ff.).

2) Vgl. Heuss (1965, S. 14 ff.).

3) Vgl. Meffert (1994, S. 148 f.).

4) Benkenstein (1997, S. 57); vgl. Meffert (1988, S. 54 f.).

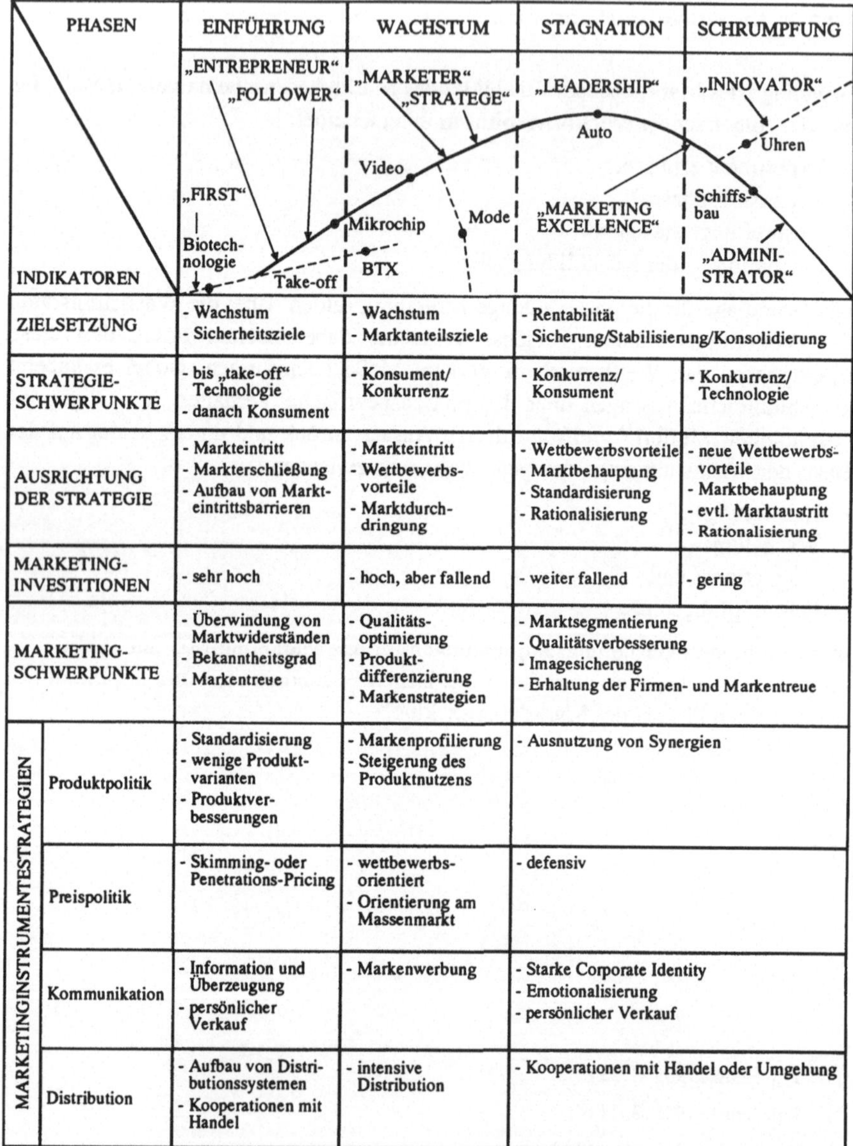

PHASEN / INDIKATOREN	EINFÜHRUNG	WACHSTUM	STAGNATION	SCHRUMPFUNG
ZIELSETZUNG	- Wachstum - Sicherheitsziele	- Wachstum - Marktanteilsziele	- Rentabilität - Sicherung/Stabilisierung/Konsolidierung	
STRATEGIE-SCHWERPUNKTE	- bis „take-off“ Technologie - danach Konsument	- Konsument/ Konkurrenz	- Konkurrenz/ Konsument	- Konkurrenz/ Technologie
AUSRICHTUNG DER STRATEGIE	- Markteintritt - Markterschließung - Aufbau von Markteintrittsbarrieren	- Markteintritt - Wettbewerbsvorteile - Marktdurchdringung	- Wettbewerbsvorteile - Marktbehauptung - Standardisierung - Rationalisierung	- neue Wettbewerbsvorteile - Marktbehauptung - evtl. Marktaustritt - Rationalisierung
MARKETING-INVESTITIONEN	- sehr hoch	- hoch, aber fallend	- weiter fallend	- gering
MARKETING-SCHWERPUNKTE	- Überwindung von Marktwiderständen - Bekanntheitsgrad - Markentreue	- Qualitätsoptimierung - Produktdifferenzierung - Markenstrategien	- Marktsegmentierung - Qualitätsverbesserung - Imagesicherung - Erhaltung der Firmen- und Markentreue	
MARKETINGINSTRUMENTESTRATEGIEN: Produktpolitik	- Standardisierung - wenige Produktvarianten - Produktverbesserungen	- Markenprofilierung - Steigerung des Produktnutzens	- Ausnutzung von Synergien	
MARKETINGINSTRUMENTESTRATEGIEN: Preispolitik	- Skimming- oder Penetrations-Pricing	- wettbewerbsorientiert - Orientierung am Massenmarkt	- defensiv	
MARKETINGINSTRUMENTESTRATEGIEN: Kommunikation	- Information und Überzeugung - persönlicher Verkauf	- Markenwerbung	- Starke Corporate Identity - Emotionalisierung - persönlicher Verkauf	
MARKETINGINSTRUMENTESTRATEGIEN: Distribution	- Aufbau von Distributionssystemen - Kooperationen mit Handel	- intensive Distribution	- Kooperationen mit Handel oder Umgehung	

Abb. 25: Strategische Implikationen im Marktlebenszyklus

2.2.2.3 Technologielebenszyklus

Mit Hilfe des sogenannten **S-Kurven-Konzeptes** läßt sich die Technologieentwicklung in anschaulicher Weise darstellen. Während auf der Abszisse die kumulierten Investitionen in eine Technologie abgetragen werden, wird auf der Ordinate die Leistungsfähigkeit einer Technologie erfaßt[1)]. Abbildung 26 gibt den generellen Verlauf wieder.

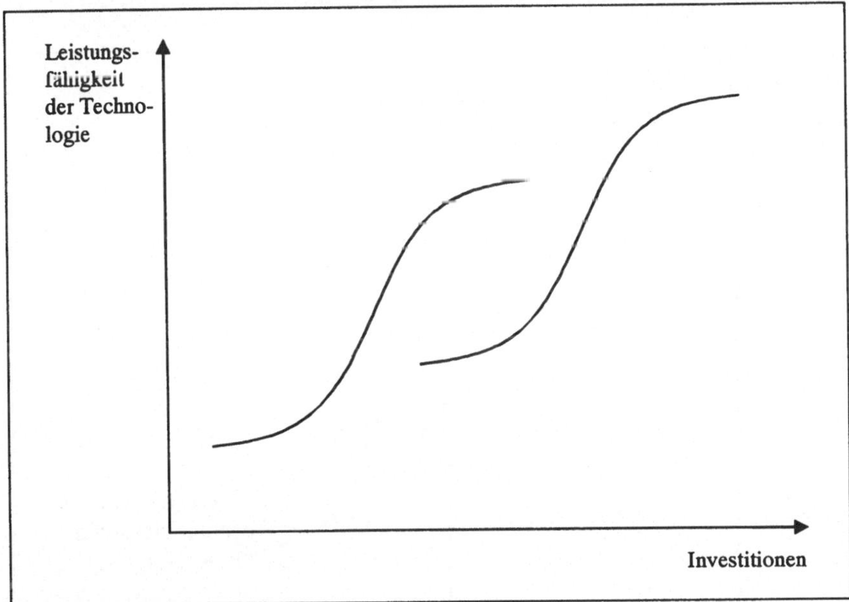

Abb. 26: S-Kurven-Konzept

Die Entwicklungsdynamik einer Technologie weist damit in Abhängigkeit der durchgeführten Investitionen deutliche Unterschiede auf. Zunächst läßt sich die Leistungsfähigkeit einer Technologie mit relativ geringen Investitionen steigern. Mit zunehmendem Leistungsstandard lassen sich dann aber nur noch unterproportionale Leistungszuwächse erzielen, so daß ein Wechsel der Technologie zu einer Technologie mit einer höheren Leistungsfähigkeit vollzogen werden sollte. Auf

1) Vgl. Specht/Beckmann (1996, S. 61).

der Grundlage dieser Überlegungen wird dann auch die Strategie des „Überholens der Wettbewerbertechnologie, ohne sie einzuholen"[1] aufgestellt. Diese Formulierung zeigt, daß es sich bei dieser Strategie nicht um eine Perfektionierung einer Technologie handelt, sondern daß ein Wechsel zu einer erkennbar überlegenen Technologie vollzogen werden soll.

Das S-Kurven-Konzept steht damit im Widerspruch zum Erfahrungskurvenkonzept[2], ein Sachverhalt, der auch als **Trendbruchdilemma**[3] bezeichnet und in Abbildung 27 in seiner grundsätzlichen Struktur erfaßt wird.

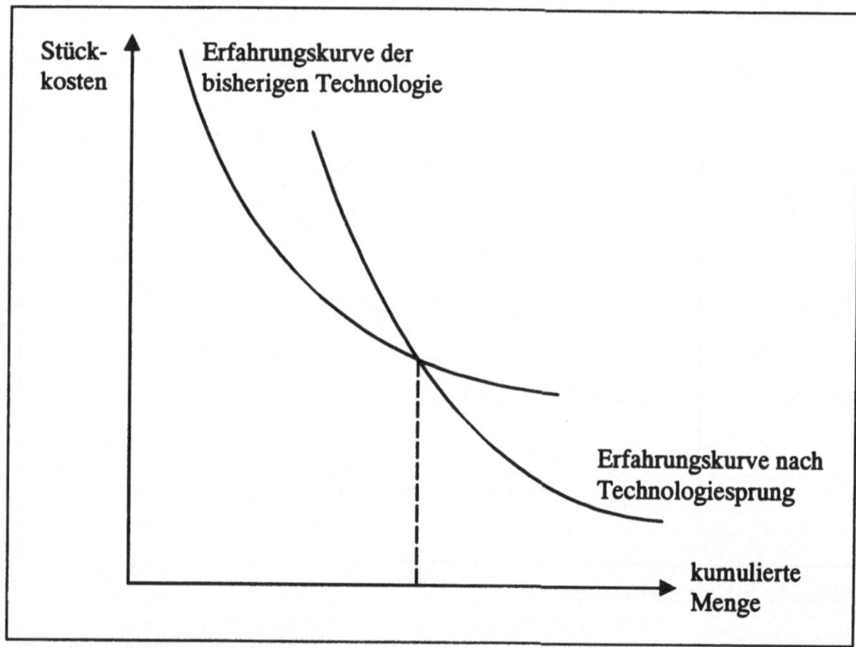

Abb. 27: Trendbruchdilemma

1) Vgl. Pfeiffer u.a. (1991).

2) Vgl. Abschnitt 2.2.1.

3) Vgl. Osterloh (1994, S. 49).

Dieses Dilemma ergibt sich daraus, daß das S-Kurven-Konzept einen frühen und die Erfahrungskurve[1)] einen späten Übergang auf eine neue Technologie empfiehlt. Die Unternehmung muß somit zu einem Zeitpunkt auf eine neue S-Kurve umsteigen, zu dem das Kostensenkungspotential der alten Erfahrungskurve noch nicht ausgeschöpft ist.

Die Kombination des S-Kurven-Konzeptes mit dem Lebenszyklusmodell bildet die Grundlage für den Technologielebenszyklus[2)], wobei in der Literatur[3)] unterschiedliche Ansätze diskutiert werden. Ein sechsphasiges Konzept stellen Ford/Ryan[4)] vor (vgl. Abbildung 28).

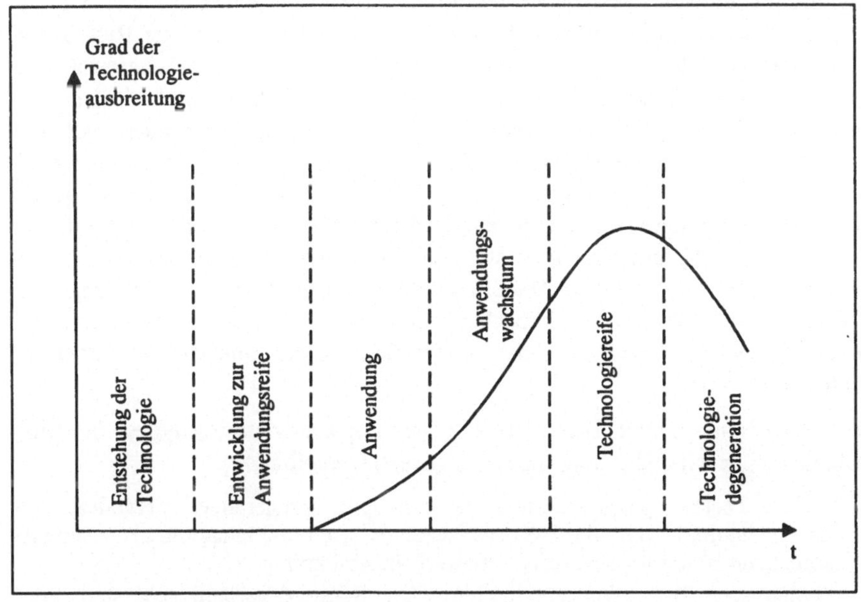

Abb. 28: Technologielebenszyklus

1) Ein früher Übergang auf eine neue Technologie bedeutet letztlich aus der Sicht des Erfahrungskurvenkonzeptes eine Verschlechterung, da die Erfahrungskurve nicht vollständig durchlaufen wird.

2) Vgl. Benkenstein (1997, S. 62 f.).

3) Vgl. Höft (1992, S. 74 ff.); Specht/Beckmann (1996, S. 60 ff.).

4) Vgl. Ford/Ryan (1981, S. 120).

In der **Technologieentstehungsphase** steht die Frage der Generierung einer neuen Technologie im Vordergrund. Diese Phase ist durch hohe Unsicherheit gekennzeichnet, und die möglichen Anwendungsfelder lassen sich noch nicht vollständig abschätzen. Dabei muß die Unternehmung auch die Frage des „make or buy" beantworten. Demgegenüber wird in der Entwicklung zur **Anwendungsreife** über den konkreten Einsatz von Produkten oder Prozessen entschieden, d.h., es geht um den Übergang von der Forschung zur Entwicklung. Mit der Phase der **Anwendung** wird die Einführung der Technologie in den Markt erfaßt, wobei parallel hierzu eine Weiterentwicklung des Leistungspotentials einer Technologie erfolgt, um so den Kundennutzen zu erhöhen. Das **Anwendungswachstum** ist durch eine zunehmende Zahl der Anwendungsbereiche gekennzeichnet. Grundlage hierfür können Patentverkäufe oder Lizenzvergaben sein. In der **Reifephase** wird die Technologie von den meisten potentiellen Anwendern beherrscht, und Technologieverbesserungen haben nur noch marginalen Charakter. Die Verbreitung der Technologie erreicht dabei nicht nur ihren Höhepunkt, sondern es findet allmählich eine Verdrängung der Technologie durch eine leistungsstärkere statt, und es beginnt eine **Degenerationsphase**. Damit ist das Leistungs- und Entwicklungspotential einer Technologie ausgeschöpft. Dieses Konzept wurde in der Folgezeit von Unternehmungsberatungsgesellschaften aufgegriffen und für die Formulierung pragmatischer Handlungsempfehlungen und die Einteilung von Technologien z.B. in Schrittmachertechnologien, Schlüsseltechnologien und Basistechnologien herangezogen[1)], wobei deren Operationalisierung nicht zu befriedigen vermag.

Differenzierend nimmt Benkenstein **Technologieentwicklungstypen** in seine Überlegungen auf und gelangt zu der folgenden Dreiteilung[2)]:

- Stabile Technologieentwicklung: Es gibt keine gravierenden Veränderungen der Technologie, d.h., die S-Kurve ist relativ flach und langgestreckt. Dementsprechend ist der Innovationswettbewerb äußerst gering.
- Dynamische Technologieentwicklung: Die S-Kurve verläuft sehr steil, aber kontinuierlich, so daß die Risiken für die Unternehmung abschätzbar sind. Der Innovationsdruck auf die Unternehmungen ist entsprechend hoch, und es existieren kurze Produktlebenszyklen.
- Technologiesprünge: Es entstehen kurzfristig neue, überlegene Technologien, die die etablierten verdrängen. Es sind damit erhebliche Risiken für die Unter-

1) Vgl. die Übersicht bei Specht/Beckmann (1996, S. 64 ff.).

2) Vgl. Benkenstein (1997, S. 63).

nehmungen verbunden, da ihr technologisches Know-how schnell veraltet. Aufgabe des Technologiemanagement ist es somit, ein entsprechendes Früherkennungssystem zu entwickeln, um diese technologischen Sprünge frühzeitig zu antizipieren. Von besonderer Bedeutung ist hierbei die strategische Patentanalyse. Dabei sind Merkmale wie Attraktivität (Anzahl der neu in einer bestimmten Patentklasse angemeldeten Patente), Aktualität (zeitlicher Abstand zwischen den durch Querverweise verbundenen Patentschriften), Dominanz (Häufigkeit der zitierten eigenen und fremden Patentschriften in einer Patentklasse), Reichweite (Aufdeckung der Beziehungsmuster von Patentschriften) und Konzentration (Anteil der Patente, die die wichtigsten Anmelder in einem Technologiebereich auf sich vereinen) heranzuziehen[1].

2.2.2.4 Diffusionstheorie als theoretische Basis der Lebenszykluskonzepte

Im Rahmen des Produktlebenszykluskonzeptes wurde bereits auf die in der Literatur vorgebrachte Kritik gegen den Lebenszyklusansatz eingegangen, aus der letztlich eine Relativierung der Aussagekraft dieses Ansatzes resultiert. Trotzdem ist das Lebenszykluskonzept nicht gänzlich zu verwerfen, zumal es eine theoretische Fundierung durch die Diffusionstheorie erfährt, die auf eine umfangreiche Forschungstradition[2] verweisen kann. Die Diffusionsforschung untersucht die Ausbreitung materieller und immaterieller Objekte innerhalb eines Zeitabschnittes, mit dem Ziel, diesen Verbreitungsprozeß zu messen und die Faktoren herauszuarbeiten, die den Diffusionsverlauf beeinflussen. Die **Diffusion** ist damit ein **kumulativer Vorgang**, der in Abbildung 29 in idealtypischer Form für technologische Innovationen dargestellt ist[3].

1) Vgl. Schmietow (1987, S. 292 ff.).

2) Hierzu zählen die anthropologische Tradition, die frühe soziologische Tradition, die agrarsoziologische Tradition, die medizinsoziologische Tradition, die kommunikationswissenschaftliche Tradition und die Konsumgüter-Diffusions-Tradition.

3) Vgl. Rogers (1983, S. 247).

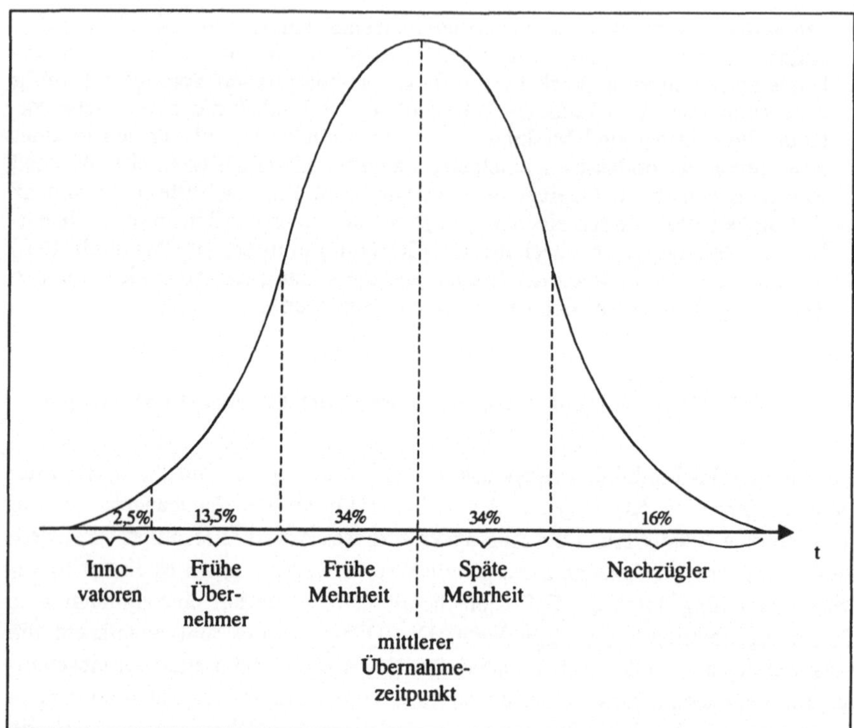

Abb. 29: Diffusionsfunktion

Grundlage dieses Modells, das auf einer Normalverteilung aufbaut, bildet eine Klassifikation der Wirtschaftssubjekte nach ihrem Verhalten im Übernahmeprozeß. Dabei werden die folgenden fünf Gruppen unterschieden:

- **Innovatoren**: Sie sind risikofreudig und haben ein großes Interesse an neuen Ideen. Sie verfügen über eine solide finanzielle Ausstattung, so daß sie in der Lage sind, eventuelle Verluste aus einer unrentablen Innovation aufzufangen. Darüber hinaus weisen sie die Fähigkeit auf, mit komplexen technischen Systemen umzugehen.
- **Frühe Übernehmer**: Ihnen kommt eine hohe Bedeutung als Meinungsführer zu, da sie im Gegensatz zu den Innovatoren in ihrer sozialen Umwelt stark verhaftet sind. Sie werden innerhalb ihrer sozialen Gruppe akzeptiert und mit der Verwendung erfolgreicher Innovationen identifiziert.

- **Frühe Mehrheit**: Sie übernimmt eine Innovation, kurz bevor dies durch den „Durchschnitt" erfolgt. Ihr kommt eine Bindegliedfunktion im Diffusionsprozeß zu. Sie zeichnet sich durch einen extensiven Entscheidungsprozeß aus, bevor sie sich zur Übernahme einer Innovation entschließt.
- **Späte Mehrheit**: Sie übernimmt eine Innovation erst dann, wenn an ihrer Vorteilhaftigkeit kein Zweifel mehr besteht. Sie steht Innovationen damit skeptisch gegenüber.
- **Nachzügler**: Sie übernehmen eine Innovation erst dann, wenn die Mehrheit der in Frage kommenden Nachfrager bereits ihre Erfahrungen mit der Innovation gemacht hat. Ihr Bezugspunkt ist folglich die Vergangenheit. Dabei kann es vorkommen, daß die Innovatoren bereits Interesse an einer anderen Innovation zeigen und diese bereits übernehmen.

Der Unterschied zwischen der Diffusionstheorie und dem Lebenszykluskonzept ist damit darin zu sehen, daß erstere die Erstkäufer und letztere auch die Wiederholungskäufer in die Betrachtung aufnimmt[1)].

2.2.3 PIMS-Programm

Ziel der PIMS-Analyse[2)] (Profit Impact of Market Strategies) ist es, die Faktoren zu identifizieren, die für den Unternehmungserfolg relevant sind. **Grundidee** dabei ist, daß es Faktoren, sogenannte **Basisfaktoren**, gibt, die den Erfolg einer Unternehmung, unabhängig von ihrer Branchenzugehörigkeit, beeinflussen. Buzzel/Gale[3)] gehen dabei von den folgenden vier Dimensionen aus:

- Marktstruktur,
- Wettbewerbsposition,
- Strategien/Taktiken und
- Erfolg.

Abbildung 30 gibt das grundsätzliche Beziehungsmuster dieser Faktordimensionen und deren Differenzierung wieder[4)].

---

1) Vgl. Benkenstein (1997, S. 65).

2) Zu Darstellungen des PIMS-Programms vgl. z.B. Benkenstein (1997, S. 117 ff.); Kreikebaum (1997, S. 113 ff.); Jakob (1983, S. 262 ff.).

3) Vgl. Buzzel/Gale (1987, S. 27 ff.).

4) Vgl. Buzzel/Gale (1987, S. 28).

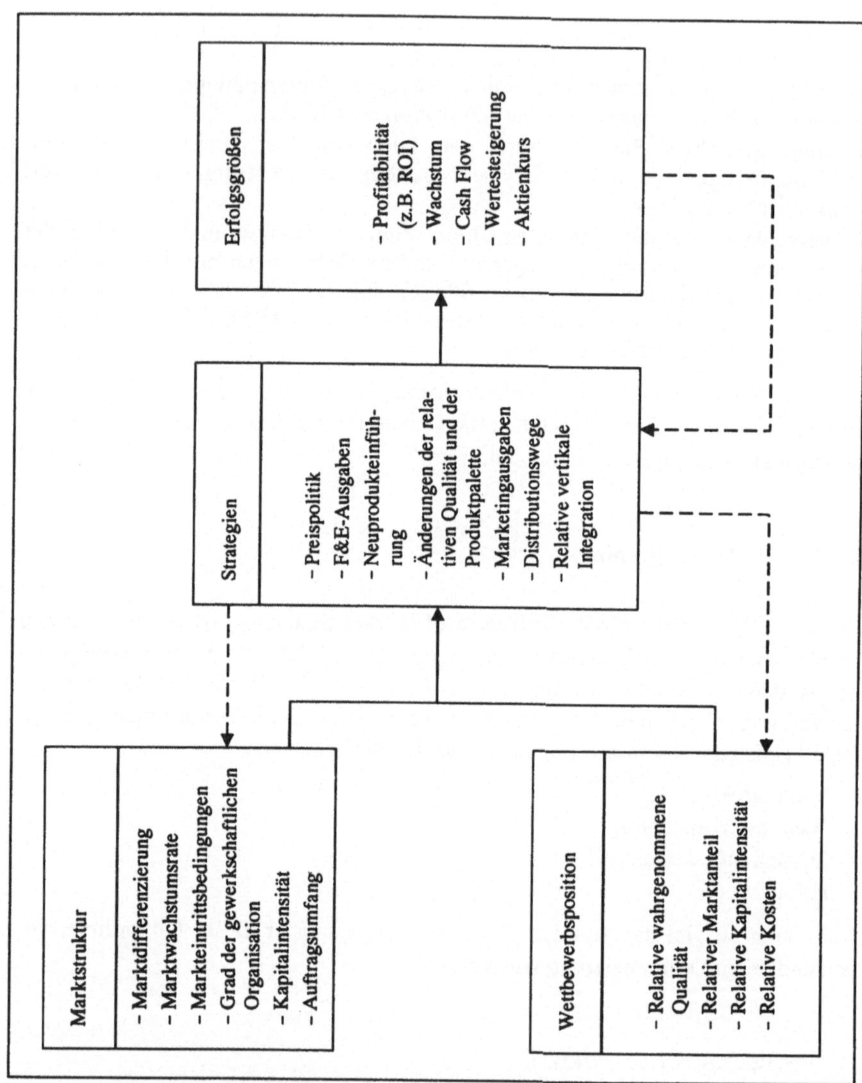

Abb. 30: Variablengruppen der PIMS-Analyse
(übersetzt von Benkenstein 1997, S. 118)

Als empirische Basis der PIMS-Analyse dienen dabei ca. **3000 strategische Geschäftseinheiten** von mehr als 200 Unternehmungen, die dadurch charakterisiert sind, daß sie eine bestimmte Produktgruppe anbieten und auf dem Markt für diese Produktgruppe eigenständig die Geschäfte führen. Dies impliziert, daß ihnen eindeutig bestimmbare Konkurrenten gegenüberstehen, für die sie auch selbst wiederum einen vollwertigen Konkurrenten darstellen.

Auf dieser Basis werden dann die Variablen und deren Verbindungen erfaßt, die einen starken Einfluß auf den Erfolg, operationalisiert durch den ROI, einer strategischen Geschäftseinheit aufweisen, wobei beispielhaft die folgenden Beziehungen erwähnt seien:

- Mit zunehmendem relativem Marktanteil steigt die Chance, einen hohen ROI zu realisieren.
- Die relative Produktqualität weist eine positive Beziehung mit dem ROI auf.
- Investitionsintensität und ROI weisen eine stark negative Beziehung auf.
- Der Einfluß der vertikalen Integration auf den ROI hängt davon ab, ob ein stabiler, ein rasch wachsender, ein schrumpfender oder ein oszillierender Markt vorliegt.

Dabei erachten Buzzel/Gale jedoch die **Produktqualität** als die langfristig bedeutsamste Größe: „In the long run, the most important single factor affecting a business unit's performance is the quality of its products and services, relative to those of competitors."[1] Dabei gehen sie von dem in Abbildung 31 dargestellten Zusammenhang aus[2].

Dabei zeigt sich eine **zweiseitige Wirkung** auf die Rentabilität:

- Ein Qualitätsvorsprung geht mit Marktanteilsgewinnen zu Lasten der Konkurrenz einher, die sich über economies of scale in Kostenvorteilen niederschlagen und damit die Rentabilität günstig beeinflussen.
- Durch eine überlegene Qualität lassen sich höhere Preise erzielen. Da die Preissteigerungsmöglichkeiten i.d.R. höher sind als die dadurch verursachten steigenden Qualitätskosten, zeigt sich auch hierdurch eine positive Wirkung auf die Rentabilität.

1) Buzzel/Gale (1987, S. 7).

2) Vgl. Buzzel/Gale (1987, S. 73).

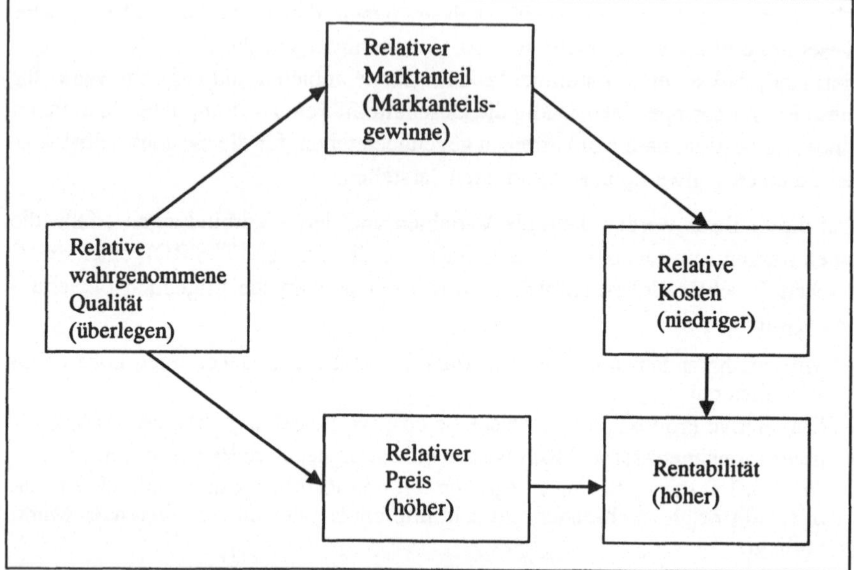

Abb. 31: Variablenzusammenhang nach Buzzel/Gale

Hildebrandt untersucht auf der Grundlage von PIMS-Daten (1100 strategische Geschäftseinheiten) die Beziehung zwischen Produktqualität, Marktanteil und ROI[1]. Dabei bilden Veränderungsdaten über fünf Jahre die Basis für seine **Kausalanalyse**, wobei er von der folgenden **Grundstruktur** ausgeht[2] (vgl. Abbildung 32).

Zentrales Ergebnis seiner empirischen Überprüfung ist dabei die Aussage, daß es einen signifikanten Effekt von relativer Produktqualität und Marktanteil auf die Rentabilität gäbe, d.h., die überlegene Produktqualität führe zu einem Marktanteilszuwachs, der sich dann positiv auf die Rentabilität niederschlage[3].

1) Vgl. Hildebrandt (1992, S. 1072 ff.).

2) Hildebrandt (1992, S. 1073).

3) Die Kostenposition hat damit den Charakter eines moderierenden Faktors in der Beziehung zwischen Marktanteil und Rentabilität.

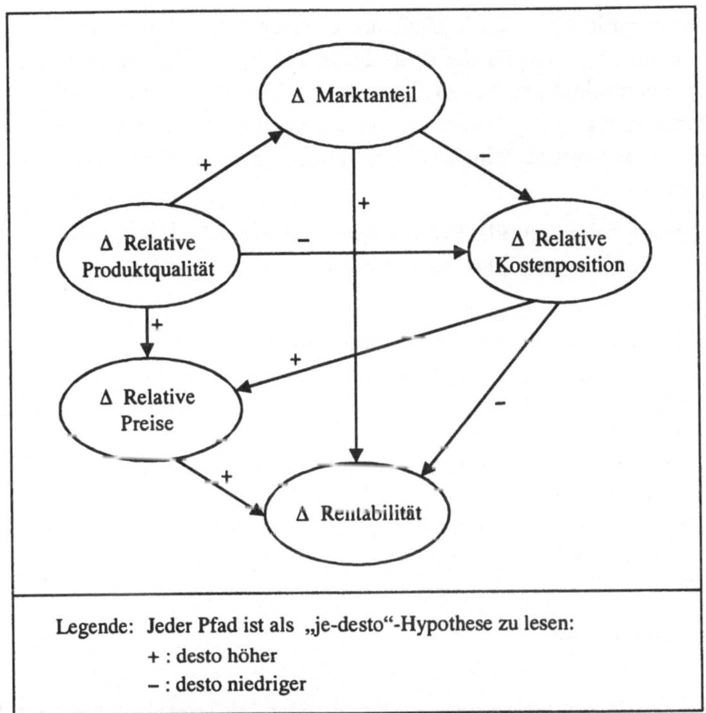

Abb. 32: Struktur des Kausalmodells nach Hildebrandt

Differenzierend bildet Hildebrandt zwei Teilstichproben, wobei ein Sample Geschäftseinheiten mit einem großen Marktanteil beinhaltet und ein Sample Geschäftseinheiten, die einen kleinen absoluten Marktanteil aufweisen. Dabei zeigt sich das folgende Ergebnis: „Während bei Unternehmen mit großem Marktanteil der direkte Effekt der relativen Produktqualität die maßgebliche Rolle bei der Rentabilitätssteigerung spielt und keine klare kausale Struktur der Wirkungsweise moderierender Faktoren vorzufinden ist, kommt den Kostenfaktoren bei Unternehmen mit geringem Marktanteil die maßgebliche Bedeutung zur Verbesserung der Rentabilität über Marktanteilswachstum zu."[1)] Insgesamt zeigt sich aber, daß in beiden Fällen die Produktqualität den Unternehmungserfolg signifikant beeinflußt.

1) Hildebrandt (1992, S. 1081).

Ebenfalls überprüft Fritz den Einfluß der relativen Produktqualität auf die Rentabilität[1]. Dabei zeigt sich für die deutsche Industrie, daß die relative Produktqualität zwar einen relevanten Faktor darstellt, ihr aber keine dominante Stellung für den Unternehmungserfolg zukommt, sondern auch Faktoren wie Qualität der Humanfaktoren, Innovationsfähigkeit, Entwicklungszeit und Produktivität zu beachten sind.

In der Literatur[2] wird am PIMS-Programm umfangreiche Kritik geübt, wobei die folgenden Aspekte angeführt seien:

- Die interkulturelle Gültigkeit ist nicht nachgewiesen.
- Es fehlt eine umfassende Ergebnisdokumentation.
- Es erfolgt eine einfache multiple lineare Regression.
- Es werden Zweifel an der unterstellten Homogenität der strategischen Geschäftseinheiten formuliert.
- Die Zusammenhänge zwischen den Variablen weisen teilweise in ihrer Höhe starke Schwankungen auf.
- Die als „strategische" Schlüsselfaktoren bezeichneten Faktoren erklären nur einen geringen Teil der ROI-Varianz.

2.2.4 Gap-Analyse

Grundlage der Gap-Analyse, auch Potential- oder Lückenanalyse genannt, bilden zwei Projektionen, die frühzeitig auf zukünftig auftretende Probleme aufmerksam machen sollen. Es handelt sich dabei um eine

- **Prognose der Sollwerte**, d.h., das gewünschte Ergebnis wird abgeschätzt, und eine
- **Prognose der Istwerte**, die sich dann einstellen, wenn keine weiteren strategischen Aktivitäten der Unternehmung ergriffen werden.

Aus der Gegenüberstellung dieser beiden Projektionen ergibt sich dann Abbildung 33[3].

---

1) Vgl. Fritz (1994, S. 1052 ff.).

2) Vgl. z.B. Kreikebaum (1997, S. 116 f.); Venohr (1987, S. 138 f.).

3) Vgl. z.B. Bea/Haas (1995, S. 152); Felzmann (1982, S. 25 f.); Kreikebaum (1997, S. 134); Welge (1985, S. 317 ff.).

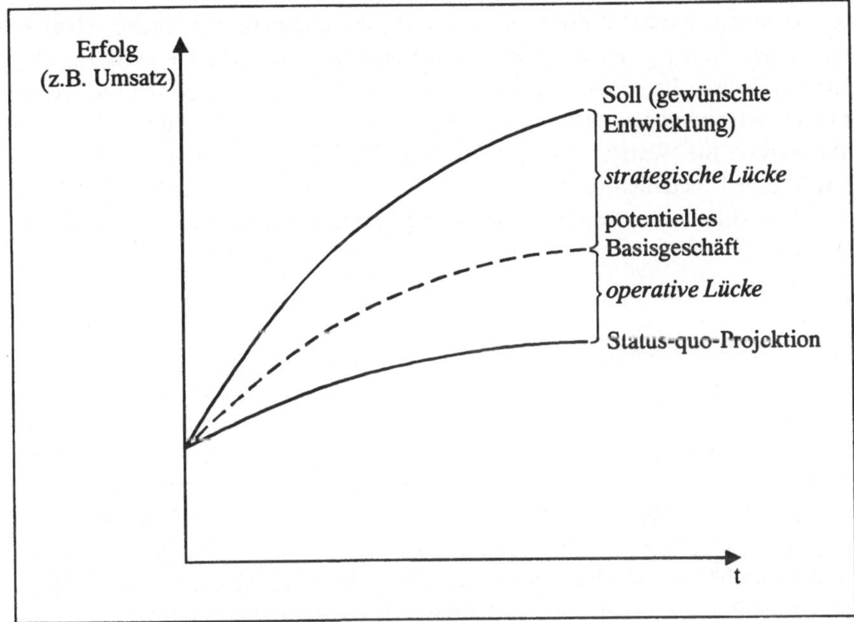

Abb. 33: Strategische und operative Lücke

Dabei bezeichnet das **Basisgeschäft** den Umsatz, den die Unternehmung ohne größere Veränderungen zu realisieren vermag, während mit dem **potentiellen Basisgeschäft** das Umsatzwachstum erfaßt wird, das die Unternehmung durch operative Eingriffe, wie z.B. Mitarbeitermotivation oder intensitätsmäßige zeitliche Anpassungsmaßnahmen, erreichen kann. Die Diskrepanz wird folgerichtig als **operative Lücke** bezeichnet. Darüber hinaus ist aber von Interesse, welche mögliche Entwicklung sich ergeben könnte, wenn nicht nur das gegebene Potential vollständig ausgeschöpft würde, sondern zukünftig geplantes Potential und Veränderungen, etwa im Produktbereich, durch innovative Produkte in die Überlegungen einbezogen würde. Grundlage für eine derartige Potentialanalyse sind dabei die Funktionsbereiche einer Unternehmung (z.B. Produktion, Beschaffung, Absatz, Finanzierung, Forschung und Entwicklung) und einzelne Phasen wie Planung und Organisation.[1)]

1) Vgl. Kreikebaum (1997, S. 134 f.).

Aufbauend auf diesen Überlegungen ist dann die **identifizierte Lücke** (Gap) zu analysieren, wobei je nach Zielkriterium von einer Umsatzlücke, Gewinnlücke, Deckungsbeitragslücke etc. gesprochen wird. Dabei ist die Gap-Analyse jedoch auf andere Instrumente angewiesen, wie etwa das Lebenszykluskonzept, die Portfolioanalyse, die Wertschöpfungskette, aber auch auf das empirisch fundierte PIMS-Modell. Letztlich ist eine Stärken-/Schwächen-Analyse durchzuführen, um auf dieser Grundlage entsprechende Strategieformulierungen vornehmen zu können.

2.2.5 Stärken-/Schwächen-Analyse

Ziel der Stärken-/Schwächen-Analyse[1)] ist die Bewertung des Unternehmungspotentials nicht nur mit Bezug auf die aktuelle Situation, sondern insbesondere auf die zukünftige Entwicklung, d.h., es geht vor allem um die Unternehmungsentwicklung. Die Erfassung der Unternehmungssituation stellt dabei eine Momentaufnahme dar, auf deren Grundlage dann das Unternehmungspotential für die Zukunft abzuschätzen ist[2)]. Eine derartige **Potentialanalyse** kann z.B. auf der Basis einer funktionsbezogenen Betrachtungsweise vorgenommen werden (z.B. Beschaffung, Produktion, Absatz, F&E, Finanzierung, Personal), die dann unter Zuhilfenahme weiterer Kriterien beliebig differenziert werden kann[3)].

Von Stärken und Schwächen kann aber erst dann gesprochen werden, wenn die Ergebnisse der Potentialanalyse auf einen Vergleichsmaßstab bezogen werden. Als Maßstab bietet sich dabei die Konkurrenz an, wobei die Einschätzung, ob eine bestimmte Merkmalsausprägung als Stärke oder als Schwäche zu sehen ist, letztlich durch subjektive Einschätzungen beeinflußt wird. Wesentlich ist dabei jedoch die Nachprüfbarkeit im Sinne einer intersubjektiven Überprüfbarkeit dieser Einschätzungen. Als Grundlage hierfür kann etwa ein Scoring-Modell dienen.

---

1) Vgl. z.B. Aaker (1989, S. 69 ff.); Bea/Haas (1995, S. 102); Kreikebaum (1997, S. 139 f.); Welge/Al-Laham (1992, S. 128 ff.).

2) Dies kann z.B. auf der Grundlage der Szenario-Technik oder der Delphi-Methode vorgenommen werden. Vgl. Welge/Al-Laham (1992, S. 139 ff.), die auch eine Übersicht unterschiedlicher Gliederungen der Szenario-Technik zusammenstellen.

3) So kann etwa der Absatzbereich nach Produktgruppen, Kundengruppen, regionalen Aspekten etc. differenziert werden.

Eine Stärken-/Schwächen-Analyse setzt damit stets eine **Konkurrentenanalyse** voraus, deren Aufgabe es ist, Informationen über wettbewerbsrelevante Bereiche und Potentiale von **gegenwärtigen** und **potentiellen Konkurrenten** zu gewinnen. Dabei wird häufig nur der jeweils größte Wettbewerber in die Analyse einbezogen, eine Vorgehensweise, die jedoch problematisch erscheint. So zeigt Simon im Rahmen einer empirischen Analyse, daß kleinere Unternehmungen häufig eine größere Wachstumsdynamik aufweisen als die etablierten Unternehmungen und vor allem in Marktnischen als „hidden champions" Führer am Weltmarkt sein können[1]. Dies bedeutet, daß eine Unternehmung in diesem Zusammenhang auch erfolgreiche „Kleine" beachten muß und folglich vom Marktanteil und nicht von der absoluten Größe konkurrierender Unternehmungen ausgehen sollte. Dabei sind Informationen über

- zukünftige Ziele,
- gegenwärtige Situation und Strategie sowie
- Fähigkeiten der Konkurrenten

zu erfassen. Ein zentrales Problem stellt folglich die **Informationsbeschaffung** dar, wobei davon ausgegangen werden kann, daß sich die Situation bedingt durch Publikationspflichten der Unternehmungen und deren zunehmende Publikationsfreudigkeit in den letzten Jahren ständig verbessert hat. Neben externen Informationslieferanten wie amtlichen Statistiken und Registern, Geschäftsberichten, Veröffentlichungen von Verbänden, Messen, Tagespresse etc. sind auch interne Quellen wie Mitarbeiter (insbesondere Außendienstmitarbeiter), interne Statistiken etc. als Informationsgrundlagen zu beachten. Die auf diese Weise gewonnenen Informationen sind dann zu verdichten. Auf der Grundlage sogenannter Checklisten[2] werden dann die Ausprägungen einzelner Objektbereiche der eigenen Unternehmung denen der Konkurrenz gegenübergestellt. Abbildung 34 gibt diesen Sachverhalt in vereinfachter Form wieder[3].

---

1) Vgl. Simon (1996).

2) Zu einer differenzierten Checkliste vgl. z.B. Hoffmann (1986, S. 202).

3) Vgl. z.B. Hinterhuber (1989, S. 94).

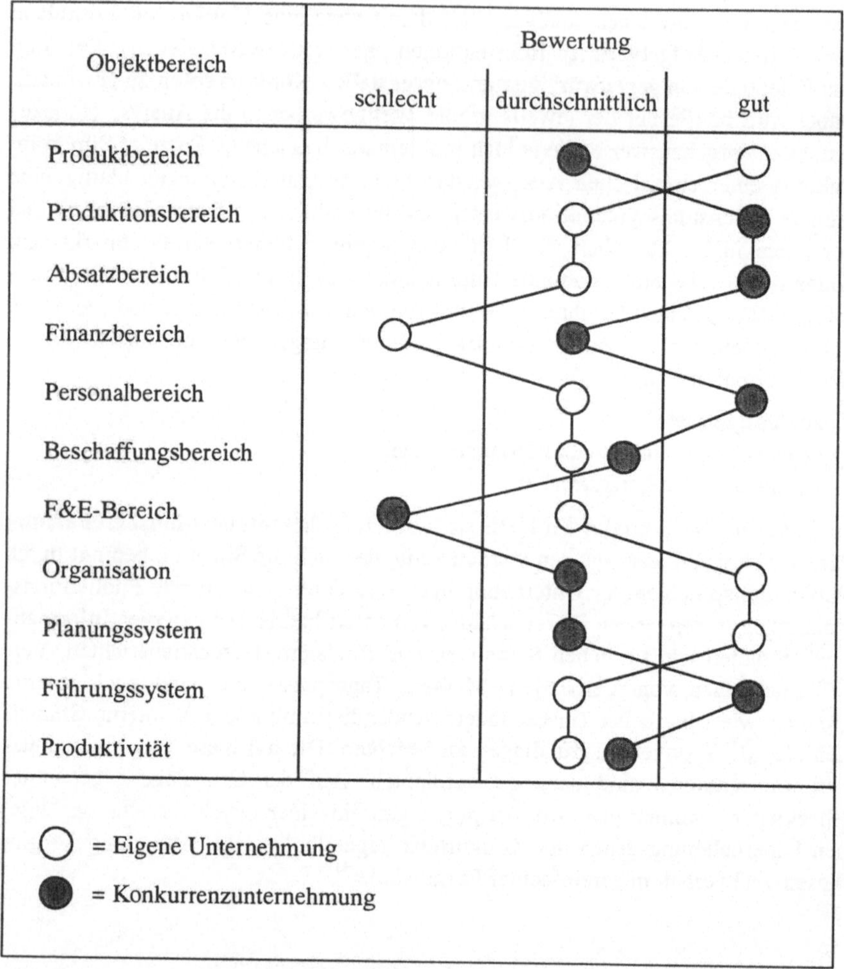

Abb. 34: Stärken-/Schwächen-Diagramm

Diese Betrachtung kann weiter differenziert werden:

- Bei den Objektbereichen können weitere Untergliederungen vorgenommen werden (z.B. nach Produktgruppen, Produktionssegmenten, Absatzsegmenten).
- Die Bewertung kann z.B. auf der Grundlage eines Punktbewertungsverfahrens erfolgen, wodurch sich die Möglichkeit ergibt, die Klassen „schlecht", „durch-

schnittlich“ und „gut“ mit Punkten zu hinterlegen (z.B.: schlecht = 0, 1, 2, 3; durchschnittlich = 4, 5, 6; gut = 7, 8, 9, 10).

Die Konkurrentenanalyse als Bestandteil der Stärken-/Schwächen-Analyse ist damit notwendig, um das Leistungspotential und die Aktivitäten der relevanten Konkurrenten offenzulegen. Auf dieser Grundlage kann die eigene Position beurteilt werden, um so Anhaltspunkte für künftige Entwicklungsrichtungen zu erlangen. Nur auf diese Weise kann einer eventuellen Fehlallokation der eigenen Ressourcen begegnet werden.

Eine spezifische Stärken-/Schwächen-Analyse kann durch das sogenannte Benchmarking[1)] vorgenommen werden, das zwar durchaus Ähnlichkeiten mit der Konkurrentenanalyse aufweist, aber über diese hinausgeht. Unter **Benchmarking** ist ein permanenter Vergleich von (materiellen und immateriellen) Produkten, Methoden und Prozessen zu verstehen, wobei als Bezugspunkt Unternehmungen der eigenen, aber auch anderer Branchen herangezogen werden können. Zielsetzung ist dabei,

- Unterschiede zwischen Unternehmungen aufzudecken und
- deren Ursachen herauszuarbeiten,

um dann auf dieser Grundlage Zielvorgaben und Maßnahmen zur Verbesserung zu erarbeiten und umzusetzen. Dabei erfolgt eine Orientierung am „Klassenbesten“ (Weltstandard) mit dem Ziel, der „Beste der Besten“ zu werden. Bei der Suche nach dem „Klassenbesten“ kann z.B. die Marktanalyse hilfreich sein. Ergebnis des Benchmarking sind dann sogenannte **„Benchmarks“** im Sinne von **Forderungen** oder **Richtwerten**. Als **Zielgrößen** können dabei

- Kosten[2)],
- Qualität,
- Zeit und/oder
- Kundenzufriedenheit

herangezogen werden. Tabelle 9 gibt einen Überblick über mögliche Ausprägungen des Benchmarking[3)].

---

1) Vgl. z.B. Camp (1995); Horváth/Herter (1992, S. 4 ff.); Luchs/Roberts (1995, S. 187 ff.); Pryor (1989, S. 28 ff.); Sänger (1996, S. 62 ff.).

2) Zum Cost Benchmarking und dem Zusammenwirken mit dem Kaizen Costing vgl. Corsten (1997b, S. 286 ff.).

3) In Modifikation von Horváth/Herter (1992, S. 7).

	Ausprägung				
Objekt	**Materielles Produkt**	**Immaterielles Produkt**	**Methoden**	**Funktions-bereiche**	**Prozesse**
Zielgröße	**Kosten**	**Qualität**	**Zeit**	**Kunden-zufriedenheit**	
Vergleichsbasis	**Andere Geschäfts-einheiten**	**Konkurrenz-unterneh-mungen**	**Unternehmungen der gleichen Branche**	**Unternehmungen anderer Branchen**	

Tab. 9: Ausprägungen des Benchmarking

Aus der Tabelle geht u.a. hervor, daß nicht nur Konkurrenten als Vergleichsbasis herangezogen werden, sondern auch (wie viele praktische Beispiele zeigen) Unternehmungen anderer Branchen als Maßstab dienen können, die etwa eine bestimmte Funktion[1] oder einzelne Prozesse in besonderer Weise vollziehen und beherrschen.

Ein zentraler Punkt ist dabei das Problem der **Informationsbeschaffung**, das sich in gleicher Weise stellt wie im Rahmen der Konkurrenzanalyse. Sänger ist hierbei jedoch anderer Auffassung: „Man muß vom traditionellen Klischeedenken über Konkurrenten abweichen, den Konkurrenten als Partner im Benchmarking-Prozeß sehen und verstehen, daß sich Benchmarking von der herkömmlichen Konkurrenzanalyse unterscheidet.“[2] Praktische Erfahrungen zeigen hingegen, daß sich die Informationsbeschaffung bei Nichtkonkurrenten einfacher gestaltet als bei Konkurrenten, so daß die Aussage Sängers eher Forderungscharakter hat.

1) Dies kann z.B. entlang der Wertkette erfolgen.

2) Sänger (1996, S. 64).

3 Wettbewerbsstrategische Ausrichtungen

3.1 Marktorientierte Ansätze

Die wettbewerbsstrategische Diskussion wurde in erheblichem Maße durch die Arbeiten von Porter geprägt. Aus diesem Grunde wird er als Ausgangspunkt der weiteren Überlegungen herangezogen, aber darüber hinaus auch deshalb, weil seine Arbeiten nicht nur äußerst kontrovers diskutiert wurden, sondern auch eine Fülle weiterer Untersuchungen initialisiert haben.

3.1.1 Der Ansatz von Porter

Ziel der Wettbewerbsstrategie ist es, daß eine Unternehmung sich so positioniert, daß sie sich

- gegen Wettbewerbskräfte bestmöglich verteidigen oder
- diese zum eigenen Vorteil beeinflussen kann[1].

Ausgangspunkt Porters[2] ist der Gedanke, daß ein Markt in unterschiedlicher Weise bedient werden könne, wobei er generell zwischen

- Hochpreissegmenten und
- Niedrigpreissegmenten

unterscheidet. Noetel[3] führt die starke Verbreitung der Typologie von Porter darauf zurück, daß diese relativ einfach nachvollziehbare strategische Empfehlungen formuliere.

Werden die beiden **Kriterien**

- angestrebter strategischer Wettbewerbsvorteil und
- Breite der Marktabdeckung

---

1) Vgl. Friedrich (1995a, S. 323).

2) Vgl. Porter (1979, S. 215 f.).

3) Vgl. Noetel (1993, S. 59).

herangezogen, dann ergeben sich die in Abbildung 35 dargestellten **generischen**[1) **Wettbewerbsstrategien** nach Porter[2)].

Breite der Marktabdeckung	Wettbewerbsvorteile: Differenzierung	Wettbewerbsvorteile: Kosten
weit	Differenzierung	Umfassende Kostenführerschaft
eng	Differenzierungsfokus	Kostenfokus

Abb. 35: Generische Wettbewerbsstrategien nach Porter

Abbildung 35 zeigt vier generische Strategietypen, die nach Porter die einzigen Wege für eine Unternehmung darstellen, die fünf Wettbewerbskräfte seines Branchenstrukturmodells zu kontrollieren, um auf diese Weise überdurchschnittliche Erträge zu realisieren[3)].

Ziel der **Kostenführerschaft** ist die Minimierung der realen Stückkosten bei angemessener Qualität der Leistung, d.h., der marktübliche Standard muß beachtet werden. Faktoren wie Qualität, Kundennähe und Lieferservice erlangen damit den Charakter von Nebenbedingungen. Grundlage dieser Strategie ist die Ausnutzung von Kostenvorteilen in allen Bereichen auf der Basis von

1) Eine generische Strategie ist dadurch gekennzeichnet, daß sie zu einer Performance führt, die über dem Branchendurchschnitt liegt. Spezifische Umweltfaktoren können dabei die Stärke, nicht aber die Art der Beziehung verändern, d.h., sie sind Moderatorvariablen. Vgl. hierzu Fleck (1995, S. 39 ff., inbes. S. 41), der den Begriff „Generik“ ausführlich diskutiert. Vgl. ferner Kühn (1996, S. 113).

2) Vgl. Porter (1997, S. 67); kritisch zu dieser Einteilung: Fleck (1996, S. 11).

3) Vgl. Friedrich (1995a, S. 323).

- Betriebsgrößeneffekten (economies of scale) und
- Erfahrungskurveneffekten[1].

Dies betrifft alle Bereiche einer Unternehmung[2]:

- Beschaffung (kostengünstiger Zugang zu den Produktionsfaktoren, niedrige Lagerhaltungskosten etc.);
- Produktion (hohe Produktivität, effiziente Produktionstechnik, fertigungsgerechte Konstruktion von Produkten, geringe Fluktuation und hohe Qualifikation des Personals etc.);
- Finanzbereich (günstige Finanzierungsmöglichkeiten, hohe Gewinnerwartungen in einer mittel- bis langfristigen Perspektive etc.);
- Führung (effiziente Kostenkontrollsysteme, Anreizsystem, das auf quantitative Ziele ausgerichtet ist, etc.);
- Absatz (effizientes Vertriebssystem, aggressive Preispolitik etc.).

Diese beispielhafte Skizze von Unternehmungsbereichen zeigt, daß die Kostenführerschaft letztlich eine Strategie der Effizienz[3] ist.

Voraussetzung für die Realisierung einer Kostenführerschaft ist ein weitgehend **homogenes Produkt**, so daß der Preis zum ausschlaggebenden Faktor für Kaufentscheidungen wird. Wenn dabei jedoch von der Voraussetzung ausgegangen wird, daß der Erfahrungsvorsprung nicht imitierbar ist, dann ist zu berücksichtigen, daß Wettbewerbsvorteile, die über den Preis erlangt werden, tendenziell einfacher zu attackieren sind als solche, die etwa durch Prozeßinnovationen erlangt wurden.

Nach Porter dürfte es damit in einer bestimmten Branche nur einen Kostenführer geben. Die Empirie zeigt jedoch, daß häufig mehrere Unternehmungen einer Branche ähnliche Kostenstrukturen aufweisen, ein Sachverhalt, der mit der Konsequenz einhergeht, daß die Zeitspanne für die Verdoppelung der kumulierten Produktionsvolumina zunimmt, d.h., die Einsparungen, die aus der Erfahrungskurve resultieren, werden hierdurch tendenziell geringer. Darüber hinaus zeigt

1) Während der Betriebsgrößeneffekt (große Menge pro Zeiteinheit) ein statisches Phänomen darstellt, ist die Erfahrungskurve ein dynamisches Phänomen, das die kumulierte Stückzahl betrachtet. Vgl. Abschnitt 2.2.1.

2) Vgl. Hinterhuber (1982, S. 95 f.); Rollberg (1996, S. 15).

3) Vgl. Görgen/Kerkom (1991, S. 10 ff.); Hinterhuber (1982, S. 96).

sich, daß die mindestoptimale Betriebsgröße in vielen Branchen so gering ist, daß mehrere Anbieter in einem Markt als Kostenführer agieren können.[1)]

Demgegenüber erlangt eine Unternehmung **Differenzierungsvorteile**, wenn sie eine Leistung anbietet, die seitens der Nachfrager als einzigartig wahrgenommen wird[2)]. Die Unternehmung versucht folglich, sich durch die Strategie der Differenzierung von den Erzeugnissen der Konkurrenten abzusetzen, z.B. durch[3)]

- überlegene Produktqualität,
- Kundenservice,
- zusatznutzenstiftende Leistungen,
- Standortvorteile,
- Innovationsintensität,
- Logistikleistungen,
- technologisches Image etc.

Ziel der Differenzierungsstrategie ist folglich die Erlangung einer Einzigartigkeitsposition, die es der Unternehmung ermöglicht, innerhalb eines absatzpolitischen Spielraums zu agieren, ohne hierdurch negative Auswirkungen auf den Absatz befürchten zu müssen[4)]. Dabei sind selbstverständlich auch die Kosten zu beachten. Die Differenzierung geht dabei mit einer **abnehmenden Preiselastizität** einher und verschafft der Unternehmung folglich einen preispolitischen Spielraum[5)]. Gefahren dieser generischen Strategieform können darin bestehen, daß

- der Preisunterschied zwischen Differenzierer und Kostenführer seitens des Nachfragers als zu groß empfunden wird und daß
- die Gefahr der Imitation durch die Konkurrenten besteht.

Bei der **Konzentrations-** oder **Nischenstrategie** werden die gleichen Vorteilstypen thematisiert, wobei die zugrundeliegende Branche segmentiert wird, so daß sich entsprechende Abnehmergruppen ergeben. Es wird damit das Ziel verfolgt,

---

1) Vgl. z.B. Fleck (1995, S. 45).

2) Die Differenzierungsstrategie wird durch die PIMS-Studie unterstützt, in der ein Zusammenhang zwischen Produktqualität und ROI aufgezeigt wird.

3) Vgl. Aaker (1989, S. 6); Görgen/Kerkom (1991, S. 16 ff.); Hinterhuber (1982, S. 97 ff.); Rollberg (1996, S. 15).

4) Teilweise wird auch von einer Strategie der Flexibilität gesprochen. Vgl. Hinterhuber (1982, S. 98).

5) Die Differenzierung zielt damit auf die Bildung besonderer Präferenzen ab.

auf der Grundlage einer Konzentration auf eine spezifische Zielgruppe oder Marktnische ein vorteilhaftes Preis-Nutzenverhältnis zu realisieren[1].

In einer differenzierenden Betrachtung versucht Görgel[2] auf der Grundlage von Wildemann[3], die Wettbewerbsstrategien nach Porter auf der Basis von Merkmalen der Produkt-Markt-Kombination und den damit einhergehenden kritischen Erfolgsfaktoren zu unterscheiden. Tabelle 10 gibt diese Überlegungen wieder.

		Wettbewerbsstrategie	
		Kostenführerschaft	Differenzierung
Merkmale der Produkt-Markt-Kombination	Produktvielfalt	-	+
	Marktgröße	+	0
	Marktwachstum	-	0
	Veränderungsrate	-	+
Kritische Erfolgsfaktoren	Kosten	+	0
	Service	-	0
	Qualität	-	+
	Flexibilität	-	+
	Einführungszeiten	0	+
- = gering 0 = mittel + = groß			

Tab. 10: Vergleichende Gegenüberstellung der generischen Wettbewerbsstrategien auf der Basis von Merkmalen der Produkt-Markt-Kombination und von Erfolgsfaktoren

1) Vgl. Rollberg (1996, S. 16).

2) Vgl. Görgel (1992, S. 33).

3) Vgl. Wildemann (1988, S. 120).

3.1.2 Outpacing-Strategies-Ansatz

Gilbert/Strebel postulieren im Gegensatz zu Porter eine kombinative Verknüpfung der beiden Strategietypen Kostenführerschaft und Differenzierung, und zwar in Abhängigkeit von der jeweiligen **Wettbewerbsphase**[1]. Ausgangspunkt ist zunächst die Entscheidung zwischen

- Kostenführerschaft, d.h. Senkung der Produktkosten in allen Wertschöpfungsbereichen, oder
- Differenzierung, d.h. Erhöhung des Produktnutzens für den Nachfrager.

Darauf aufbauend ist dann in Abhängigkeit von der jeweiligen Wettbewerbssituation ein rechtzeitiger Wechsel[2] zwischen diesen Strategietypen zu vollziehen, um auf diese Weise Wettbewerbsvorteile zu erlangen[3]. Die Autoren nennen zwei zentrale **Phasenübergänge** für eine strategische Geschäftseinheit, die als Varianten der Outpacing Strategy zu sehen sind:

- **standardization**: Hierbei verfolgt die Unternehmung eine Differenzierungsstrategie, wobei es ihr gelungen ist, einen Produktstandard im Markt zu etablieren. Auf dieser Basis vollzieht sie dann einen Übergang auf eine Kostenführerschaftsstrategie.
- **rejunivation**: Von einer Kostenführerschaftsstrategie ausgehend vollzieht die Unternehmung einen Wechsel zu einer Differenzierung, indem sie auf der Basis von Innovationen und Marktdifferenzierung entsprechende Nutzensteigerungen realisiert[4].[5]

---

1) Der Outpacing-Strategies-Ansatz zeigt damit eine Nähe zum Industrieentwicklungsmodell von Abernathy/Utterback (1978, S. 40 ff.). Zentrale Aussage dieses Ansatzes ist dabei, daß sich der Schwerpunkt der Innovationstätigkeit einer Unternehmung im Verlauf des Marktlebenszyklus von den Produkt- zu den Prozeßinnovationen verlagert.

2) Dabei wird die zentrale Frage nach dem richtigen Zeitpunkt für einen Strategiewechsel nicht beantwortet. Relevant ist in diesem Zusammenhang jedoch der Aspekt, daß eine Unternehmung zunächst bestrebt sein muß, einen dominanten Standard zu bilden, da erst dann eine Prozeßrationalisierung zweckmäßig erscheint.

3) Vgl. Gilbert/Strebel (1987, S. 28).

4) Vgl. Gilbert/Strebel (1987, S. 29).

5) Gilbert/Strebel (1987, S. 28) gehen dabei davon aus, daß ein Wechsel von der Differenzierung zur Kostenführerschaft typisch für Innovatoren, während ein Wechsel von der Kostenführerschaft zur Differenzierung typisch für Nachfolger sei.

Bei beiden Vorgehensweisen muß die Unternehmung das einmal erreichte Niveau, das sie bei der Verfolgung der ursprünglichen Strategie realisiert hat, halten und die andere Vorteilsdimension erhöhen. Abbildung 36 gibt diese Zusammenhänge wieder.

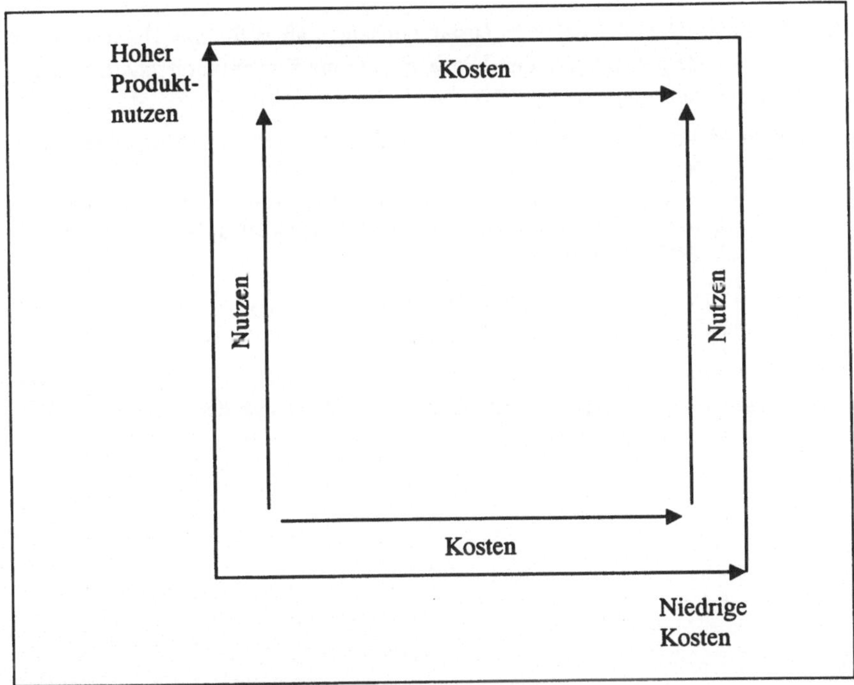

Abb. 36: Outpacing-Strategies-Ansatz

Damit bringen Gilbert/Strebel explizit eine dynamische Komponente in die Diskussion der Wettbewerbsstrategien. Wesentlich ist dabei, daß sie aber nicht eine gleichzeitige Verfolgung der unterschiedlichen Strategietypen, sondern eine **zeitliche Abfolge** in Abhängigkeit von Verlauf und Phase des Wettbewerbsprozesses empfehlen, die daher auch als **sukzessive Vorgehensweise** bezeichnet wird (strategy-shift). Damit wird dem Sachverhalt Rechnung getragen, daß sich das wettbewerbsrelevante Umfeld ständig verändert und für die Unternehmung die Notwendigkeit besteht, diesen Veränderungen nicht in reaktiver Weise Rechnung zu tragen, sondern antizipativ.[1] Die Unternehmung muß folglich „rechtzeitig" zwischen den alternativen Wettbewerbsstrategien wechseln, um einen entsprechenden Vorsprung vor den Konkurrenten erzielen zu können. Ziel dabei ist es dann, den Nachfragern bei geringen Kosten zugleich einen hohen Nutzen zu stiften.

Kleinaltenkamp[2] betont in diesem Zusammenhang, daß es für eine Unternehmung aber auch Gründe geben kann, den **Wechsel** auf eine Kostenführerschaftsstrategie nicht zu vollziehen, sondern

- aus dem Markt „auszusteigen" und dem „Preiskampf" mit Billiganbietern zu entgehen[3] oder
- durch entsprechende Verbesserungen des Produktes die Grenzen der Nutzenstrategie zu verschieben, wodurch nachfolgende Anbieter in bezug auf die Nutzenhöhe „hinterherhinken".

Abbildung 37 zeigt den Vorgang der Verschiebung der Grenzen einer Nutzenstrategie[4] auf der Grundlage von Abbildung 36.

Durch diese Vorgehensweise wird es für den Nachfolger schwierig, diesem ständigen Veränderungsprozeß zu folgen. Letztlich entzieht sich der „Führer" auf diese Weise dem Preiswettbewerb.

---

1) Vgl. Kleinaltenkamp (1987, S. 31).

2) Vgl. Kleinaltenkamp (1987, S. 44 ff.).

3) Dies setzt voraus, daß sich die für Innovationen investierten Mittel bereits amortisiert haben und das Produktprogramm weitere Produkte umfaßt, die hierdurch nicht gefährdet sind.

4) Vgl. Kleinaltenkamp (1987, S. 45).

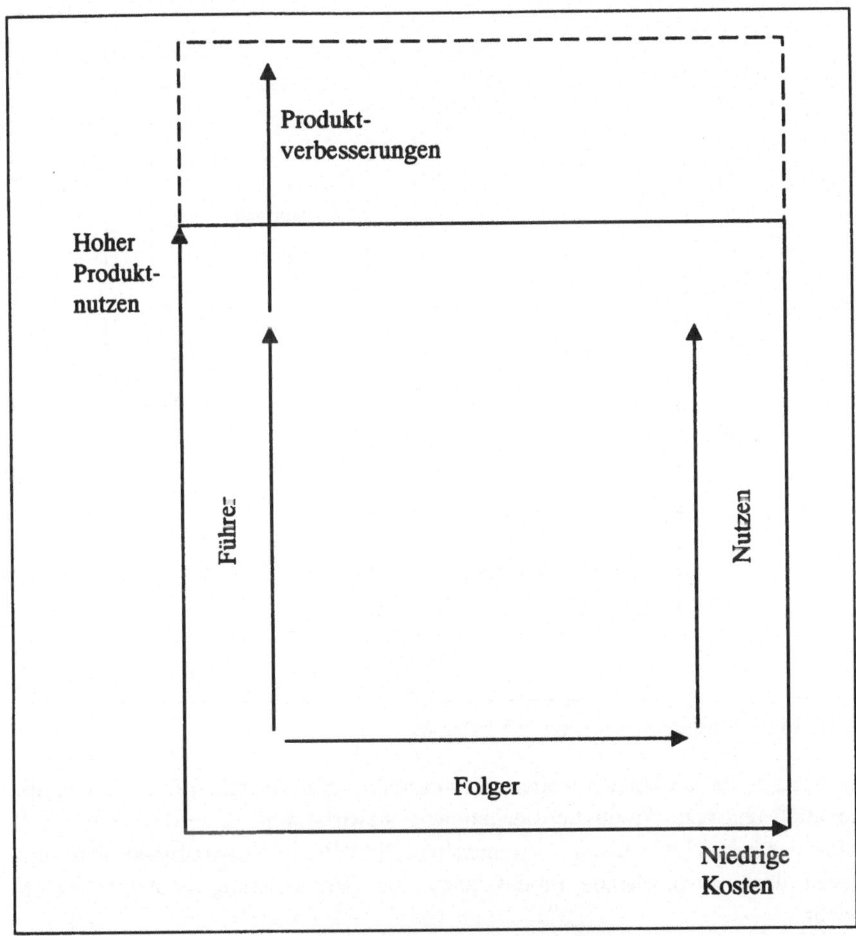

Abb. 37: Verschiebung der Grenzen einer Nutzenstrategie

Ein weiterer Aspekt ist in der Hintereinanderschaltung der Outpacing-Strategies-Konzeption zu sehen, die in Abbildung 38 dargestellt ist[1)].

---

1) Vgl. Kleinaltenkamp (1987, S. 50).

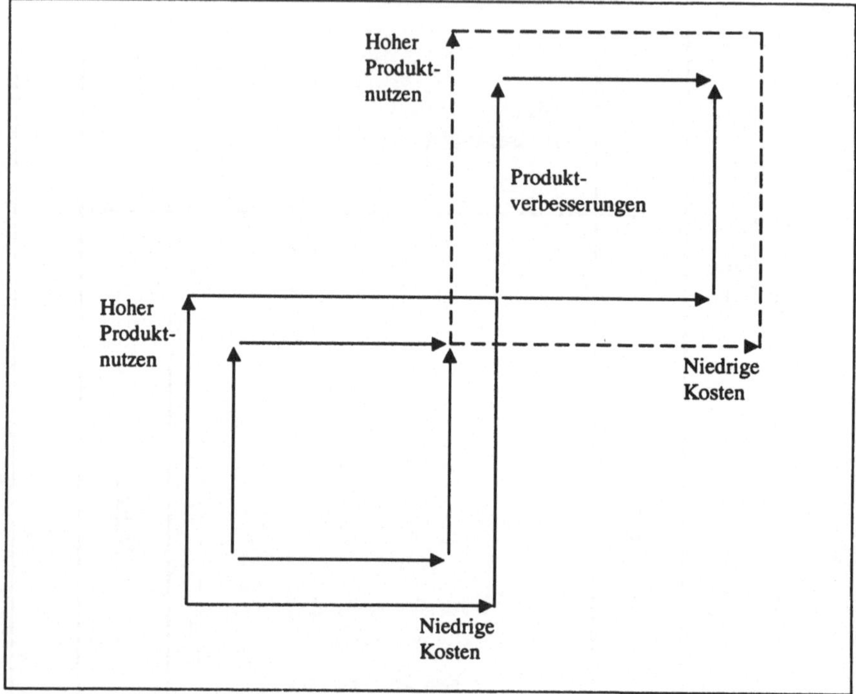

Abb. 38: Abfolge von Outpacing Strategies

In dieser Situation können weitere **Kostensenkungen** vor allem durch Prozeßinnovation und neue Produktionstechnologien bewirkt werden, so daß es möglich wird, das hohe Nutzenniveau beizubehalten. Ein höheres **Nutzenniveau** wird hingegen über entsprechende Produktinnovation (Verbesserungsinnovationen) erreicht.

Auch wenn dieser Ansatz den Zeitpunkt eines Strategiewechsels ex ante nicht zu operationalisieren vermag und folglich lediglich als Grundlage für eine ex post-Erklärung herangezogen werden kann, ist es das wesentliche Verdienst von Gilbert/Strebel, einerseits

- eine dynamische Betrachtungsweise initiiert zu haben und anderseits
- am Marktprozeßdenken anzusetzen[1].

1) Vgl. Kleinaltenkamp (1987, S. 51).

3.1.3 Dynamische Produktdifferenzierung

Die Analyse der Voraussetzungen eines möglichen Strategiewechsels ist Anliegen der Dynamischen Produktdifferenzierung[1]. Zentrale Überlegung dabei ist, ein **optimales Erzeugniswechselpotential** aufzubauen, um somit einen schnellen

- qualitätsgerechten und
- kostengünstigen Erzeugniswechsel

durchführen zu können. Das Konzept stellt somit eine Verlagerung der Betrachtung auf die **Voraussetzungen eines Strategiewechsels** dar, wobei Kaluza seinen Schwerpunkt auf die

- fertigungs- und
- informationstechnischen Voraussetzungen

legt. In einer neueren Veröffentlichung erweitert Kaluza[2] seine Sichtweise und nimmt neben dem Gestaltungsfeld Technik (Flexible Fertigungssysteme, Informations- und Kommunikationstechnik[3]) auch die Felder Organisation (Gruppenprinzip, Just in Time, Simultaneous Engineering etc.) und Mensch (Führungsstil, Qualifikation, Motivation und menschengerechte Technik) in seine Betrachtung auf, die es dann simultan zu berücksichtigen gilt[4]. Neben den strategischen Erfolgsfaktoren Zeit, Kosten und Qualität erlangen darüber hinaus die Faktoren Erzeugnisvielfalt, Service und Flexibilität Bedeutung, wobei der Flexibilität eine besondere Stellung im Erfolgsfaktorenset zugestanden wird. Abbildung 39 gibt eine Positionierung der Dynamischen Produktdifferenzierungsstrategie im Kosten/ Differenzierungs-Raum wieder[5].

---

1) Vgl. Kaluza (1989).

2) Vgl. Kaluza (1996, S. 203 ff.).

3) Demgegenüber ist die in diesem Zusammenhang angeführte Segmentierung dem Gestaltungsfeld Organisation zuzuordnen.

4) Kaluza (1996, S. 217 ff.) weist dabei explizit darauf hin, daß die drei Gestaltungsfelder nicht unabhängig voneinander sind. Zu möglichen Interdependenzen zwischen Organisation, Fertigungstechnik und Informationstechnik im Rahmen der Dezentralisierungsbestrebungen von Produktionsplanungs- und -steuerungssystemen vgl. Corsten/Gössinger (1997, S. 3 f.). Dabei zeigt sich, daß sich diese Gestaltungsfelder nicht nur gegenseitig beeinflussen, sondern darüber hinaus bedingen.

5) Vgl. Kaluza (1989, S. 31).

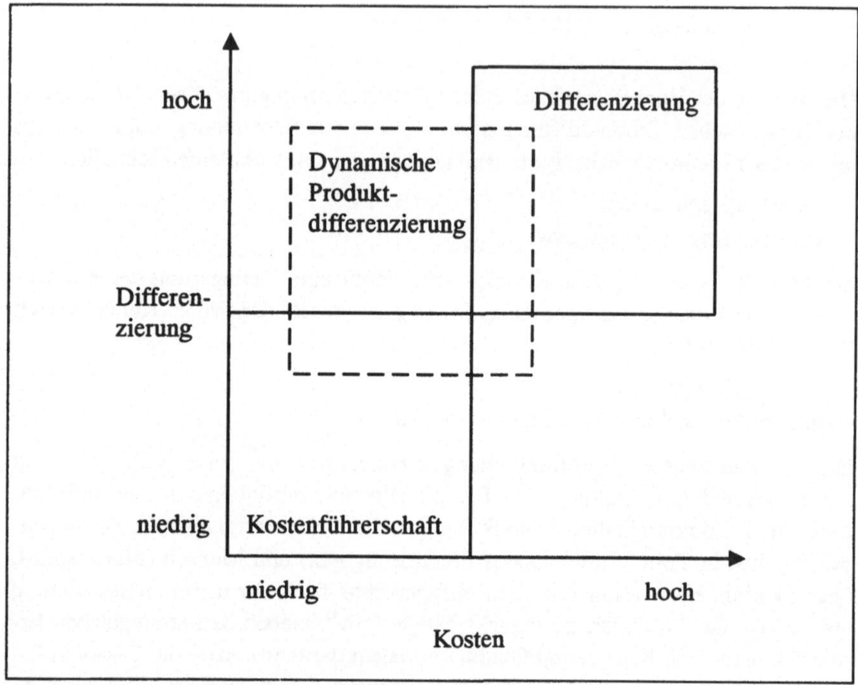

Abb. 39: Einordnung der Dynamischen Produktdifferenzierung

Die differenziert von Kaluza[1)] ausgearbeiteten fertigungstechnischen sowie informations- und kommunikationstechnologischen Ausgestaltungsformen zur Strategieunterstützung sind in Tabelle 11 zusammengestellt.[2)]

1) Vgl. Kaluza (1989, S. 111 ff.).

2) Kaluza (1995, S. 93).

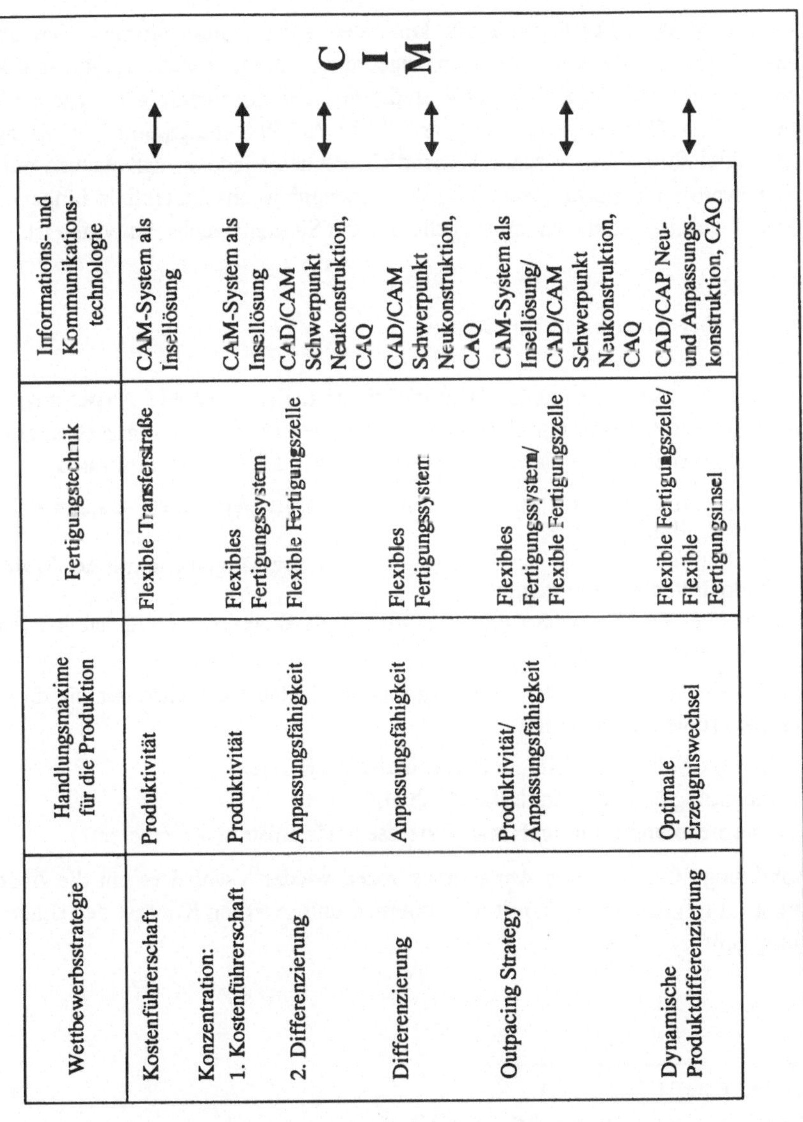

Wettbewerbsstrategie	Handlungsmaxime für die Produktion	Fertigungstechnik	Informations- und Kommunikations-technologie
Kostenführerschaft	Produktivität	Flexible Transferstraße	CAM-System als Insellösung
Konzentration: 1. Kostenführerschaft	Produktivität	Flexibles Fertigungssystem	CAM-System als Insellösung
2. Differenzierung	Anpassungsfähigkeit	Flexible Fertigungszelle	CAD/CAM Schwerpunkt Neukonstruktion, CAQ
Differenzierung	Anpassungsfähigkeit	Flexibles Fertigungssystem	CAD/CAM Schwerpunkt Neukonstruktion, CAQ
Outpacing Strategy	Produktivität/ Anpassungsfähigkeit	Flexibles Fertigungssystem/ Flexible Fertigungszelle	CAM-System als Insellösung/ CAD/CAM Schwerpunkt Neukonstruktion, CAQ
Dynamische Produktdifferenzierung	Optimale Erzeugniswechsel	Flexible Fertigungszelle/ Flexible Fertigungsinsel	CAD/CAP Neu- und Anpassungs-konstruktion, CAQ

Tab. 11: Wettbewerbsstrategien und neue Technologien

Dabei wird der CAx-Bereich mit konkreten Ausgestaltungsformen den unterschiedlichen Wettbewerbsstrategien zugeordnet, wobei jedoch auffällt, daß konkrete Implementierungsfolgen, etwa in der Form einer reihenfolgebezogenen Integration (z.B. CAD-CAP-CAM- oder CAM-CAQ-PPS-Integration[1]) in Richtung CIM nicht formuliert werden. Wesentlich erscheint jedoch, daß Kaluza auf die wettbewerbsstrategische Bedeutung des Erzeugniswechselpotentials hingewiesen hat und damit ebenfalls davon ausgeht, daß ein Strategiewechsel möglich ist.

3.1.4 Der Ansatz von Miles/Snow

Miles/Snow[2] verstehen unter Wettbewerbsstrategien generelle **Anpassungsmuster** an spezifische strategische Kontextsituationen für die jeweiligen strategischen Geschäftseinheiten. Aufbauend auf den drei folgenden **Grundannahmen**

- Organisationen stehen ihrer Umwelt nicht passiv gegenüber, sondern nehmen aktiv Einfluß auf diese,
- die Wahl einer Struktur und bestimmter Prozesse hängen eng mit der Wahl der Marktstrategie zusammen, und
- gewählte Strukturen und Prozesse wirken als Restriktionen für stark strategische Umorientierungen

entwickeln Miles/Snow dann den sogenannten „adaptive cycle“, der die drei folgenden Problemkreise umfaßt:

- Produkt-Markt-Bereich („unternehmerisches Problem“),
- Technologie („technologisches Problem“) und
- Unternehmungsstrukturen und -prozesse („administratives Problem“).

Abbildung 40 gibt diesen Anpassungsprozeß wieder[3], wobei es um die Abstimmung („Fit“) der Strategie mit dem internen und externen Kontext der Unternehmung geht[4].

1) Vgl. Görgel (1992, S. 112).

2) Vgl. Miles/Snow (1978, S. 86).

3) Miles/Snow (1978, S. 24).

4) Vgl. Miles/Snow (1978, S. 28).

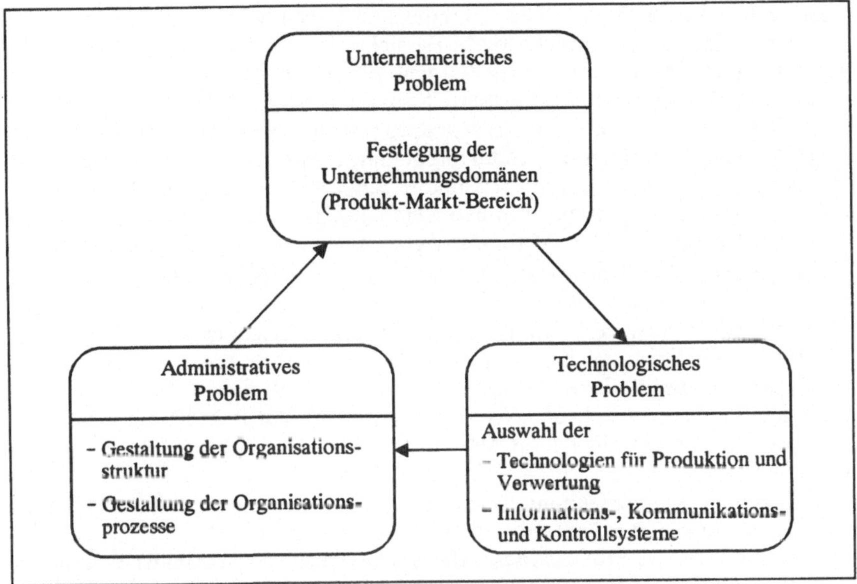

Abb. 40: Der „adaptive cycle" nach Miles/Snow

Dieser Anpassungsprozeß kann in unterschiedlicher Weise erfolgen, wobei die Autoren idealtypische strategische Grundorientierungen formulieren[1)], die sich in den drei folgenden Wettbewerbsstrategien niederschlagen[2)]:

1) Miles/Snow erwähnen vier idealtypische Orientierungen, wobei sie den vierten Typus als „Reagierer" bezeichnen, der sich dadurch auszeichnet, daß er Strategie, Struktur und Prozesse nicht konsistent aufeinander abstimmt, so daß auf seine weitere Behandlung verzichtet wird. In einer späteren Untersuchung führen Miles/Snow (1986, S. 64 f.) als weitere Grundorientierung das dynamische Netzwerk an, für das die folgenden Merkmale relevant sind: In einer vertikalen Disaggregation werden Unternehmungsfunktionen wie Produktentwicklung, Produktion, Marketing etc. durch selbständige Einheiten, die Mitglieder des Netzes sind, wahrgenommen. Es gibt Broker, die auf das Netzwerk einen hohen Einfluß ausüben oder Kontakte vermitteln. Im Netzwerk wird der Kontrollmechanismus durch den Marktmechanismus ersetzt. Alle Mitglieder haben Zugang zu computergestützten Informationssystemen. Dieser Typ der strategischen Orientierung dürfte auch einen positiven Einfluß auf die Realisation hybrider Strategien haben.

2) Vgl. Miles/Snow (1978, S. 38 ff.).

- **Defender** (Verteidiger): Die Unternehmung bearbeitet einen begrenzten (engen) und stabilen Produkt-Markt-Bereich mit einer kosteneffizienten Technologie und einer hochspezialisierten und formalisierten Organisationsstruktur, wobei i.d.R. eine funktionsorientierte Struktur gewählt wird. Der Defender bearbeitet somit ein relativ stabiles Marktsegment mit geringer Dynamik, in dem er ein relativ umfassendes Produktprogramm anbietet. Seine Verteidigung ist dabei aggressiv und auf den Preis und exzellenten Kundendienst ausgerichtet. Produktentwicklungen, die er in geringem Umfang betreibt, orientieren sich an den existenten Produkten (Verbesserungsinnovationen).
- **Prospector**: Die Unternehmung ist ständig auf der Suche nach neuen Marktchancen, wobei der Produkt-Markt-Bereich durch ein breites und sich ständig weiterentwickelndes Tätigkeitsfeld gekennzeichnet ist. Entsprechend heterogen sind dann auch die zum Einsatz gelangenden Technologien, d.h., es ist ein flexibles Produktionspotential zur Herstellung dieses breiten Produktprogramms bereitzustellen[1)]. Als Organisationsstruktur liegt häufig eine Spartenorganisation vor, die eine relativ geringe Arbeitsteilung und Formalisierung aufweist.
- **Analyzer**: Die Unternehmung versucht, als „früher follower“ erfolgreiche Produktinnovationen des Prospector zu lokalisieren und zu nutzen und gleichzeitig eine relativ stabile Produkt-Markt-Basis, wie sie für den Defender typisch ist, aufrechtzuerhalten. Voraussetzung hierfür ist ein hybrid strukturiertes Technologiesystem mit einem „dualen technologischen Kern“, der sowohl stabile als auch flexible Komponenten aufweist. Er arbeitet einerseits in stabilen (auf Effizienz ausgerichteten formalisierten Strukturen und Prozessen) und anderseits in dynamischen Bereichen (flexibles Angebot und schnelles Aufgreifen von Marketingaktivitäten der Konkurrenz), so daß eine „hybride Domäne“ vorliegt. Dem Hybridcharakter entspricht eine Matrixstruktur als organisatorische Gestaltungsoption, in der primär effizienzorientierte funktionale Arbeitsgruppen mit primär effektivitätsorientierten Produktgruppen kombiniert werden.

Die Charakterisierung dieser Wettbewerbsstrategien zeigt, daß Miles/Snow neben den Extremtypen „Defender“ und „Prospector“ den **Kombinationstyp** „Analyzer“ als dritte Strategieoption unterscheiden, die versucht, die Vorteile der „reinen“ Strategieformen zu vereinen. Dabei zeigt eine vergleichende Gegenüberstellung mit dem wettbewerbsstrategischen Ansatz von Porter eine tendenzielle Kompatibilität zwischen dem Defender und der Kostenführerschaft einerseits und zwischen dem Prospector und der Differenzierung anderseits, die sich aus den folgenden Überlegungen ergibt[2)]:

---

1) Vgl. hierzu auch die Ausführungen zur Dynamischen Produktdifferenzierung.

2) Vgl. Corsten (1995a, S. 345 f.).

- Kostenführer und Defender weisen
  - -- einen eng begrenzten und relativ stabilen Produkt-Markt-Bereich,
  - -- eine dominante Kostensenkungsorientierung und
  - -- einen hohen Zentralisationsgrad

  auf;
- Differenzierer und Prospector weisen
  - -- einen häufigeren Produkt- und Programmwechsel,
  - -- eine dominante Orientierung an Kundennutzensteigerung und
  - -- einen hohen Dezentralisierungsgrad

  auf.

Demgegenüber gibt es für den Strategietyp des Analyzer keine konzeptionelle Entsprechung bei Porter. Dies liegt darin begründet, daß Porter von einer prinzipiellen Unvereinbarkeit seiner generischen Strategien ausgeht und der Analyzer einen Kombinationstyp der „elementaren“ Strategietypen Prospector und Defender darstellt. Dabei erachten Miles/Snow den Analyzer als eine grundsätzlich gleichwertige Strategiealternative zu den „Elementartypen“. Ermöglicht wird dieser Kombinationstyp durch sogenannte „Hybridstrukturen“ im Rahmen der organisatorischen Gestaltung (z.B. Matrixstrukturen) und einen „dualen technologischen Kern“[1]. Darüber hinaus nehmen Miles/Snow den situativen Kontext der Unternehmung explizit in ihre Überlegungen auf. Abschließend ist festzustellen, daß der Ansatz von Miles/Snow zwar die wettbewerbsstrategische Diskussion maßgeblich beeinflußt hat, aber bedingt durch das gewählte Untersuchungsdesign nicht unerhebliche **Schwachpunkte** aufweist[2]:

- Die Typologie basiert auf Klassifikationskriterien, die theoretisch kaum begründet werden und damit letztlich intransparent bleiben.
- Die postulierte Verbindung zwischen Innovationsorientierung/Anpassungsflexibilität und Breite der Marktabdeckung erscheint deshalb problematisch, weil letztere nicht zwingend mit einer spezifischen Wettbewerbsstrategie verbunden sein muß.
- Werkmann[3] betont, daß es letztlich unklar bleibe, auf welche Ebene (Geschäftsfeldebene und/oder Unternehmungsebene) das strategische Verhalten bezogen sei. Dieser Argumentation kann nicht gefolgt werden, da Miles/Snow im Rahmen des unternehmerischen Problems den Produkt-Markt-Bereich ex-

1) Vgl. Miles/Snow (1978, S. 87).

2) Vgl. Werkmann (1989, S. 105 ff.).

3) Vgl. Werkmann (1989, S. 107).

plizit nennen und sich damit, auch wenn sie diesen Terminus nicht verwenden, auf die Ebene der strategischen Geschäftseinheiten beziehen. Diese Sicht wird auch von Hambrick[1)] eingenommen, der darüber hinaus betont, daß diese Typologie nur in begrenztem Umfang auf Unternehmungsebene anwendbar sei, eine Aussage, der nicht gefolgt werden kann.

Insgesamt bleibt damit festzustellen, daß die Analyse von Miles/Snow, wie alle anderen auch, Schwächen aufweist. Ihr wesentlicher Verdienst ist es aber, darauf hingewiesen zu haben, daß es mit dem „Analyzer" zumindest grundsätzlich möglich ist, eine hybride Strategie zu verfolgen und somit einem „stuck in the middle" zu entgehen[2)].

3.1.5 Hybride Strategien

Porter geht in seinen wettbewerbsstrategischen Überlegungen von einer **prinzipiellen Unvereinbarkeit** seiner generischen Strategietypen aus und erhebt die Forderung, daß eine Unternehmung sich entscheiden müsse, ob sie in einer strategischen Geschäftseinheit eine Kostenführerschafts- oder eine Differenzierungsstrategie verfolgen möchte, da sonst die Gefahr eines „stuck in the middle" bestehe. Die folgende Abbildung 41, die auch als **Porterkurve** bezeichnet wird, gibt diesen Sachverhalt vereinfacht wieder[3)]. Es sei darauf hingewiesen, daß teilweise folgende Unterschiede bei der Darstellung dieser Kurve in der Literatur zu beobachten sind[4)]:

1) Vgl. Hambrick (1983, S. 7).

2) Zu empirischen Überprüfungsversuchen der Strategietypologie von Miles/Snow vgl. Hambrick (1982, S. 159 ff.) und (1983, S. 5 ff.); McDaniel/Kolari (1987, S. 19 ff.); zu einer kritischen Analyse und vergleichenden Gegenüberstellung dieser Untersuchungen vgl. Werkmann (1989, S. 107 ff.).

3) Zu einer modelltheoretischen Analyse des Zusammenhangs von Marktanteil und ROI vgl. Zäpfel/Brunner (1985, S. 566 ff.).

4) Vgl. z.B. Nieschlag/Dichtl/Hörschgen (1997, S. 919).

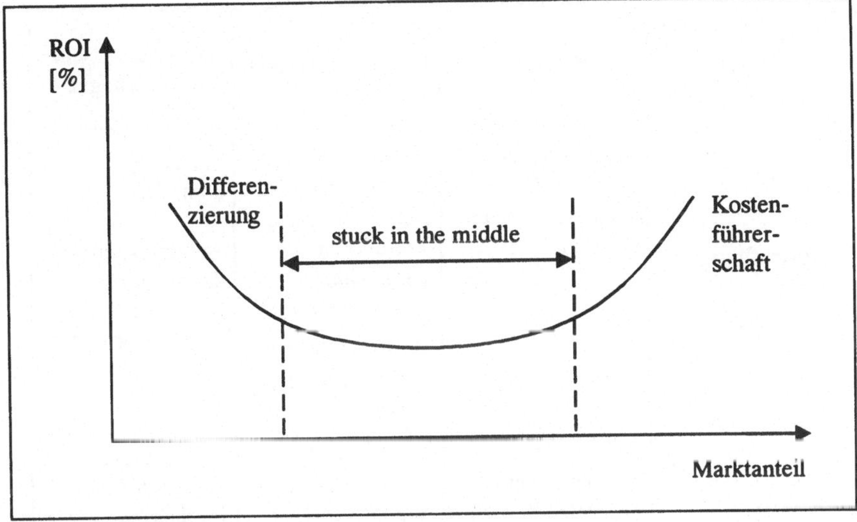

Abb. 41: Porterkurve

- Auf der Abszisse wird teilweise der relative Marktanteil abgetragen. Dies geht mit der Konsequenz einher, daß die Strategiezuordnung in Abbildung 41 zu modifizieren ist, und zwar dergestalt, daß die Differenzierungs- und Kostenführerschaftsstrategie sowohl links (Nische) als auch rechts (Gesamtmarkt) des Bereiches „stuck in the middle" einsetzbar ist.
- Die Porterkurve liegt mit ihrem Bereich „stuck in the middle" unterhalb der Abszisse. Dies bedeutet, daß dieser Bereich mit einem negativen ROI verbunden ist, ein Sachverhalt, der zwar in einer konkreten Situation eintreten kann, aber nicht als generell gültig zu betrachten ist. Wesentlich ist nur, daß dieser Bereich einen niedrigeren ROI aufweist als die beiden anderen Bereiche.

Diese Abbildung verdeutlicht, daß diejenigen Unternehmungen, die sich nicht für eine Option entscheiden, ein schlechteres Ergebnis realisieren als diejenigen, die eine Kostenführerschafts- oder Differenzierungsstrategie verfolgen. Der wesentliche Grund hierfür ist darin zu sehen, daß die unterschiedlichen Strategietypen untereinander widersprechende Maßnahmen bedingen. Tabelle 12 gibt diesen Sachverhalt wieder[1)].

1) Vgl. Zäpfel (1989, S. 90).

Strategietyp \ Komponenten	Produkte	Produktionssystem	Organisatorische Anforderungen
Kostenführer-schaft	Herstellung kosten-günstiger Produkte bei angemessener Qualität	Verfahrensinno-vationen zur kostengünstigen Produktion (Kapazitäts-erweiterungen) Primärer Einsatz von Spezialaggre-gaten	Intensive Kosten-kontrolle Anreizsystem, das an quanti-tativen Zielen orientiert ist
Differenzierung	Hohe Produkt-qualität bei ange-messenen Kosten Individuelle Produktgestaltung	Flexible(s) Pro-duktionsanlagen und Personal, um den differenzier-ten Kundenwün-schen gerecht zu werden	Koordination zwischen F&E, Produktion, Konstruktion und Marketing Anreizsystem für qualifizierte Arbeitskräfte (nicht primär quantitative Kriterien)

Tab. 12: Bedingungen für einen erfolgreichen Einsatz unterschiedlicher Strategietypen

Die Begründung dieser **Unvereinbarkeitshypothese** liegt damit in den notwendigen unterschiedlichen

- organisatorischen und
- technologischen Erfordernissen[1],

die sich z.B. in der unterschiedlichen Ausgestaltung der Anreizsysteme, der Produktionsorganisation oder in den zum Einsatz gelangenden Produktionsaggregaten

1) Vgl. Rollberg (1996, S. 17).

(Spezial- versus Mehrzweckaggregate) niederschlagen. So kommt dann auch Gröger[1] zu dem Urteil, daß

- die Kostenführerschaft als eine Strategie der Effizienz zu kennzeichnen sei, während
- die Differenzierung auf dem Merkmal der Flexibilität

basiere. Görgel gelangt dann zu der abschließenden Bewertung, daß eine kombinative Verknüpfung beider Strategietypen letztlich mit der Gefahr einhergehe, daß sich die Wettbewerbsvorteile beider Typen gegenseitig neutralisieren[2].

Trotz seiner generellen Position einer Unvereinbarkeit der generischen Strategien nennt auch Porter drei Situationen, in denen eine gleichzeitige Realisierung von Kostenführerschaft und Differenzierung möglich zu sein scheint[3]. Dies sei dann der Fall,

- wenn die Konkurrenten „zwischen die Stühle" geraten seien, also keinen Strategietyp konsequent verfolgten und somit auf beiden Feldern angreifbar seien,
- wenn die Kosten weitgehend von Marktanteilen oder Verflechtungen beeinflußt würden und eine Unternehmung bedingt durch ihren hohen Marktanteil einen Kostenvorteil erreiche, ohne dafür ihre Differenzierungsaktivitäten einstellen zu müssen, oder
- wenn eine Unternehmung bahnbrechende Innovationen einführe: „Durch die Einführung bedeutsamer technologischer Innovationen kann ein Unternehmen gleichzeitig sowohl seine Kosten senken als auch die Differenzierung steigern und damit vielleicht beide Strategien verwirklichen. Neue automatische Fertigungsverfahren können diesen Effekt ebenso hervorrufen, wie neue Informationssysteme zur rechnergestützten Logistik oder Produktgestaltung."[4] Gleichzeitig betont Porter dann aber, daß die Unternehmung sich dann wiederum für einen Strategietyp entscheiden müsse, wenn auch die Konkurrenten die Innovation einführen.

Damit bleibt festzuhalten, daß Porter mit der Ausnahme der vorher beschriebenen Situationen, in denen er eine Kombination **temporär** für möglich erachtet, von einer grundsätzlichen Unvereinbarkeit der Strategietypen ausgeht.

1) Vgl. Gröger (1992, S. 79).

2) Vgl. Görgel (1992, S. 208).

3) Vgl. Porter (1989, S. 41 f.).

4) Porter (1989, S. 42).

Diese Aussage hat in der Literatur[1)] eine äußerst kontroverse Diskussion ausgelöst. So betonen einige Autoren[2)], daß es durchaus Wettbewerbssituationen geben könne oder zumindest solche denkbar seien, bei denen die Strategietypen **Kostenführerschaft** und **Differenzierung verknüpfbar** seien, und heben hervor, daß neben das Management des Kundennutzens auch das Management der Produktkosten treten müsse.

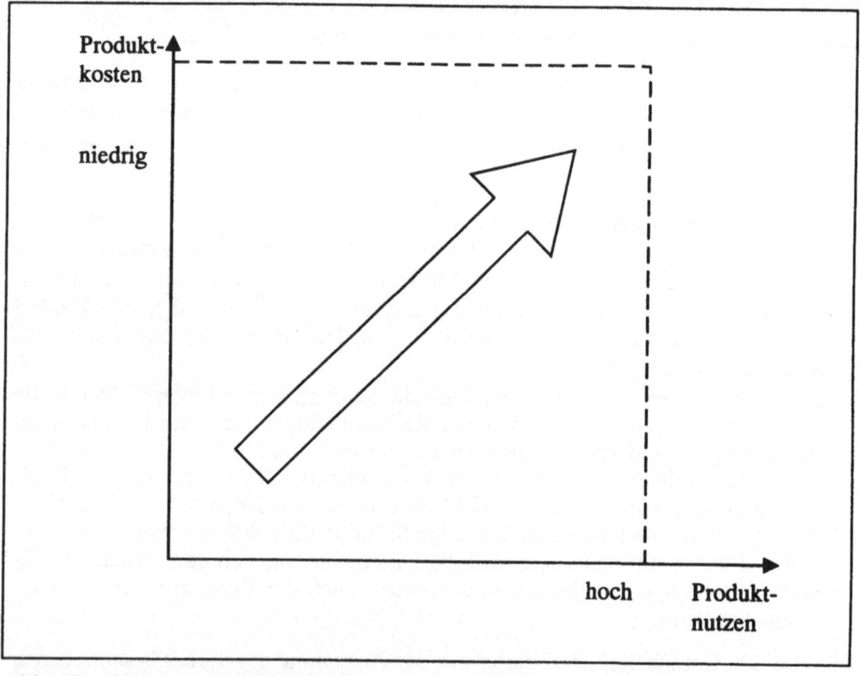

Abb. 42: Gleichzeitige Berücksichtigung von Kosten und Nutzen

Während Görgel[3)] den Wechsel

- von der Kostenführerschaft zur Differenzierung und
- von der Differenzierung zur Kostenführerschaft

---

1) Vgl. den Überblick bei Fleck (1995, S. 21 ff.).

2) Vgl. Albach (1990, S. 783 ff.); Zäpfel (1989, S. 91).

3) Vgl. Görgel (1992, S. 192 ff.).

als den sogenannten Strategy-Shift[1] analysiert und dabei zu dem Ergebnis gelangt, daß eine computergestützte Fertigung in der Form von CIM grundsätzlich in der Lage sei, einen Strategiewechsel mitzuvollziehen[2], betonen andere Autoren, daß es durchaus möglich sei, beide strategischen Optionen gleichzeitig zu realisieren[3]. Diese Sichtweise wird unter dem Begriff „Hybride Wettbewerbsstrategien" intensiv diskutiert, wobei teilweise zwischen

- sequentieller und
- simultaner Verfolgung

differenziert wird[4].

Ob eine **sequentielle Kombination** der Strategietypen möglich ist, hängt nach Krüger/Homp von den konkreten Ausgangspositionen ab, wobei sie analog zu Görgel zwei Situationen unterscheiden[5]:

- Ein **Kostenführer** hat zunächst kein Potential, um eine Differenzierungsstrategie zu entwickeln. Um eine Differenzierungskompetenz aufzubauen, wäre es demnach notwendig, daß der Kostenführer entsprechende finanzielle Mittel akkumuliert. Dies bedeutet aber einen Aufbau neuer Kompetenzen. Gelingt dem Kostenführer dies, dann hätte er die Möglichkeit zu einer simultanen Kombination.
- Demgegenüber scheint der **Differenzierer** durch eine Übertragung der vorhandenen Kompetenzen grundsätzlich in der Lage zu sein, eine bessere Kostenposition zu erlangen. Ansatzpunkte hierfür bietet z.B. die konsequente Verfolgung des Baukastenprinzips und die damit einhergehende Standardisierung, die

1) Gründe für einen Strategiewechsel können dabei unternehmungsintern und unternehmungsextern (z.B. Wertewandel und Änderungen des Konsumentenverhaltens, Stagnation und Sättigung der Märkte, Strategieänderung der Konkurrenz, Veränderungen in der generellen Umwelt wie Subventionen, Steuerpolitik etc.) sein. Wesentlich ist jedoch eine Veränderung, die die Grundlage des unternehmungsspezifischen Wettbewerbsvorteils entscheidend beeinflußt. Eine Unternehmung soll jedoch nicht nur auf Veränderungen reagieren, sondern aktiv ihre wettbewerbsstrategische Position gestalten. Vgl. Görgen/Kerkom (1991, S. 22 ff.).

2) Dabei hebt Görgel (1992, S. 201 und S. 206) hervor, daß ein derartiger Wechsel nicht kostenneutral oder ohne Verlust des Differenzierungspotentials möglich sei und deshalb die im Rahmen des Outpacing-Strategies-Ansatzes angestrebte Idealposition im Eckpunkt des oberen rechten Quadranten nicht erreichbar sei.

3) Vgl. z.B. Corsten (1994a, S. 197 f. und 1995a, S. 346 ff.); Fleck (1995, S. 21 ff.); Knyphausen/Ringlstetter (1991, S. 543 ff.); Werkmann (1989, S. 204 ff.).

4) Vgl. z.B. Krüger/Homp (1996a, S. 19 f.).

5) Vgl. Krüger/Homp (1996a, S. 19 ff.).

bei Produktteilen größere Stückzahlen ermöglicht. Der Anbieter hat damit die Möglichkeit, über economies of scale einen entsprechenden Kostenvorteil aufzubauen. Ist der Anbieter dabei in der Lage, sein Differenzierungspotential aufrechtzuerhalten, dann kann auch eine simultane Verfolgung erreicht werden.

Konkrete Handlungsempfehlungen für einen **Strategiewechsel**[1)] arbeiten hingegen Görgen/Kerkom[2)] heraus, die darauf hinweisen, daß ein Strategiewechsel zwar nötig und möglich sei, es sich dabei aber um einen äußerst riskanten und langwierigen Weg handele. „Reine" Kostenführerschaft und „reine" Differenzierung erachten sie als die **Extremalpositionen eines Kontinuums**, das zumindest „theoretisch" alle Kombinationen von Kostenführerschaft und Differenzierung eröffnet und zuläßt (vgl. Abbildung 43)[3)].

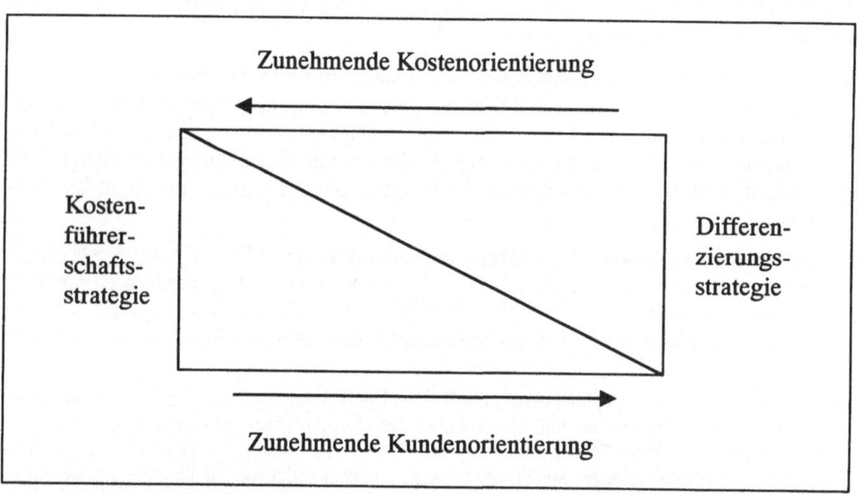

Abb. 43: Kontinuum der Wettbewerbsstrategien

Auch wenn diese Darstellung lediglich Tendenzen offenzulegen vermag, die unternehmungsspezifisch zu hinterfragen sind, zeigt sie doch, daß sich einer Unternehmung eine ganze Anzahl von Positionen offenbart, die sie einnehmen kann.

1) Vgl. Albach (1994, S. 1184); Doz/Prahalad (1987, S. 63 ff.).

2) Vgl. Görgen/Kerkom (1991).

3) Vgl. Görgen/Kerkom (1991, S. 21).

Hinsichtlich einer **simultanen Verfolgung**[1)] beider Strategietypen, die Ähnlichkeit mit der von Porter beschriebenen paritätischen Position aufweist[2)], sehen die Autoren nur eingeschränkte Möglichkeiten für eine Realisierung[3)]. Dies ist etwa dann der Fall, wenn ein Anbieter in einer Preisklasse versucht, die beste Leistung anzubieten, oder innerhalb einer bestimmten Qualitätsklasse die kostengünstigste Leistung anzubieten versucht[4)]. Krüger/Homp heben jedoch hervor, daß ein Übergang von einer sequentiellen zu einer simultanen Kombination der Strategietypen analytisch denkbar sei, wobei

- der Differenzierungsvorteil durch die Kernkompetenz (Ressourcen) und
- der Kostenvorteil durch das sogenannte Kernprodukt, das durch Mehrfachnutzung entsprechende Degressionseffekte bewirke,

ausgelöst werde[5)]. Dabei gehen die Autoren jedoch davon aus, daß Differenzierungsvorteile sowohl für eine sequentielle als auch für eine simultane Vorgehensweise einen guten Ausgangspunkt bilden. Auf dieser Basis könne dann versucht werden, ein entsprechendes Kostensenkungspotential durch Mehrfachnutzung oder den Transfer von Kernkompetenzen zu erreichen.

Neben den Kriterien „Kosten" und „Qualität", die die Grundlage für die beiden generischen Wettbewerbsstrategien nach Porter bilden, gelangt zunehmend eine dritte Größe, nämlich der Faktor **Zeit** ins Zentrum des Interesses[6)]. Ausgangspunkt

1) Die Bezeichnung „simultane" Verfolgung geht auf Werkmann (1989, S. 195 et passim) zurück, der dabei auf die Bauausrüstungsindustrie verweist.

2) Vgl. Porter (1989, S. 33 ff.). Er unterscheidet zwischen paritätischer und beinahe paritätischer Situation und erfaßt damit den Sachverhalt, daß ein Kostenführer und Differenzierer zwar einen primären Wettbewerbsparameter haben, sie aber den jeweils anderen Parameter beachten müssen, da auch dieser Bedeutung habe. Unklar bleibt dabei, inwieweit ein Wettbewerber damit die Gefahr eingeht „sich zwischen die Stühle zu setzen", vgl. Porter (1989, S. 41). Es kann sich dabei folglich nicht um eine gleichgewichtige Verfolgung der Wettbewerbsparameter handeln, wie dies bei einer simultanen Strategieverfolgung gefordert wird.

3) Vgl. Krüger/Homp (1996a, S. 20).

4) Demgegenüber erachten Görgen/Kerkom (1991, S. 61 f.) eine simultane Verfolgung aus Marketingsicht für nicht empfehlenswert, da dies zu einem uneinheitlichen Erscheinungsbild am Markt führe.

5) Vgl. Krüger/Homp (1996a, S. 20).

6) Kritisch hierzu Bonus (1997, S. 1 ff.); Braun (1991, S. 51 ff.).

bildet dabei häufig die sogenannte zweite Zeitfalle[1], auf deren Basis dann die strategische Bedeutung des Faktors Zeit für die Erzielung von Wettbewerbsvorteilen herausgestellt wird[2]. Die Zeit könnte ein verbindendes Element zwischen den wettbewerbsstrategischen Optionen von Porter darstellen[3] und damit einen Beitrag zur Realisierung hybrider Wettbewerbsstrategien leisten. Abbildung 44 gibt diese Überlegung in anschaulicher Weise wieder und verdeutlicht dabei die interdependente Beziehung zwischen den angestrebten Zielen.

So kann eine **Zeitführerschaft**

- einerseits als eine spezifische Ausprägung der Differenzierung gesehen werden und
- anderseits für eine Kostenführerschaft auf der Basis der Erfahrungskurve relevant sein,

d.h., die Zeit erlangt in dieser Interpretation eine **strategieübergreifende Bedeutung**, so daß die Unvereinbarkeitshypothese aus einer erweiterten Perspektive neue Impulse erlangt. Grundlage für eine Überwindung der Unvereinbarkeitshypothese ist aber der Aufbau einer Fähigkeit des Wandels, die insbesondere

- organisatorische und
- technologische, d.h.
  -- informationstechnologische und
  -- fertigungstechnologische

Aspekte umfaßt.

---

1) Vgl. z.B. Bitzer (1992, S. 42); Gemünden (1993, S. 76). Amit/Shoemaker (1993, S. 35) sehen in der Reaktionsfähigkeit gegenüber Marktveränderungen und der Fähigkeit zur Verkürzung der Produktentwicklungszyklen zentrale unternehmungsbezogene Fähigkeiten.

2) „Der Wettbewerbsfaktor 'Zeit' stellt in diesem Verständnis weniger eine eigenständige wettbewerbsstrategische Zielgröße dar als vielmehr ein Instrument zur Realisierung leistungs- oder kostenbezogener Wettbewerbsvorteile." Olemotz (1995, S. 58 f.).

3) Vgl. Benkenstein (1997, S. 147); Buchholz/Olemotz (1995, S. 15); Corsten (1997b, S. 3); vgl. ferner Frese/Werder (1994, S. 19 ff.).

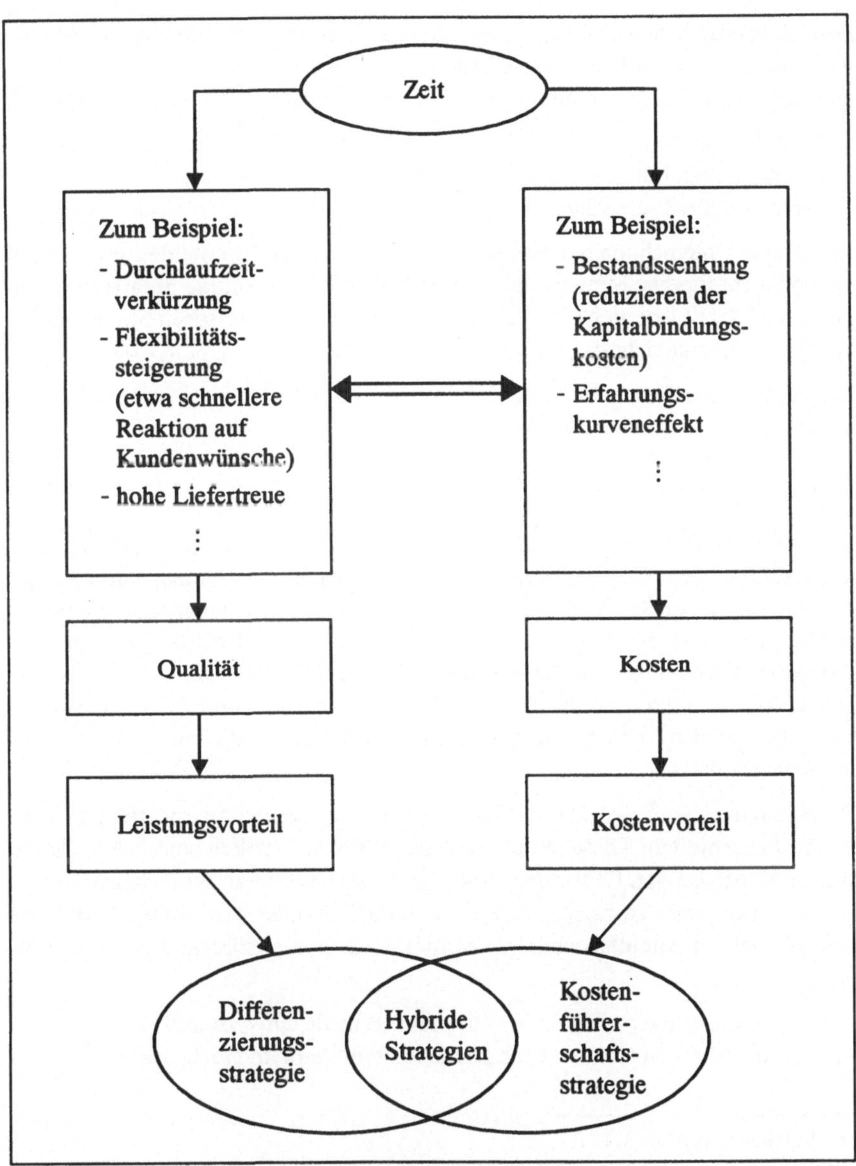

Abb. 44: Zeit als „übergeordneter" Wettbewerbsfaktor

Demgegenüber betont Rollberg[1)], daß die Vertreter einer simultanen Vorgehensweise mehreren Denkfehlern unterliegen. Es ist aber nicht so, daß nur die Simultaneität als eine gebotene Strategieoption herausgestellt wird, sondern lediglich betont wird,

- daß diese grundsätzlich möglich sei und
- auch vorteilhaft sein kann,

so daß eine Unternehmung nicht zwangsläufig „zwischen den Stühlen sitzt", wenn sie sich nicht für eine Strategieoption entscheidet. Die **simultane Strategieverfolgung** wird damit lediglich als weitere Option neben die generischen Strategien mit der Unvereinbarkeitsthese gestellt.

Ebenso liegt der Simultaneitätshypothese kein statisches Strategieverständnis zugrunde, und es wird nicht die Möglichkeit einer

- zeitlichen und
- räumlichen Separation der generischen Strategien verneint.

Simultaneität resultiert nicht einfach aus dem Sachverhalt, daß die Schlüsselfaktoren (Qualität, Zeit, Kosten) unterschiedlichen strategischen Grundpositionen zuzuordnen sind, sondern aus einem organisatorischen und technologischen Unterstützungspotential. So zeigen insbesondere neuere organisatorische Konzepte und Produktionstechnologien, daß sie grundsätzlich in der Lage sind, die unterschiedlichen Anforderungen an die beiden Strategietypen zumindest in ihren Auswirkungen zu mildern, und nur dies wird im Rahmen einer simultanen Strategieformulierung behauptet.

Darüber hinaus wird die Unvereinbarkeitsthese nicht generell verworfen, sondern ihr wird eine weitere These an die Seite gestellt, d.h., letztlich sind beide Thesen situationsbezogen von Bedeutung. Anliegen dieser „hybriden" Vorgehensweise ist es dann auch „nur" zu zeigen, daß es grundsätzlich unter bestimmten Bedingungen möglich ist, simultan vorzugehen, d.h., daß eine simultane Strategieverfolgung

- keine inkonsistenzbedingten Wettbewerbsnachteile aufweist und
- je nach situativem Kontext auch überlegen sein **kann** und nicht sein muß[2)].

1) Vgl. Rollberg (1996, S. 17 ff.).

2) Anders jedoch Fleck (1995, S. 32), der hybriden Strategien eine höhere Performance zuspricht.

Neben diesen theoretisch-konzeptionellen Überlegungen existiert eine Vielzahl an **empirischen Untersuchungen**, die sich mit dieser Kontroverse beschäftigen, wobei sich drei Gruppen einteilen lassen[1]:

- So gelangen z.B. Dess/Davis[2] zu dem Ergebnis, daß die Unternehmungen, die eine dominante Strategieverfolgung realisieren, signifikant erfolgreicher seien (z.B. gemessen an der Höhe des ROI[3]) als solche, bei denen dies nicht gegeben sei. Die Untersuchung unterstützt folglich die Unvereinbarkeitshypothese von Porter.
- Andere Untersuchungen[4] gelangen zu dem Ergebnis, daß von den untersuchten Unternehmungen zumindest ein Teil in der Lage sei, mit einer kombinativen Strategieverfolgung von Kostenführerschaft und Differenzierung Wettbewerbsvorteile zu realisieren, und, gemessen am ROI, sogar erfolgreicher war als Unternehmungen mit einer dominanten Strategieverfolgung.
- Eine dritte Gruppe von Autoren[5] geht noch einen Schritt weiter, indem sie explizit der Unvereinbarkeitsthese Porters widerspricht und zu dem Ergebnis gelangt, daß Unternehmungen, „... die dominant eine Kombination aus Kosten- und Differenzierungsstrategien verfolgen ... in der Regel erfolgreicher sind als diejenigen, die eine dieser beiden Alternativen isoliert ... favorisieren."[6]

Diese Ergebnisse zeigen, daß eine simultane Strategieverfolgung zumindest eine weitere denkbare Option darstellt und nicht grundsätzlich als unterlegen anzusehen ist[7]. Fleck gelangt sogar zu dem Schluß, daß die Annahme Porters vom gegenseitigen Ausschluß der Wettbewerbsvorteile „niedrige Kostenposition" und „Differenzierung" offenkundig nicht korrekt sei[8].

Abbildung 45 gibt die grundsätzlichen Strategieoptionen wieder.

1) Zu einer tabellarischen Übersicht vgl. Fleck (1995, S. 32); vgl. auch die differenzierte Beschreibung der unterschiedlichen empirischen Untersuchungen bei Werkmann (1989, S. 204 ff.).

2) Vgl. Dess/Davis (1984, S. 457 ff.).

3) Andere Kriterien sind das reale Umsatzwachstum und das Marktanteilswachstum.

4) Vgl. White (1986, S. 217 ff.).

5) Vgl. z.B. Gaitanides/Westphal (1991, S. 247 ff.); Miller/Friesen (1986a, S. 37 ff.); Phillips/Chang/Buzzel (1983, S. 26 ff.).

6) Gaitanides/Westphal (1991, S. 261).

7) Zu einer zusammenfassenden Übersicht vgl. Fleck (1995, S. 21 ff.).

8) Vgl. Fleck (1995, S. 19).

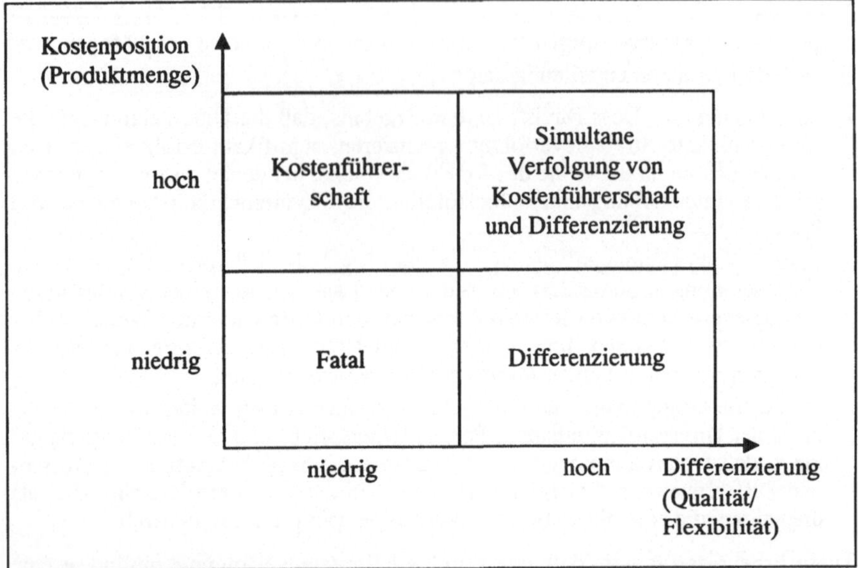

Abb. 45: Strategieoptionen

Weisen beide Vorteilsdimensionen die Ausprägung „niedrig" auf, dann wird die Situation als „fatal" gekennzeichnet, weil die Unternehmung über keinen Wettbewerbsvorteil verfügt. Die von Porter mit „stuck in the middle" bezeichnete Situation dürfte damit für Unternehmungen in diesem Feld zutreffen[1]. Demgegenüber entsprechen die beiden Klassen mit einseitiger dominanter Ausprägung den Vorteilstypen, wie Porter sie beschrieben hat. Faulkner/Bowman[2] betonen in diesem Zusammenhang, daß die Kostenposition, die lediglich auf einem internen Potential aufbaue, erst dann zu einem externen Vorteil werde, wenn sich dies auch in entsprechend niedrigeren Preise niederschlage und damit ein Preisvorteil aufgebaut werde, so daß die von Porter postulierte Kostenführerschaft gleichzeitig eine **Preisführerschaft** bedinge[3]. Das vierte Feld verfügt hingegen bei beiden Vor-

1) Vgl. hierzu auch Fleck (1995, S. 22 f.).

2) Vgl. Faulkner/Bowman (1992, S. 495).

3) Vgl. Mintzberg (1988, S. 14 und S. 16).

teilstypen über hohe Werte und repräsentiert folglich den Typ der „Hybriden Strategie“[1)].

Auf der Grundlage der Untersuchung von Miller/Dess[2)] gelangt Fleck durch die Einbeziehung der Dimension **„Relativer Fokus“** zu einem Kubus der Wettbewerbsstrategien, der in Abbildung 46 dargestellt ist.

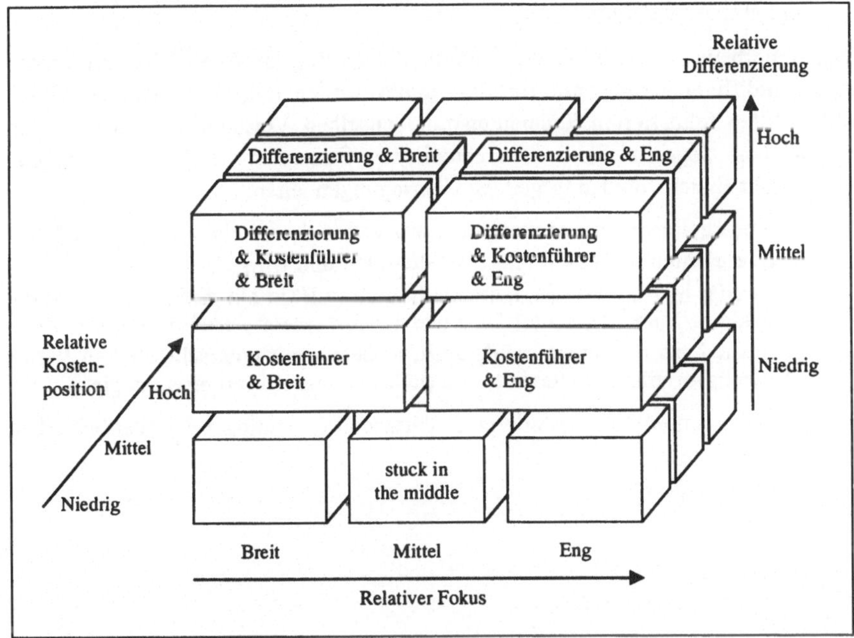

Abb. 46: Wettbewerbsstrategien nach Fleck[3)]

1) Zu hybriden Strategien vgl. z.B. Hill (1988); Karnani (1984); Knyphausen/Ringlstetter (1991); Murray (1988); Wright/Parsinia (1988). Der Begriff „hybride Strategien“ ist dabei identisch mit der „simultanen Verfolgung“ generischer Wettbewerbsstrategien bei Werkmann (1989, S. 195 et passim).

2) Vgl. Miller/Dess (1993, S. 565).

3) Vgl. Fleck (1995, S. 25).

Auf der Grundlage dieser drei Dimensionen, die mit der Vorgehensweise von Miller/Dess identisch sind, ergeben sich dann theoretisch 27 mögliche Kombinationen, die Fleck dann zu sieben **Strategietypen**[1] „clustert"[2]:

- stuck in the middle,
- zwei Kostenführerschaften,
- zwei Differenzierungsstrategien und
- zwei hybride Strategien.

Darauf aufbauend nimmt Fleck dann in Anlehnung an Abell[3] das Kriterium „Segmentdifferenzierung" auf, mit dem erfaßt werden soll, „... ob ein Geschäftsfeld in allen fokussierten Segmenten mit denselben Vorteilen konkurriert oder verschiedene Segmente mit unterschiedlichen Strategien bearbeitet"[4] werden. Hierbei läßt er sich von den folgenden Überlegungen leiten:

- Der zu bearbeitende Gesamtmarkt ist homogen und wird einheitlich behandelt.
- Der zu bearbeitende Gesamtmarkt ist heterogen und wird
  -- entweder in 1 bis n–1 Segmente aufgeteilt (z.B. in ein großes oder zahlreiche kleine Marktsegmente), in denen nur mit einem Vorteilstyp agiert wird,
  -- oder in 2 bis n Segmente aufgeteilt, in denen mit unterschiedlichen Wettbewerbsvorteilen konkurriert wird (hybride Segmentierungsstrategie[5]).

Es ergibt sich dann die in Abbildung 47 dargestellte Typologie der Wettbewerbsstrategien.

1) Auch Miller/Dess (1993, S. 565) entwickeln auf dieser Grundlage sieben Strategietypen. Der Unterschied zu Fleck liegt in der Positionierung der Situation „stuck in the middle", so daß sich der Novitätsgrad der Systematik von Fleck in engen Grenzen hält.

2) Eine Vorgehensweise, die Fleck jedoch differenziert beschreibt.

3) Vgl. Abell (1980).

4) Fleck (1995, S. 26).

5) „Eine Strategie, die mit unterschiedlichen Arten von Wettbewerbsvorteilen in verschiedenen Segmenten eines relevanten Marktes konkurriert, soll im folgenden als hybride Segmentierungsstrategie bezeichnet werden." Fleck (1995, S. 27).

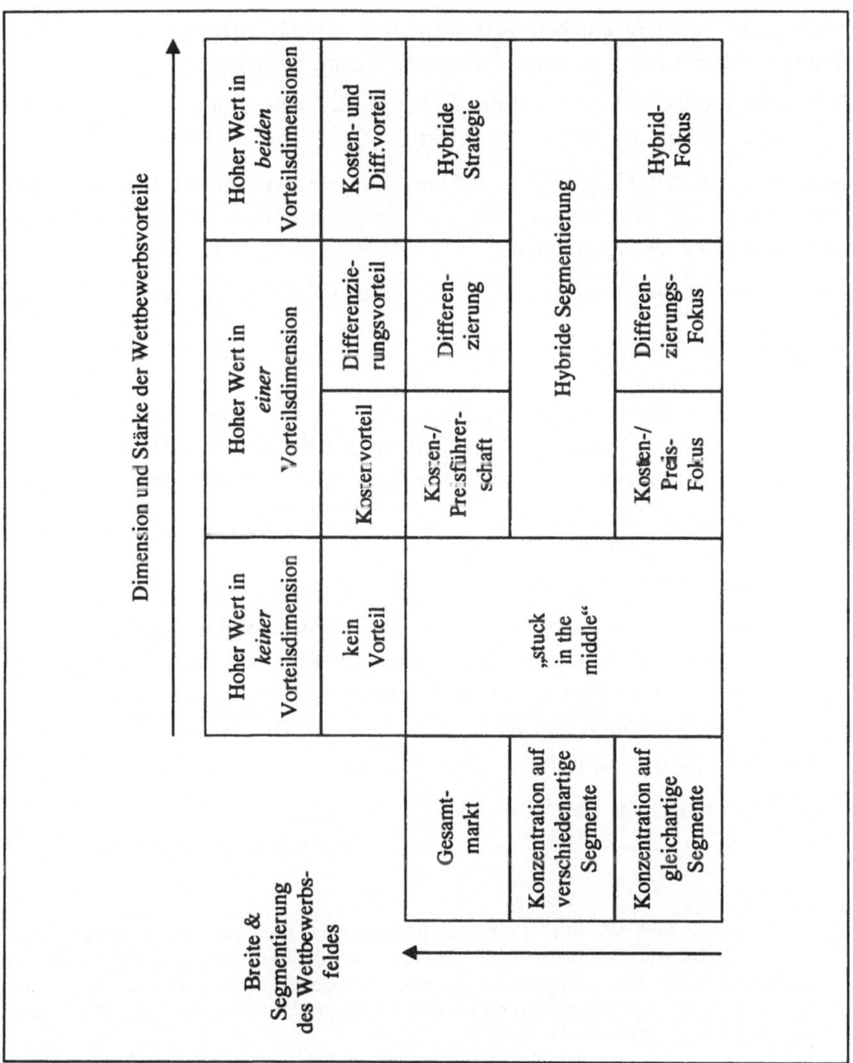

Abb. 47: Modifizierte Typologie der Wettbewerbsstrategien nach Fleck[1)]

1) Fleck (1995, S. 29).

Aus dieser Typologie ergeben sich dann **drei hybride Strategietypen**. Unklar bleibt bei dieser Vorgehensweise die Unterscheidung zwischen

- hybrider Strategie, die sich auf den Gesamtmarkt bezieht, und
- hybridem Fokus, der sich auf „gleichartige“ Segmente[1)] bezieht,

da beide zu gleichen Handlungsempfehlungen führen. Aus unserer Sicht erscheint es daher schlüssig, zwei hybride Strategien zu unterscheiden, und zwar in Abhängigkeit davon, ob sie sich auf den

- Gesamtmarkt oder
- Teilmarkt

beziehen[2)].

Damit stellt sich die weitergehende Frage, wie eine so verstandene Strategieverfolgung unterstützt werden kann. Seit Anfang der 80er Jahre wird dabei zunehmend auf die strategische Bedeutung der Produktion hingewiesen und der Zusammenhang zwischen

- Wettbewerbsstrategie und
- Produktionsstrategie

herausgearbeitet, wobei die Arbeiten von Hayes/Wheelwright, Schonberger und Skinner grundlegend waren[3)]. In dieser Sichtweise stellt sich dann die Frage, wie hybride Wettbewerbsstrategien ressourcenseitig unterstützt werden können, wobei

- informationstechnologische und
- arbeitsorganisatorische Entwicklungstendenzen

in die Überlegungen einzubeziehen sind[4)].

---

1) Darüber hinaus stellt sich hierbei die grundsätzliche Frage nach der Zielsetzung einer Segmentierung. Ziel ist es, homogene Klassen zu schaffen, die sich untereinander möglichst stark unterscheiden, d.h. intern möglichst homogene (Homogenitätsbedingung) und extern möglichst heterogene Verwendergruppen (Isolierungsbedingung) zu schaffen. Vgl. z.B. Görgen/Kerkom (1991, S. 17); Kühn (1996, S. 119).

2) Vgl. hierzu Miller/Dess (1993, S. 565).

3) Vgl. Hayes/Wheelwright (1979, S. 133 ff.); Schonberger (1986); Skinner (1969, S. 136 ff. und 1985).

4) Vgl. Corsten (1995a, S. 347 ff.). Ein Anwendungsgebiet für die Realisation hybrider Strategien dürfte dabei insbesondere die Variantenfertigung sein.

Informationstechnologisch basierten Systemen, wie Systemen der flexiblen Automatisierung und CIM-Systemen[1], wird eine hohe Bedeutung für die wettbewerbsstrategische Position von Unternehmungen zugesprochen, weil hierdurch neben der Produktivität auch die Flexibilität und die Qualität verbessert werden.

Aus der Sicht der Unvereinbarkeitsthese gibt es grundsätzlich keine Möglichkeit, mit CIM generische Wettbewerbsstrategien simultan zu unterstützen, d.h., Entscheidungen über die Gestaltung von CIM-Komponenten (CAD, CAQ, CAM) sowie hinsichtlich der

- Integrationsrichtung und des
- Integrationsgrades[2]

der CIM-Komponenten hängen von der verfolgten Wettbewerbsstrategie ab. Demgegenüber gehen hybride Wettbewerbsstrategien davon aus, daß die einzelnen CIM-Komponenten so aufgebaut werden können, daß sie beide Strategien zu unterstützen vermögen[3].

Ebenfalls sind Thesen hinsichtlich unterschiedlicher **Integrationsrichtungen** der CIM-Komponenten in Abhängigkeit von der verfolgten Wettbewerbsstrategie zu relativieren[4]. Handlungsempfehlungen, die auf eine Vorteilhaftigkeit der Integrationsrichtung CAD-CAP-CAM für Differenzierer abzielen, scheinen eher von Aspekten der daten- und fertigungstechnischen Integration geleitet zu sein als von wettbewerbsstrategischen Überlegungen. So ergab eine empirische Untersuchung[5] zwar Integrationsschwerpunkte einzelner CIM-Bausteine bei der CIM-Einführung, jedoch kann hieraus keine Strategieabhängigkeit solcher Integrationsschwerpunkte abgeleitet werden. Die Integrationsreihenfolge dürfte vielmehr in hohem Maße von der konkreten fertigungstechnischen Situation abhängig sein, also davon, wel-

1) Vgl. Scheer (1990a, S. 2 ff.).

2) Dabei ist der optimale und nicht der maximale Integrationsgrad relevant. Vgl. Görgel (1992, S. 184 ff.).

3) Vgl. Corsten (1995a, S. 346 ff.).

4) Vgl. Görgel (1992, S. 112). Dabei betont er in diesem Zusammenhang, daß Unternehmungen mit einer Einzel- oder Kleinserienfertigung aufgrund der hohen Konstruktionskosten mit CAD beginnen sollten, während bei Großserien- und Massenproduktion mit CAM begonnen werden sollte, weil hierdurch das größte Rationalisierungspotential erschließbar sei.

5) Vgl. Wildemann (1990, S. 145 f.).

che spezifischen Ausgangslösungen[1] gegeben sind und welcher stufenweise Ausbau zweckmäßig erscheint.

Auch Aussagen über die Strategieabhängigkeit des optimalen **Integrationsgrades** der CIM-Komponenten, wonach dieser für Differenzierer höher sei als für Kostenführer, weil Kostenführerschaft mit einem begrenzten Integrationsumfang realisierbar sei, während Differenzierung zur Flexibilisierung und Beschleunigung der Prozesse einen hohen, mit steigenden Kosten verbundenen Integrationsgrad erfordere[2], erscheinen nicht haltbar, da vieles dafür spricht, daß der optimale Integrationsgrad von den Produktionsbedingungen beeinflußt wird[3].

Neben den technischen Komponenten von CIM sind aber auch die betriebswirtschaftlichen Problemstellungen und dabei insbesondere **PPS-Systeme** zu beachten. In diesem Kontext wird betont, daß das Gestaltungspotential im PPS-Bereich klar auf die Alternativen

- Durchlaufzeiten,
- Bestände und
- Kapazitäten

auszurichten sei. Während die Durchlaufzeitreduzierung eine Differenzierungsstrategie unterstütze, zielten die Bestandssenkung und eine hohe Kapazitätsauslastung auf eine Kostenführerschaftsstrategie ab[4]. Eine nähere Betrachtung zeigt hingegen, daß diese Alternativen nicht überschneidungsfrei sind, wie dies an den Zielen Durchlaufzeitverkürzung und Bestandsreduzierung deutlich wird. So resultiert etwa aus der Durchlaufzeitverkürzung eine Bestandssenkung, die mit einer Reduzierung der Kapitalbindung einhergeht. Hierbei jedoch von einer „positiven Begleiterscheinung"[5] zu sprechen, zeigt nicht nur den stark normativen Charakter dieser Aussage, sondern darüber hinaus eine Vernachlässigung des Sachverhaltes, daß PPS-Systeme versuchen, mehrere Ziele wie

---

1) Hierbei handelt es sich i.d.R. um Insellösungen.

2) Vgl. Görgel (1992, S. 189 und S. 213).

3) Vgl. Wildemann (1990, S. 140 ff.).

4) Vgl. Görgel (1992, S. 171 ff.).

5) Vgl. Görgel (1992, S. 175).

- kurze Durchlaufzeiten,
- hohe Termintreue[1],
- niedrige Lagerbestände und
- hohe Kapazitätsauslastung

zu verfolgen[2]. Es erscheint damit problematisch, PPS-Systeme eindeutig einer Wettbewerbsposition zuzuordnen.

Darüber hinaus muß auf **strategieindifferente Wirkungen** neuer Technologien hingewiesen werden. So trägt etwa derselbe CIM-Effekt „Durchlaufzeitverkürzung" über Produktivitätssteigerung und Kapitalbindungsreduktion sowohl zur Kostenführerschaft als auch, etwa über bessere Logistikleistung, zur Differenzierung bei. Entsprechende Überlegungen gelten auch für die Effekte Bestandssenkung, Flexibilitätssteigerung und Qualitätsverbesserung. Diese Aspekte relativieren die Forderung nach einer strategiespezifischen CIM-Gestaltung deutlich. Vielmehr erscheinen die in dieser Position formulierten Restriktionen für eine hybride Strategieunterstützung durch neue Technologien geringer als bisher vielfach behauptet, woraus jedoch noch kein aktives simultanes Unterstützungspotential per se resultiert. In einer Gegenposition wird vielmehr explizit hervorgehoben, daß CIM ein informationstechnologisch basiertes Potential bereitstelle, um gleichzeitig sowohl die relative Kostenposition der Unternehmung als auch den Kundennutzen, z.B. durch höhere Liefertreue, schnellere Reaktion auf spezifische Kundenwünsche und bessere Qualität, zu verbessern[3]. Damit wirkt CIM nicht einseitig auf Kosten[4] oder Kundennutzen, sondern gleichzeitig auf beide Ziele[5].

1) Die Termintreue zielt dabei nicht primär auf Kostensenkungen, sondern auf die Schaffung von Goodwill und damit einhergehende Präferenzen ab.

2) Aus betriebswirtschaftlicher Sicht müßte es das Ziel von PPS-Systemen sein, die entscheidungsrelevanten Kosten zu minimieren. Da aber die Erfassung der Kostengrößen (z.B. Rüst-, Leer-, Transport- und Lagerhaltungskosten, Anpassungskosten), insbesondere der Opportunitätskosten, mit erheblichen Problemen verbunden ist, wird auf Ersatzziele zurückgegriffen.

3) Vgl. Scheer (1990b, S. 5).

4) Bei den Kostenwirkungen von CIM ist zu unterscheiden zwischen Stückkostenveränderungen und Kostenstrukturveränderungen, die sich in einer Erhöhung der Fixkosten und einer Reduzierung der variablen Kosten zeigen. Vgl. z.B. Görgel (1992, S. 53 ff.). Gröger (1992, S. 65) sieht in der Kostenstrukturveränderung einen Grund dafür, daß die Rentabilität von CIM maßgeblich durch die hohe Auslastung der Fertigungskapazität beeinflußt wird.

5) Vgl. Wildemann (1988, S. 118).

Das Simultaneitätspotential von Konzepten zur strategiegerechten Produktionsgestaltung, die ausschließlich oder doch dominant auf informationstechnologischen Gestaltungsansätzen wie CIM basieren, sollte aber nicht überbewertet werden[1)], was auch für die Systeme flexibler Automatisierung gilt. Es ist vielmehr davon auszugehen, daß ein effizienter Einsatz der flexiblen Automatisierung eine Reorganisation von Ablaufstrukturen voraussetzt[2)], so daß es notwendig erscheint, dieses Potential durch arbeitsorganisatorische Produktionskonzepte weiter zu erhöhen.

Im Zentrum **arbeitsorganisatorischer** Überlegungen steht die Anwendung des **Gruppenprinzips**[3)], dessen Hauptmerkmale

- die organisatorische Reintegration tayloristisch strukturierter, d.h. hochgradig arbeitsteiliger Funktionen, zu möglichst ganzheitlichen Arbeitsaufgaben, die durch gemeinsames Aufgabenverständnis, Kohärenz, Überschaubarkeit, polyvalente Mitarbeiterqualifikation und gruppenorientierte Anreizsysteme gekennzeichnet sind (teilautonome Arbeitsgruppen), und
- die Bildung von Teilefamilien, d.h., die Zusammenfassung ähnlicher Erzeugnisse sowie Fertigungsfamilien, d.h., Gruppierung der Betriebsmittel zu Fertigungsgruppen zur Bearbeitung der gebildeten Teilefamilien,

sind. Damit scheint das Gruppenprinzip in der Lage zu sein, beide Strategietypen zu unterstützen. Dies zeigt eine Vielzahl an neueren Produktionskonzepten, die von Fertigungsinseln und -segmenten über die Fraktale Fabrik bis hin zu Lean Production reicht[4)]. Gemeinsam ist diesen Konzepten, daß sie versuchen, die Vorteile der Werkstattfertigung und der Fließfertigung zu vereinen und dabei insbesondere die drei folgenden **Zielkonflikte** zu beseitigen oder zumindest abzuschwächen[5)]:

- Produktivität versus Flexibilität,
- Produktivität versus Qualität,
- Produktivität versus Durchlaufzeit.

---

1) Vgl. Jones (1991, S. 42); Jürgens (1992, S. 27).

2) Dies wird auch durch empirische Studien unterstützt. Vgl. z.B. Rommel (1991, S. 6).

3) Die Gruppentechnologie stellt ein Element des Gruppenprinzips dar. Vgl. Corsten (1991, S. 46).

4) Vgl. Bühner (1992a, S. 261 ff.); Corsten (1991, S. 44 ff.); Jürgens (1994, S. 369 ff.); Warnecke (1992, S. 27 ff.); Wildemann (1995a, S. 783 ff.).

5) Vgl. Corsten (1995a, S. 347).

Ein Produktionskonzept, das speziell für die Unterstützung hybrider Wettbewerbsstategien entwickelt wurde, ist das **Mass-Customization-Konzept** (= maßgeschneiderte Massenproduktion), das von Pine[1] beschrieben wird, der auf Ausführungen von Ulrich/Tung[2] zurückgreift, die die Elemente dieses Konzeptes bereits skizziert hatten. Da dieses Konzept gleichzeitig

- Kostengünstigkeit und
- hohen Kundennutzen durch Vielfalt

anstrebt, dient es letztlich einer gleichzeitigen Verfolgung mehrerer Erfolgsfaktoren[3]. Neben einer konsequenten Orientierung an kleinen Arbeitsgruppen sind die folgenden Aspekte als die tragenden Säulen des Konzeptes zu nennen:

- Ausrichtung des Angebotes an Kundenwünschen,
- Kundenintegration,
- Modularisierung der Leistung und
- Segmentierung der Produktionsprozesse.

Mit der Ausrichtung des Angebotes an den Kundenwünschen, die eine enge Kundenbindung impliziert, greift das Mass-Customization-Konzept auf das Modell der **Kundenintegration** zurück, das im Rahmen der Dienstleistungsproduktion entwickelt wurde[4]. Die Integration des Kunden (in der Dienstleistungstheorie wird vom „externen Faktor" gesprochen) kann die unterschiedlichsten Ausprägungen aufweisen[5]. Das Spektrum der **Integrationsintensität** reicht von einer Informationseingabe der spezifischen Wünsche durch den Nachfrager bis hin zur aktiven Teilnahme des Kunden am Leistungserstellungsprozeß[6]. Die **Modularität**

1) Vgl. Pine (1993, S. 9 ff.). Einen Literaturhinweis sucht der Leser hier jedoch vergeblich.

2) Vgl. Ulrich/Tung (1991, S. 1 ff.).

3) Vgl. Reiß/Beck (1994, S. 570 ff.).

4) Vgl. Corsten (1984, S. 253 ff.); Corsten/Stuhlmann (1996, S. 3, Fußnote 3).

5) Noetel (1993, S. 62 ff.) unterscheidet zwischen exogener und endogener Dimension der Geschäftsfeldstrategien. Die exogene Dimension berücksichtigt dabei, daß der Nachfrager als externer Faktor Einfluß auf die zu erstellende Leistung nimmt (vgl. hierzu die Integrationsformen bei Corsten (1997b, S. 352)), während die endogene Dimension versucht, unabhängig vom einzelnen Nachfrager die Bedeutung strategisch relevanter Eigenschaften der Marktleistung festzulegen, wobei Noetel vor allem die Zeit, die Kosten und die Qualität hervorhebt. Durch Kombination der beiden Dimensionen gelangt er dann zu den Strategietypen Kostenführerschaft und Kundenorientierung und weist damit eine hohe Ähnlichkeit mit Porter auf.

6) Vgl. Corsten (1985, S. 126 ff.).

der Leistung basiert auf dem bekannten Baukastensystem, das auch in Dienstleistungsunternehmungen grundsätzlich anwendbar ist[1]. Die Modularisierung ermöglicht es, bestimmte Teilleistungen zu standardisieren, um Erfahrungskurveneffekte zu nutzen (Mass) und andere Teile für eine Individualisierung einzusetzen, d.h. hiermit einen Zusatznutzen zu stiften[2]. Hieraus ergeben sich Ansatzpunkte für eine **Segmentierung** des Produktionsprozesses dergestalt, daß standardisierte Teile kundenfern zentralisiert erstellt und für eine Individualisierung relevante Teile, an deren Erstellung der Nachfrager mitwirken kann, dezentral erbracht werden. Ein derartiges „splitting" der Wertschöpfungskette führt zu dem Problem der Wahl des **„splitting point**", d.h. der Stelle in der Kette, an der die Aufteilung erfolgen soll: „Dabei sollte die Variantenbestimmung bzw. das Customizing möglichst spät im Bereitstellungsprozeß und zugleich möglichst nahe am Kunden erfolgen. Kundenferne Prozessstufen zur Erstellung standardisierter oder generischer Leistungskomponenten sind zentral durchzuführen, um Grössen- und Synergieeffekte zu erzielen. Produktbestandteile, die hohen Kundennutzen versprechen, werden hingegen dezentral im engen Kontakt mit den Kunden erstellt."[3] Eine Individualisierung der Leistung sollte folglich auf einer möglichst „späten" Produktionsstufe durchgeführt werden. Hierin zeigt sich eine enge Verbindung zum Problem der Festlegung der **Bevorratungsebene**[4], die diejenige Produktionsstufe kennzeichnet, bis zu der in einem Betrieb erwartungsbezogen produziert werden kann (Mass). Die darauf aufbauenden Produktionsstufen dienen dann dem Customizing. Mass Customization stellt damit, wie auch viele andere „neuere" Konzepte, lediglich eine Kombination bereits seit langem bekannter Ansätze dar[5], so daß ein „kombinativ" begründeter Novitätsgrad vorliegt.

Als weiterer Aspekt zur Unterstützung von hybriden Wettbewerbsstrategien ist die **Netzwerkkompetenz** zu nennen, d.h., es bedarf einer informationstechnischen Infrastruktur, die in integrativer Form mit Hilfe von LAN oder WAN möglich wird. Netzwerkstrukturen sind nicht nur unternehmungsintern, sondern auch unternehmungsübergreifend zu gestalten[6], so daß auch Lieferanten, Hersteller, externe

1) Vgl. Corsten (1985, S. 307 ff.).

2) Vgl. Reiß/Beck (1995b, S. 32).

3) Reiß/Beck (1995b, S. 33).

4) Vgl. Zimmermann (1988, S. 391 ff.).

5) Vgl. Corsten (1996, S. 224 f.).

6) Vgl. Sydow (1995, S. 159 ff.).

Entwickler etc. in diese einbezogen werden. Für ein effektives Handling derartiger sozialer Interaktionsmuster bedarf es einer Interaktionskompetenz. In einem solchen Netzverbund konzentrieren sich die einzelnen Beteiligten auf ihre originären Stärken, wobei die Koordination durch selbststeuernde Kräfte, d.h., von den kooperierenden Einheiten selbst, bewältigt oder gegebenenfalls von einem Koordinator erbracht wird. Dies impliziert ein verändertes Zusammenwirken zwischen den im Verbund wirtschaftenden Unternehmungen, z.B. in der Form von **Entwicklungs- und Wertschöpfungspartnerschaften**[1]. Darüber hinaus eröffnen sich durch die Implementierung von Netzwerkstrukturen Möglichkeiten für den Einsatz hybrider Strategien auch auf der Beschaffungsseite[2], so daß Netzwerkstrukturen hybride Strategien wesentlich zu unterstützen vermögen[3].

Um eine **integrative Vorgehensweise** und die damit verbundenen erzielbaren Vorteile nutzen zu können, ist es erforderlich, daß sich eine Unternehmung den informatorischen und organisatorischen Integrationsanforderungen gleichermaßen stellt, d.h. eine **systemische Integration** anstrebt[4]. Anliegen eines systemischen Integrationsmanagement von Technologie und Organisation neuerer Produktionskonzepte ist es, beide Dimensionen in sachlicher und zeitlicher Hinsicht miteinander zu verknüpfen. In **sachlicher Hinsicht** können integrative „Tech-Org-Konzepte“ mit begrenztem Funktionsintegrationsgrad (z.B. Fertigungsinseln) als Ausgangspunkt herangezogen werden. Dabei erfolgt eine Reintegration von planenden, ausführenden und kontrollierenden Tätigkeiten zu ganzheitlichen Arbeitsaufgaben, die organisatorisch und technologisch gleichermaßen unterstützt wird. In diesem Punkt zeigt sich auch die methodische Komplementarität dieser organisatorischen Konzepte mit dem informationstechnologischen Konzept CIM, das sowohl eine Daten- als auch eine Vorgangsintegration anstrebt, die es für eine systemische Integration zu nutzen gilt.

In **zeitlicher Hinsicht** ist zu beachten, daß sich Technologien tendenziell schneller implementieren lassen als organisatorische Veränderungen, so daß sich der Erfolg bei der Einführung technologischer Konzepte schneller einstellt als bei organisatorischen Innovationen (Lead-Problematik).

---

1) Vgl. Wildemann (1995b, S. 747 ff.).

2) Vgl. Corsten (1994a, S. 197 ff.).

3) Vgl. Sydow (1995, S. 163).

4) Vgl. Bühner (1988a, S. 4); Corsten/Reiß (1992, S. 214 ff.).

Es ist folglich eine sachliche und zeitliche Harmonisierung dieser Dimensionen notwendig, um eine einseitige Technologieorientierung aufgrund des sich bei Technologieinnovationen früher abzeichnenden Erfolges zu vermeiden[1]. Ein solches „Meta-Integrationskonzept“, das Technologie und Organisation in sachlicher und zeitlicher Hinsicht verknüpft, muß damit im Rahmen der Implementierung auf eine prinzipiell ausgewogene Ressourcenintegration ausgerichtet sein, was jedoch nur für den Fall einer Neugestaltung des Produktionsbereichs, wie bspw. bei einer Werksneugründung, möglich erscheint. Es ist damit vielmehr davon auszugehen, daß Produktionsbereiche i.d.R. durch eine „High-Tech-“ oder „High-Org-Dominanz“ gekennzeichnet sind, wobei sich in einer zeitlichen Betrachtung unterschiedliche Dominanzkonstellationen ergeben.

Grundsätzlich lassen sich als **Implementierungsstrategien** die Total- und Pilotstrategie unterscheiden. Während die Totalstrategie das Ziel einer systemischen Integration im gesamten Produktionsbereich verfolgt, die jedoch mit einem hohen Risiko der Überforderung der Unternehmung verbunden sein dürfte, versucht die Pilotstrategie, zunächst in einzelnen Produktionseinheiten eine systemische Integration zu realisieren. Im Falle einer erfolgreichen Einführung können dann weitere Produktionseinheiten einbezogen werden. Mit dieser Vorgehensweise wird das Risiko einer Überforderung bei einer systemischen Integration reduziert.

Auf die **Implementierungseffekte** der technologischen und organisatorischen Konzepte wie

- Durchlaufzeitverkürzung,
- Produktivitätssteigerung,
- Qualitätssteigerung und
- Flexibilitätssteigerung[2]

bezogen, ergibt sich die in Abbildung 48 dargestellte Situation[3], wobei zwischen den Effekten äußerst differenzierte Wechselbeziehungen existieren können[4].

---

1) Vgl. Reiß (1992, S. 162).

2) Vgl. Wildemann (1992, S. 5).

3) Vgl. Corsten (1995a, S. 351).

4) So sei z.B. auf den intensiv diskutierten Zusammenhang zwischen Automatisierung und Flexibilität hingewiesen. Durch den Einsatz neuerer Produktionstechnologien (z.B. CNC-Maschinen, Flexible Fertigungssysteme) konnte die lange Zeit beobachtbare konfliktäre Beziehung aber deutlich abgeschwächt werden, ein Sachverhalt, der mit dem Terminus flexible Automatisierung umschrieben wird.

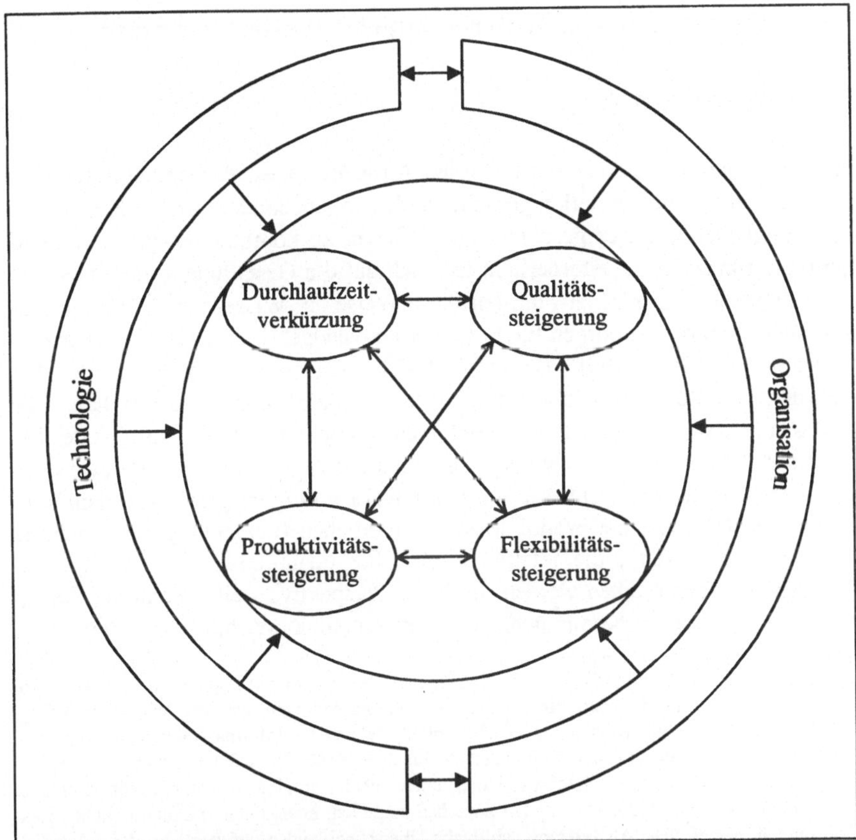

Abb. 48: Interdependenzen zwischen Implementierungseffekten und Gestaltungsaspekten

Wie in anderem Zusammenhang bereits beschrieben, weisen diese Implementierungseffekte teilweise komplementäre Wirkungszusammenhänge auf. Wird darüber hinaus der Sachverhalt beachtet, daß zwischen Technologie und Organisation eine methodische Komplementarität gegeben ist, so wird mit dieser Abbildung auch diese doppelte Komplementarität hervorgehoben.

3.2 Ressourcenorientierter/Kompetenzbasierter Ansatz

3.2.1 Grundlegungen

Grundgedanke des ressourcenorientierten Ansatzes ist es, daß strategische Vorteile nicht in Ergebnisvorteilen gesucht werden sollen, sondern in den Ressourcen und Fähigkeiten[1)], die es geschickt und effizient zu kombinieren gilt[2)]. Es wird damit ein Management erforderlich, daß sich auf die Gestaltung von Ressourcen und Fähigkeiten konzentriert, um auf diese Weise ein Wissen[3)] zu erwerben, das dem Wettbewerber verborgen bleibt („tacit knowledge“[4)]) und so zu schwer erodierbaren Vorteilen verhilft. Damit stellt sich zunächst die Frage nach der Abgrenzung von Ressourcen und Fähigkeiten[5)]. Krüger/Homp vertreten dabei die Auffassung, daß das, was in einer konkreten Betrachtung als Ressource oder Fähigkeit zu betrachten sei, in einer systemtheoretischen Sicht von der jeweiligen Referenzebene abhänge[6)]. Dieser Vorgehensweise soll nicht gefolgt werden. **Ressourcen** gehören in einer produktionswirtschaftlichen Betrachtung zur Kategorie der Potentialfaktoren[7)], die letztlich durch ihre quantitativen und qualitativen Komponenten beschrieben werden. In dieser Perspektive stellen dann die **Fähigkeiten** die qualitative Komponente eines Potentialfaktors, d.h. einer Ressource,

---

1) So unterscheidet Grant (1991, S. 118 ff.) zwischen Ressources und Capabilities, wobei erstere Inputfaktoren sind, die unmittelbar zur Wertschöpfung beitragen, während letztere die Fähigkeiten umfassen, die Ressourcen optimal zu bündeln und erfolgsmaximierend einzusetzen. Diese Vorgehensweise erinnert durchaus an Gutenberg (1971, S. 2 ff.), der zwischen elementaren und dispositiven Produktionsfaktoren unterscheidet. In einer weiteren Veröffentlichung differenziert Grant (1995, S. 121 ff.) zwischen tangiblen, intangiblen und menschlichen Ressourcen, wobei diese Abgrenzung zahlreiche Überschneidungen aufweist und damit letztlich unscharf bleibt.

2) Vgl. Krüger/Homp (1996a, S. 3); Thiele (1997, S. 44 f. und S. 71); Zehnder (1997, S. 28 ff.).

3) Krogh/Venzin (1995, S. 417 ff.) weisen auf die Bedeutung des Wissens als Ressource für potentielle Wettbewerbsvorteile hin. Damit greifen die Autoren auf Wittmann (1977) und Schröder (1973) zurück, die frühzeitig „Wissen“ als einen spezifischen Produktionsfaktor betrachtet haben.

4) Vgl. Rasche (1994, S. 96).

5) Demgegenüber verwendet Thiele (1997, S. 71) die Begriffe Kompetenz und Fähigkeit synonym.

6) Vgl. Krüger/Homp (1996b, S. 11).

7) Dies gilt ebenfalls für die volkswirtschaftliche Ebene.

dar. Dies wird vor allem dann deutlich, wenn auf die individuellen Fähigkeiten einer Person in der Form von Wissen und Können abgestellt wird[1].

Dabei handelt es sich nicht um die Ressourcen, die für die Unternehmungen leicht und weitgehend über die Märkte zu beschaffen sind, da diese kaum zu einer dauerhaften Unterschiedlichkeit von Unternehmungen und darauf aufbauenden Wettbewerbsvorteilen beizutragen vermögen. Folglich handelt es sich um Ressourcen, die nicht ohne weiteres für die Unternehmungen zugänglich sind, d.h. um **Ressourcen** mit **„strategischem Wert"**, wie dies vor allem bei intangiblen Faktoren (z.B. Patenten, Know-how) der Fall ist.[2]

Eine Unternehmung als einen Komplex von Ressourcen zu betrachten, stellt jedoch keine grundsätzlich neue Sichtweise dar, sondern lediglich eine Aufnahme und Reformulierung bekannter Ideen in der Ökonomie, wobei insbesondere auf die Werke von Chamberlin[3], Penrose[4] und Schumpeter[5] zu verweisen ist.

Der ressourcenorientierte Ansatz geht von der Annahme aus, daß überdurchschnittliche Gewinne und Wettbewerbsvorteile letztlich aus unterschiedlichen **Faktorausstattungen** stammen, die aus der geschichtlichen Entwicklung der Unternehmung resultieren, d.h. ihre eigentliche Quelle die Ressourcen sind[6]. Dabei ist der ressourcenorientierte Ansatz als ein „Dach" zu verstehen, das alle Ansätze und Modelle erfaßt, die auf dem Versuch basieren, den Erfolg von Unternehmungen auf die Existenz von (einzigartigen) Ressourcen zurückzuführen[7]. Dies zeigt aber auch, daß es bisher keine geschlossene Gesamtdarstellung gibt, wobei insbesondere die terminologische Vielfalt und die damit einhergehende uneinheitliche Begriffsverwendung zu nennen sind[8]. Weitgehende Einigkeit herrscht hingegen

1) Vgl. Krüger/Homp (1996b, S. 11).

2) Vgl. Friedrich (1995a, S. 327); Rasche/Wolfrum (1994, S. 503); ferner Bamberger/Wrona (1996, S. 132 f.), die zwischen physischen, intangiblen, finanziellen und organisatorischen Ressourcen differenzieren. Grant (1991, S. 118 ff.) unterscheidet sechs Kategorien: financial, physical, human, technological, organizational resources und reputation.

3) Vgl. Chamberlin (1935).

4) Vgl. Penrose (1959).

5) Vgl. Schumpeter (1934).

6) Vgl. Bamberger/Wrona (1996, S. 131 f.).

7) Vgl. Rasche/Wolfrum (1994, S. 502).

8) Vgl. Buchholz/Olemotz (1995, S. 15).

darüber, daß die größte Bedeutung nicht den geschäftsfeldspezifischen Ressourcen zukommt, wie dies etwa Rumelt[1)] hervorhebt, sondern den Ressourcen, die einen „unternehmungsumspannenden" Charakter aufweisen[2)].

Um auf der Grundlage von Ressourcen langfristig Wettbewerbsvorteile zu erreichen und zu sichern, müssen die folgenden **Prämissen** erfüllt sein[3)]:

- Die **Ressourcen müssen einen Wert besitzen**, d.h. Effizienz und Effektivität der Unternehmung verbessern.
- Die **Ressourcen müssen knapp** sein, d.h., es muß eine begrenzte Verfügbarkeit (rareness, access barriers) gegeben sein. Dies impliziert, daß die Ressource am Markt nicht frei verfügbar ist, wofür
  -- einerseits eine hohe Unternehmungsspezifität der Ressource[4)] und
  -- anderseits der unvollkommene oder fehlende Faktormarkt

  verantwortlich sein kann. Durch den unvollkommenen Markt wird für die Konkurrenz eine Intransparenz erzeugt, die es ihr schwierig macht abzuschätzen, ob ein Transfer zweckmäßig ist[5)].
- Die mangelnde **Imitierbarkeit** (imperfectly imitable) kann durch folgende Faktoren bewirkt werden:
  -- die Ressource ist das Ergebnis der jeweiligen Unternehmungsentwicklung oder entsteht durch die Einbindung in eine Unternehmung,
  -- durch kausale Ambiguitäten, d.h. Ungewißheit über die kausalen Zusammenhänge zwischen Ressourcen und ökonomischen Rückflüssen (diffuse Zusammenhänge),
  -- durch eine hohe Komplexität, z.B. durch die synergetische Zusammenfassung von Ressourcen[6)], oder

1) Vgl. Rumelt (1991, S. 167 ff.).

2) Vgl. Rasche/Wolfrum (1994, S. 511).

3) Vgl. Bamberger/Wrona (1996, S. 135 ff.); Barney (1991); Buchholz/Olemotz (1995, S. 18 f.); Knyphausen (1993, S. 776); Krüger/Homp (1996b, S. 8 f.); Rasche/Wolfrum (1994, S. 503 ff.); Steinle/Bruch/Nasner (1997, S. 2 f.); Thiele (1997, S. 46 ff.).

4) Hierdurch ist die Ressource für die Konkurrenz wenig attraktiv, weil die „switching costs" zu hoch sind.

5) Demgegenüber besagt die Resource-Dependence-Theorie, daß eine Unternehmung nur dann lebensfähig ist, wenn sie Zugriff auf für sie relevante Ressourcen hat, die nicht zu ihrem Verfügungsbereich gehören. Vgl. Plinke (1989); Rieker (1995).

6) Vgl. Steinle/Bruch/Nasner (1997, S. 2 f.)

-- durch einen erlangten Schutz, etwa in der Form eines Patentes (Verfügungsrecht über knappe Ressourcen).

Diese Faktoren konstituieren letztlich Isolierungsmechanismen (barriers to imitation), die vor einer Imitation durch die Konkurrenten schützen. Die Nichtimitierbarkeit wird damit durch die Vergangenheitsentwicklung einer Unternehmung und die Interdependenzen von Ressourcen maßgeblich beeinflußt.

- Die **Nichtsubstituierbarkeit** (lacking substitute), die etwa aus der Einmaligkeit einer Ressource resultiert, kann von einer Unternehmung am wenigsten beeinflußt werden. Zudem läßt sich das Substitutionspotential der Wettbewerber nur schwer abschätzen. Der Schutz vor Substituierbarkeit ist dann tendenziell hoch, wenn durch die Zusammenfassung mehrerer Ressourcen eine einmalige Ressource gebildet werden kann.

Aus diesen Überlegungen resultieren letztlich die

- Einzigartigkeit und
- Ausdifferenzierung

der Unternehmungsressourcen. Dies impliziert eine Ressourcenheterogenität, die sich in einer **asymmetrischen Ressourcenallokation** niederschlägt[1)].

Die Vertreter des ressourcenorientierten Ansatzes gehen von der grundlegenden Annahme aus, daß ein dauerhafter Wettbewerbsvorteil nur auf einer unternehmungsspezifischen Ressourcenbasis möglich ist, die dadurch für den strategischen Erfolg primäre Bedeutung[2)] erlangt. Die Unternehmung wird somit als ein spezifisches **Bündel von Ressourcen** interpretiert. Ein entscheidender Unterschied zur marktorientierten Sicht ist folglich darin zu sehen, daß nicht mehr die Positionierung im Markt den Ausgangspunkt für den Bedarf an Ressourcen bildet, sondern daß ein Ressourcenpotential aufgebaut wird, das dann eine günstige Positionierung im Markt ermöglicht. Rühli formuliert dies pointiert und treffend: „Der strategische Denkprozeß wird umgekehrt."[3)]

Der ressourcenorientierte Ansatz stellt jedoch keine in sich geschlossene Theorie dar, sondern vereinigt unterschiedliche Überlegungen[4)]. So hat Wernerfelt den ressourcenorientierten Ansatz aufgegriffen und versucht, diesen unter Zuhilfenahme

1) Vgl. Rasche (1993, S. 425).

2) Vgl. Friedrich (1995a, S. 326); Rühli (1995, S. 94).

3) Rühli (1995, S. 94).

4) Vgl. Friedrich (1995a, S. 326).

des Konzeptes der Kernkompetenzen zu operationalisieren[1]. Insofern stellt der **Kernkompetenzansatz** eine Weiterentwicklung des ressourcenorientierten Denkens dar[2]. Auch Rühli sieht einen solchen Zusammenhang, wenn er betont, daß eine Unternehmung, die die Auswahl und Kombination ihrer Ressourcen in besserer, originellerer und schnellerer Weise vornimmt als die Konkurrenz, sogenannte Kernfähigkeiten (Core Competencies) schafft[3]. Damit stellt sich die Frage, was unter Kernkompetenzen zu verstehen ist[4]. Gemeinsam ist den meisten Definitionsvorschlägen, daß es sich bei **Kernkompetenzen** um ein einzigartiges Bündel von Fähigkeiten und Technologien handelt, die es einer Unternehmung ermöglichen, Wettbewerbsvorteile zu erlangen[5]. Sie stellen die „Wurzeln" der Wettbewerbsfähigkeit dar, während die Produkte die „Früchte" dieser Wettbewerbsfähigkeit sind[6]. Kernkompetenzen erlangen folglich einen besonderen strategischen Stellenwert. Hinter diesem Ansatz steckt darüber hinaus die Überzeugung, daß eine Orientierung an den Kundenbedürfnissen und Märkten langfristig keine erfolgreiche Strategie garantiere, da diese ständigen Veränderungen unterliegen und eine einseitige marktliche Orientierung lediglich Projekte mit geringem Innovationsgrad hervorbringe[7]. Um von Kernkompetenzen sprechen zu können, müssen die folgenden **Voraussetzungen** erfüllt sein[8]:

- Sie müssen einen überdurchschnittlichen Beitrag zu dem von Kunden wahrgenommenen Nutzen leisten.
- Die zugrundeliegende Fähigkeit muß im Wettbewerb einzigartig sein.
- Die Kompetenz muß das Merkmal der Ausbaufähigkeit besitzen, d.h. Nährboden für eine Fülle neuer Produkte sein.

---

1) Vgl. Wernerfelt (1984, S. 171).

2) Vgl. Krüger/Homp (1996a, S. 11 ff.), die die Kerneigenschaften als Bindeglied zwischen Ressourcen und Markt auffassen. Thiele (1997, S. 66 ff.) sieht im Kernkompetenzansatz ein Derivat des Ressourcenansatzes.

3) Vgl. Rühli (1995, S. 94).

4) Vgl. hierzu auch den Literaturüberblick bei Thiele (1997, S. 67 ff.).

5) Vgl. Friedrich (1995b, S. 88); Hamel/Prahalad (1994, S. 199 und 1995, S. 302); Hinterhuber u.a. (1996, S. 73); Stalk (1992, S. 28).

6) Vgl. Hamel/Prahalad (1995, S. 306).

7) Vgl. Osterloh (1994, S. 50).

8) Vgl. Friedrich (1995b, S. 88); Hamel/Prahalad (1995, S. 309 ff.). Dabei kann weiter zwischen Kernfunktionen, Kerngeschäften und Kernprozessen (funktionsübergreifende Prozesse) unterschieden werden. Vgl. Krüger/Homp (1997, S. 71 f.).

Damit wird deutlich, daß Kernkompetenzen sich auf die Ebene der Gesamtunternehmung[1)] beziehen und letztlich das Ergebnis langfristiger Lernprozesse sind[2)]. Sie stellen eine Plattform[3)] dar, die einen Zugang zu einer Vielzahl von Produkten und Märkten eröffnet. **Beispiele für erfolgreiche Kernkompetenzen** sind[4)]:

- WAL-MART: Diese amerikanische Einzelhandelskette weist als Kernkompetenz die Beherrschung eines einzigartigen Güterumschlagsystems auf (Cross-Docking), wohinter sich eine Logistikfähigkeit verbirgt, durch die eine Just-in-Time-Belieferung zwischen den Lagern und Warenhäusern realisiert wird, die in zeitlicher und kostenmäßiger Hinsicht den Konkurrenten überlegen ist[5)].
- SONY: Kernkompetenz ist die Miniaturisierung, die dann in unterschiedliche Produkte wie Notebook, Camcorder, Walkman, Mini Disk etc. einfließt.
- HONDA: Die Kernkompetenz liegt in dem Bereich der Kleinmotorenherstellung für Autos, Motorräder, Rasenmäher etc. Darüber hinaus führen Stalk/Evans/Shulman[6)] spezielle Fähigkeiten im Vertrieb an, die sich im Umgang mit und der Beziehung zu den Händlern niederschlagen („Dealer Management")[7)].

---

1) Auf die Gefahren einer Ausrichtung der Kernkompetenzen auf einzelne strategische Geschäftsbereiche weist Rühli (1995, S. 102) hin, der in diesem Zusammenhang von einer „Geschäftsbereichsfalle" spricht: „Die auf ihren eigenen Erfolg ausgerichteten und am Eigeninteresse orientierten SBUs werden nur jene Kompetenzen entwickeln, die ihnen direkt nützen. Gemeinsame Kernkompetenzen für mehrere Divisionen (Rivalen im internen Allokationskampf!) interessieren sie wenig."

2) Damit erlangt die Erfahrungskurve auch in diesem Ansatz eine grundlegende Bedeutung. Eine andere Möglichkeit zum Erwerb von Kernkompetenzen stellen strategische Allianzen dar. Vgl. Rasche (1993, S. 426); ferner Hinterhuber u.a. (1996, S. 70) und Prahalad/Hamel (1991, S. 69), die explizit von kollektiven Lernprozessen sprechen.

3) Vgl. Friedrich (1995a, S. 329).

4) Vgl. z.B. Buchholz/Olemotz (1995, S. 16 f.); Bühner (1992b, S. 153); Friedrich (1995a, S. 329); Knafl (1995, S. 95 ff.); Prahalad/Hamel (1991, S. 67 ff.).

5) Die Warenhäuser werden zweimal pro Woche in weniger als 48 Stunden beliefert, was durch ein EDV- und Kommunikationssystem, das per Satellit und Videokonferenz sämtliche Häuser miteinander verbindet, einen veränderten Umgang mit Lieferanten und Kunden und durch eine flexibel einsetzbare LKW-Flotte (2000 LKWs) erreicht wird.

6) Vgl. Stalk/Evans/Shulman (1992, S. 57 ff.).

7) Hierzu zählen: Schulung und Unterstützung der Händler, spezielle Vertriebs- und Verkaufsaktionen, Fahrzeugpräsentation und Serviceabwicklung. Dies zeigt gleichzeitig, daß eine Unternehmung mehrere Kernkompetenzen haben kann. Hamel/Prahalad (1995, S. 308) erachten 5-15 Kernkompetenzen für eine Unternehmung als die richtige Größe, ohne dies jedoch näher zu begründen.

- CANON: Die Kernkompetenz ergibt sich aus der Kombination von Feinmechanik, Feinoptik und Mikroelektronik.

Diese Beispiele zeigen, daß Kernkompetenzen für den Nachfrager „unsichtbar" sind. Für den Kunden ist es letztlich irrelevant, ob die Kernkompetenz aus der besonderen Qualifikation der Mitarbeiter oder aus einer Verfahrenslizenz resultiert[1], d.h., letztlich müssen nur die Ergebnisvorteile sichtbar sein, woraus auch ein Schutz vor Imitation resultiert.[2]

Kernkompetenzen werden darüber hinaus häufig in eine hierarchische Struktur gebracht, so daß sich eine sogenannte **Kompetenzpyramide** ergibt, die in Abbildung 49 dargestellt ist[3].

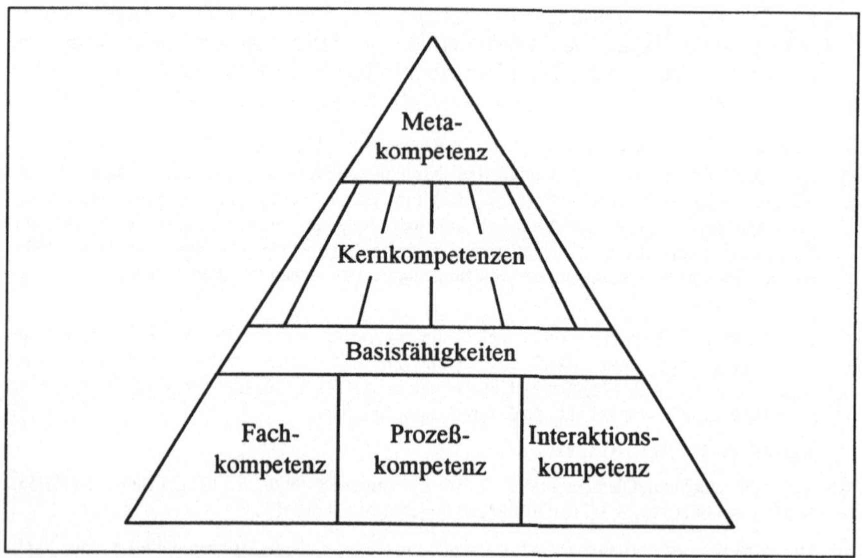

Abb. 49: Kompetenzpyramide

1) Dies gilt in dieser allgemeinen Form nicht bei personenbezogenen Dienstleistungen.

2) Vgl. Krüger/Homp (1997, S. 34).

3) Vgl. Hamel/Prahalad (1995, S. 308); Reiß/Beck (1995a, S. 38 f.); Steinle/Bruch/Nasner (1997, S. 4).

Dabei wird unter **Metakompetenz** die Kompetenz verstanden, die zur Erlangung von Kernkompetenzen dient[1)], die auch als „Dynamic Capabilities" bezeichnet werden. Kernkompetenzen sind letztlich die Resultante dieser „Dynamic Capabilities", die auf der Fähigkeit beruhen, zu lernen, Ressourcen zu koordinieren und Abläufe zu organisieren[2)]. Die Metakompetenz stellt sich folglich als die Fähigkeit zur geplanten Evolution dar[3)].

Eine andere Vorgehensweise, die auf Lado/Boyd/Wright zurückgeht, spezifiziert den Kompetenzbegriff auf der Grundlage der Wertschöpfungskette, wie dies in Abbildung 50 dargestellt ist[4)].

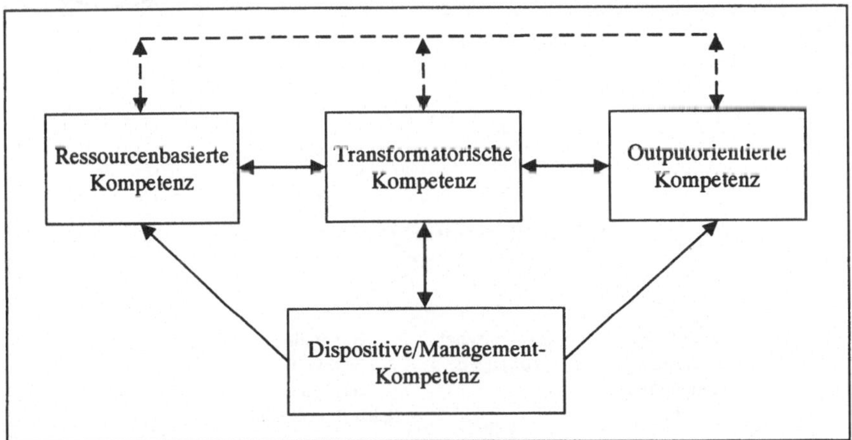

Abb. 50: Kompetenzstruktur nach Lado/Boyd/Wright

Diese Darstellung, die der Managementkompetenz eine Art „Klammerfunktion" zuerkennt, durch die sie entscheidenden Einfluß auf das „Zusammenspiel" der übrigen Kompetenzarten hat, weist deutliche Parallelen zum produktionstheoreti-

1) Vgl. Zahn (1995, S. 364 f.); Osterloh/Frost (1996, S. 151) sprechen von dynamischer Kernkompetenz.

2) Vgl. Friedrich (1995a, S. 330).

3) Vgl. Krüger/Homp (1997, S. 42 ff.).

4) Vgl. Lado/Boyd/Wright (1992, S. 82).

schen Paradigma von Gutenberg[1)] auf. Aufbauend auf diesen Gedanken und dem Ansatz von Krüger/Homp[2)] läßt sich dann die folgende Struktur entwickeln.

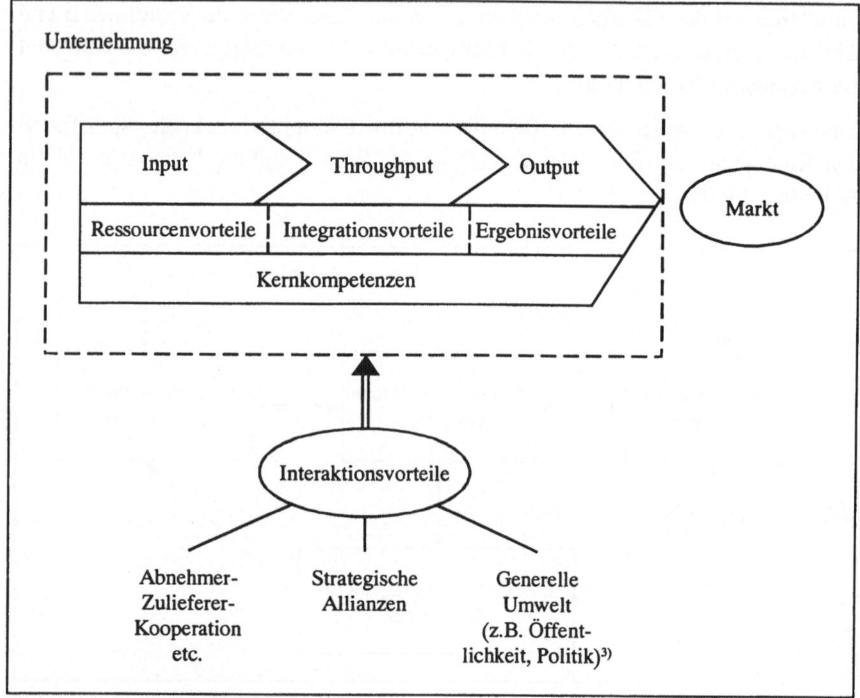

Abb. 51: Erweiterte Kompetenzstruktur

1) Vgl. Gutenberg (1971, S. 2 ff.).

2) Vgl. Krüger/Homp (1996b, S. 5 ff.).

3) Hierauf weisen Krüger/Homp (1996b, S. 4) hin: „Letztlich spielt sich auch im außermarktlichen Bereich eine Form von Wettbewerb ab. Es herrscht z.B. eine ausgeprägte Konkurrenzbeziehung um öffentliches Ansehen und staatliche Förderungsmaßnahmen. Eine Unternehmung versucht dabei, Wettbewerbsvorteile in ihrer Position bei den unterschiedlichen Anspruchsgruppen zu erlangen. Kernkompetenzen sind somit als unternehmungsspezifische Ursache für marktliche und außermarktliche Wettbewerbsvorteile zu begreifen." Ebenso beeinflussen Akzeptanz und Glaubwürdigkeit in der Öffentlichkeit die Erfolgsposition von Unternehmungen.

Einen anderen, aber ebenfalls hierarchischen Weg schlagen Krüger/Homp[1] ein, indem sie

- Kompetenzen 1. Ordnung,
- Kompetenzen 2. Ordnung und
- Kompetenzen 3. Ordnung

unterscheiden. Wesentliche Kriterien, die in diesem Kontext herangezogen werden, sind einerseits

- die Dauerhaftigkeit und anderseits
- die Transferierbarkeit.

Transferierbarkeit meint in diesem Zusammenhang, eine Kompetenz aus einem strategischen Geschäftsfeld in ein anderes zu übertragen.

Kompetenzen 1. Ordnung zielen auf die Wettbewerbsfähigkeit und sichern das Überleben im Markt. Die Wettbewerbsfähigkeit bringt dabei aber nur zum Ausdruck, daß eine Unternehmung in der Lage ist, im Branchenwettbewerb mitzuhalten, d.h., sie bewegt sich auf dem Niveau des Branchendurchschnitts. Demgegenüber sind **Kompetenzen 2. Ordnung** dazu geeignet, Wettbewerbsvorteile zu erreichen, wobei ihnen nichtimitierbare Kompetenzen zugrunde liegen. Kompetenzen 2. Ordnung sind damit dauerhaft. **Kompetenzen 3. Ordnung** stellen die begriffliche Essenz des Kernkompetenzansatzes dar. Sie sind dadurch charakterisiert, daß sie sich auf andere strategische Geschäftsfelder übertragen lassen (wie z.B. die Kernkompetenz Motorenherstellung). Nur sie sind letztlich eine geeignete Basis für einen langfristigen Unternehmungserfolg.

Wird nun auf die generischen Wettbewerbsstrategien von Porter zurückgegriffen, dann lassen sich Kernkompetenzen hiermit durchaus in Verbindung bringen. So kann sich die Kernkompetenz etwa in einer

- Kostenkompetenz[2] oder in einer
- Qualitätskompetenz (Differenzierungskompetenz[3])

niederschlagen und damit als Grundlage für die generischen Strategieoptionen dienen.

1) Vgl. Krüger/Homp (1996b, S. 9 ff.).

2) Kostenkompetenzen sind jedoch häufig leicht imitierbar.

3) Vgl. Krüger/Homp (1996a, S. 16).

3.2.2 Managementzyklus von Kernkompetenzen

Wie jeder Managementprozeß läßt sich auch das Kernkompetenzmanagement in einzelne Phasen aufteilen. Abbildung 52 gibt eine mögliche Aufteilung nach Krüger/Homp wieder[1].

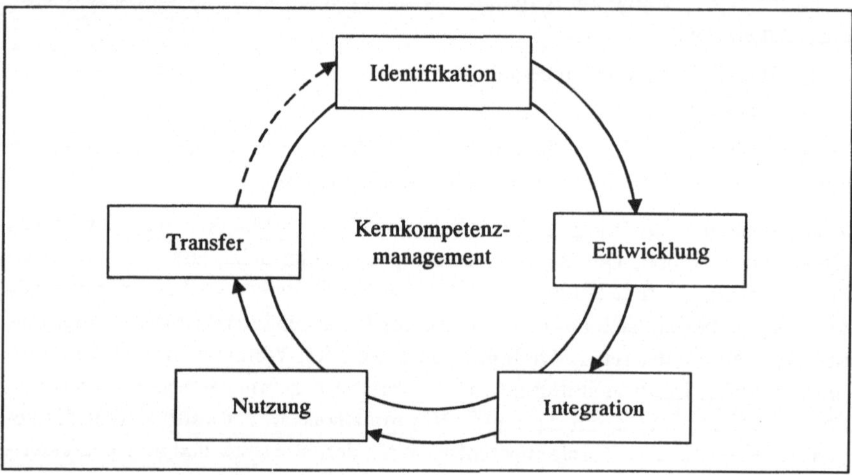

Abb. 52: Zyklus des Kernkompetenzmanagement

Ausgangspunkt des **Kernkompetenzmanagement** bildet die Identifikation, d.h. die Bestimmung der relevanten Kernkompetenzen[2]. Dabei können die folgenden Fragen eine Orientierungshilfe bieten:

- Was können wir überhaupt?
- Was können wir besser als die Konkurrenten?
- Worauf läßt sich unser Können übertragen?

Da sich die Identifikation von Kernkompetenzen äußerst schwierig gestaltet, wird die Bildung von „Kompetenz-Identifikationsteams" empfohlen[3], in die nicht nur Mitarbeiter unterschiedlicher Bereiche, sondern auch Lieferanten und Kunden

1) Vgl. Krüger/Homp (1997, S. 93).

2) Vgl. Krüger/Homp (1997, S. 92 ff.).

3) Vgl. Thiele (1997, S. 77 ff.).

(z.B. über Befragungen) sowie sogenannte „Schlüsselpersonen" einzubeziehen sind[1], wobei als Instrumente Kreativitätstechniken (z.B. Brainstorming, Delphi-Methode) und Szenario-Analysen eingesetzt werden können. In der Phase der Entwicklung geht es einerseits darum, existente Kernkompetenzen zu festigen und auszubauen und anderseits um das Hervorbringen neuer Kompetenzen (Kompetenzinnovationen). Im Rahmen der Integration erfolgt die zielgerichtete Bündelung der Kompetenzen mit dem Ziel, die identifizierten Stärken optimal zu nutzen. Hierzu zählen Maßnahmen, die darauf gerichtet sind, Prozesse abzustimmen, Aktivitäten in Prozesse zu integrieren bis hin zu Abstimmungen mit externen Marktpartnern. Die Nutzung verfolgt dann das Ziel, die Kompetenzen am Markt ökonomisch auszuschöpfen. Als letzte Phase, die gleichzeitig den Beginn eines neuen Zyklus darstellt, ist die Transferphase zu nennen. Ihre Aufgabe ist es, die Kernkompetenzen auf andere Produkte, Kunden und Regionen zu übertragen, ein Sachverhalt, der bereits als konstitutiv für Kernkompetenzen herausgestellt wurde.

Dieser Managementzyklus läßt sich darüber hinaus mit dem **Produktlebenszyklusmodell** verbinden, wobei hervorzuheben ist, daß Kernkompetenzen einen längeren Lebenszyklus aufweisen als Produkte[2]. Abbildung 53 gibt diese Verbindung auf der Grundlage des integrierten Produktlebenszyklusmodells wieder[3].

Die Darstellung zeigt dabei nicht nur die Bedeutung einer vormarktlichen Betrachtung, sondern darüber hinaus, daß die einzelnen Phasen des **Kernkompetenzzyklus** sich überlappen und damit auch entsprechend zu handhaben sind. Hierfür bietet sich z.B. das Simultaneous Engineering an[4], das

- einerseits dem Zeitmanagement und
- anderseits der Verzahnung der einzelnen Phasen

Rechnung trägt.

1) Vgl. Boos/Jarmai (1994, S. 20 ff.).

2) Für technologiebasierte Kernkompetenzen sei auf das S-Kurven-Konzept verwiesen.

3) In Modifikation von Krüger/Homp (1997, S. 95).

4) Vgl. Corsten (1995b, S. 868 ff.).

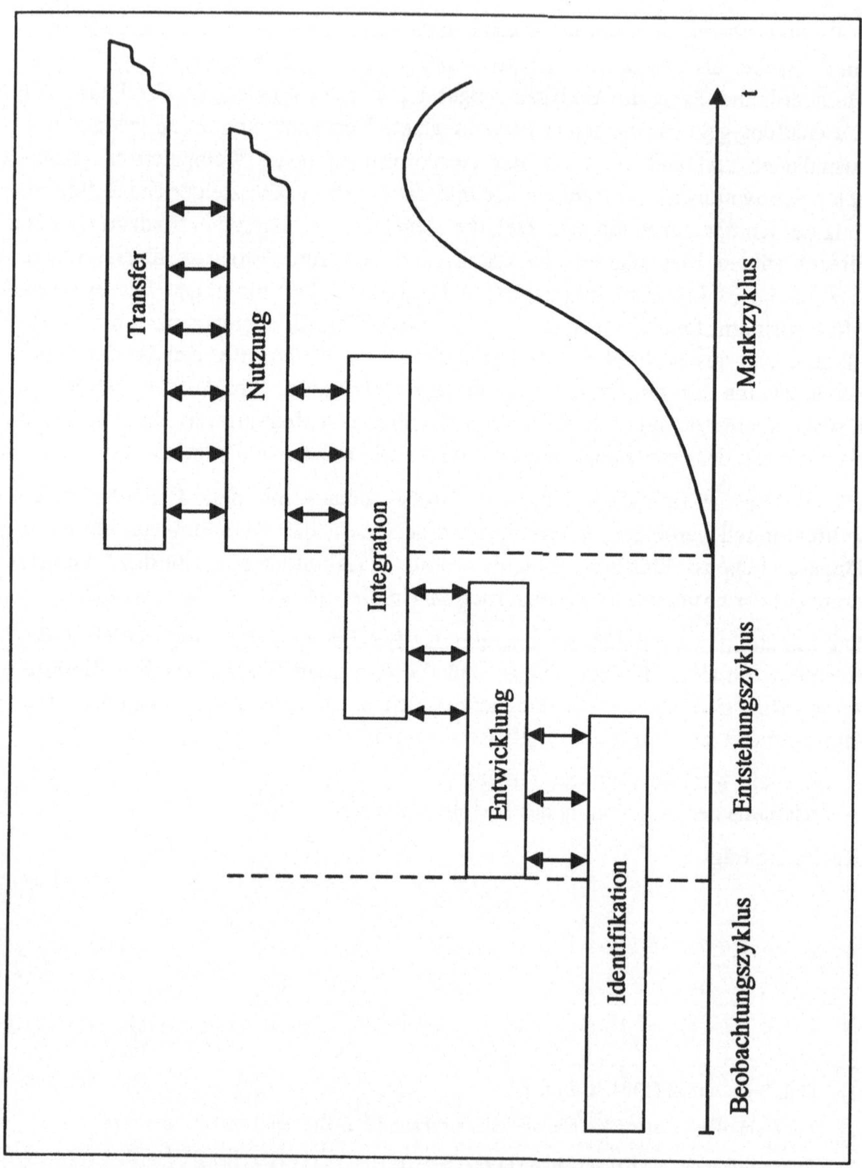

Abb. 53: Kernkompetenzmanagement im Produktlebenszyklus

3.2.3 Kompetenzportfolio-Konzepte

Hinsichtlich der Entwicklung von Kernkompetenzen kann letztlich nur auf das „organisationale Lernen" verwiesen werden, woraus dann die Forderung ableitbar ist, die Lernbereitschaft und -fähigkeit einer Unternehmung zu erhöhen[1], wobei als Grundlage eine Positionierung der Kernkompetenzen notwendig ist, um dann darauf aufbauend Handlungsempfehlungen zu formulieren. Dabei hat sich die Portfoliomethode durchgesetzt, so daß entsprechende Portfolios für Kernkompetenzen, auch **Kompetenz-Produkt-Matrix** genannt, entwickelt wurden. Grundlage bildet dabei die Vorgehensweise von Hamel/Prahalad[2] (vgl. Abbildung 54).

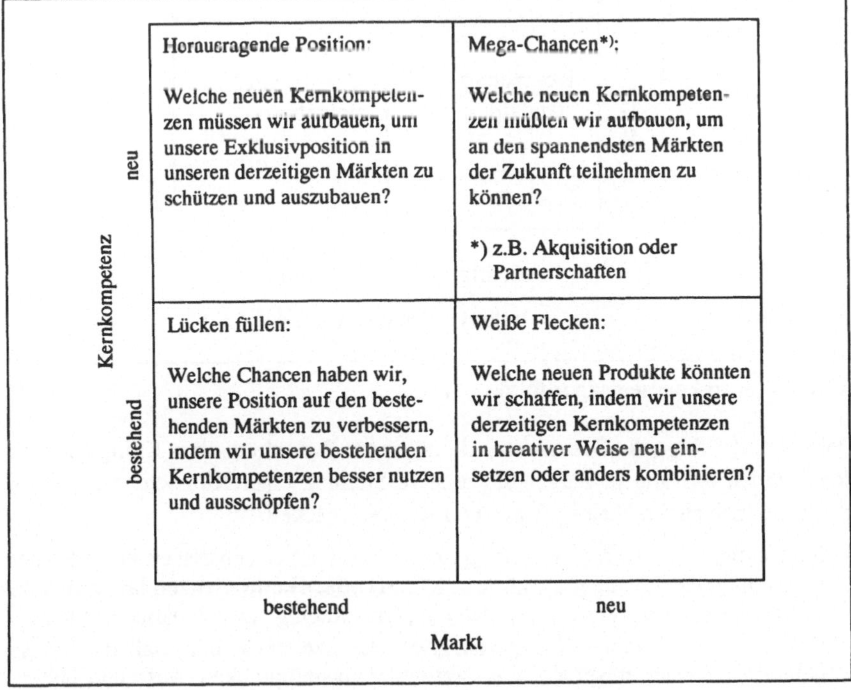

Abb. 54: Kompetenz-Produkt-Matrix nach Hamel/Prahalad

1) Vgl. Friedrich (1995a, S. 336).

2) Vgl. Hamel/Prahalad (1995, S. 341).

Diese Kompetenz-Produkt-Matrix stellt damit primär Fragen und gibt weniger Hinweise darauf, welche strategischen Handlungsempfehlungen in den jeweiligen Feldern relevant sein können. Dieser Frage gehen Hinterhuber/Stuhec nach, indem sie den Ansatz von Hamel/Prahalad modifizieren[1] (vgl. Abbildung 55).

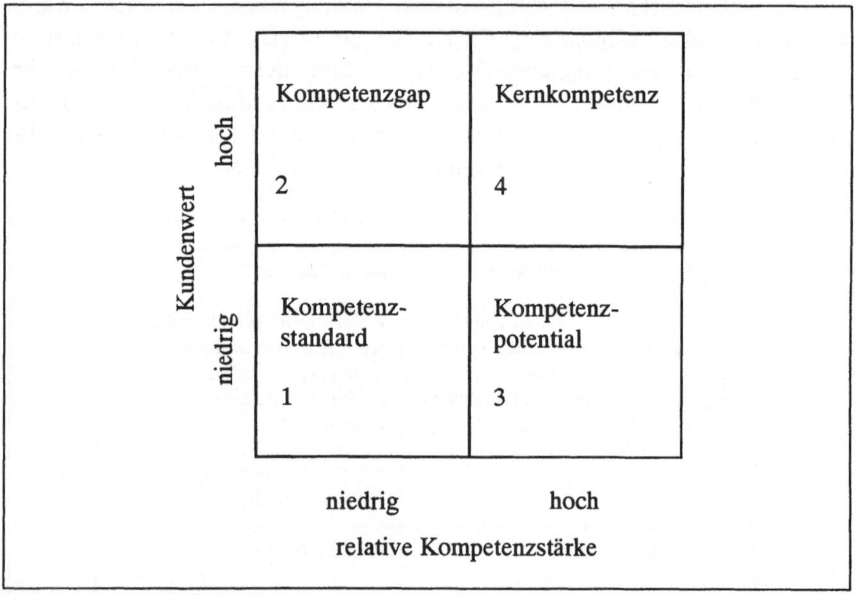

Kundenwert	relative Kompetenzstärke: niedrig	relative Kompetenzstärke: hoch
hoch	Kompetenzgap 2	Kernkompetenz 4
niedrig	Kompetenz-standard 1	Kompetenz-potential 3

Abb. 55: Kernkompetenzportfolio

Dabei gilt der folgende **Grundsatz**: „Je höher die Bedeutung einer Kompetenz für den Kundenwert und je stärker die relative Stellung einer Kompetenz ist, desto eher muß man sie im Hause pflegen und weiterentwickeln."[2]

- Feld 1 dient der Aufrechterhaltung des „normalen" Geschäftsbetriebs oder der Abrundung des Leistungsspektrums. Mit **Standardkompetenzen** läßt sich kein Wettbewerbsvorteil erzielen, so daß ein „Outsourcing" zweckmäßig erscheint.
- Feld 2 ist durch einen **Kompetenzgap** gekennzeichnet, d.h., daß die Unternehmungen nach entsprechender Verbesserungsmöglichkeit Ausschau halten.

1) Vgl. Hinterhuber/Stuhec (1997, S. 8 ff.); vgl. ferner Thiele (1997, S. 84 ff.).

2) Hinterhuber/Stuhec (1997, S. 10).

Es ist eine selektive Vorgehensweise angezeigt, d.h., die Alternativen „In-/ Outsourcing" sind gegeneinander abzuwägen.
- Feld 3 zeichnet sich dadurch aus, daß das **Kompetenzpotential** der Marktentwicklung angepaßt werden muß, wobei auch hierbei, analog zu Feld 2, eine selektive Vorgehensweise angezeigt ist.
- Feld 4 zeigt die **eigentlichen Kernkompetenzen**, die es zu pflegen und weiterzuentwickeln gilt. Hierbei ist kein „Outsourcing" angezeigt, sondern diese Kompetenzen können nur in der Unternehmung gepflegt werden.

Aufbauend auf den Überlegungen von Ansoff/Leontiades[1)] schlägt Albach[2)] eine mehrstufige Vorgehensweise vor, wobei eine

- Ressourcenmatrix und eine
- Produktmatrix

die Ausgangspunkte bilden, die dann mittels einer Gesamtbeurteilung in eine **Ressourcen-Geschäftsfeld-Matrix** überführt werden. Auf dieser Grundlage ist dann eine Identifikation kritischer Geschäftsfeld-Ressourcen-Kombinationen möglich. Abbildung 56 gibt diesen Ansatz wieder.

Einen Schritt weiter gehen Buchholz/Olemotz[3)], indem sie ein **Geschäftsfeld-Kernkompetenz-Portfolio** aufstellen, d.h., es handelt sich ebenfalls um einen Multifaktorenansatz, der als

- interne Dimension die Ausprägungen der Basiskompetenzen und als
- externe Dimension die von Porter angeführten „Triebkräfte des Wettbewerbs"

heranzieht und damit gleichzeitig ein integratives Anliegen von

- markt- und
- ressourcenorientiertem Ansatz

aufweist. Abbildung 57 gibt dieses Portfolio wieder.

1) Vgl. Ansoff/Leontiades (1976).

2) Vgl. Albach (1978, S. 709 f.).

3) Vgl. Buchholz/Olemotz (1995, S. 31 ff.).

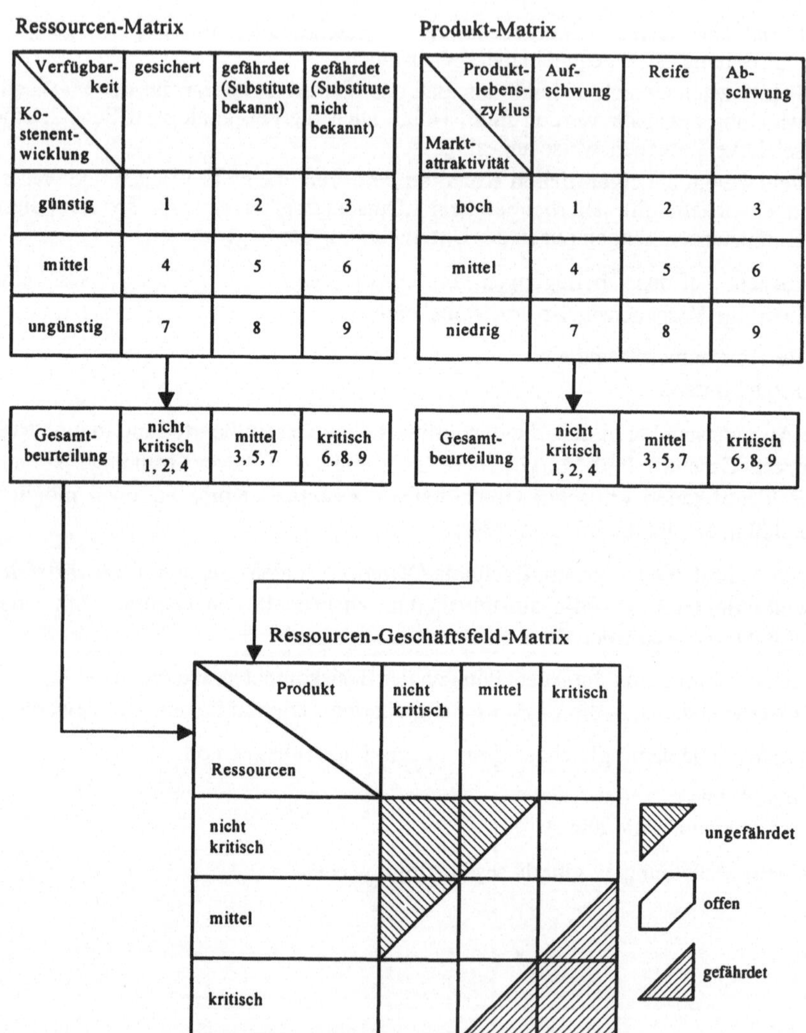

Abb. 56: Ressourcen-Geschäftsfeld-Portfolio

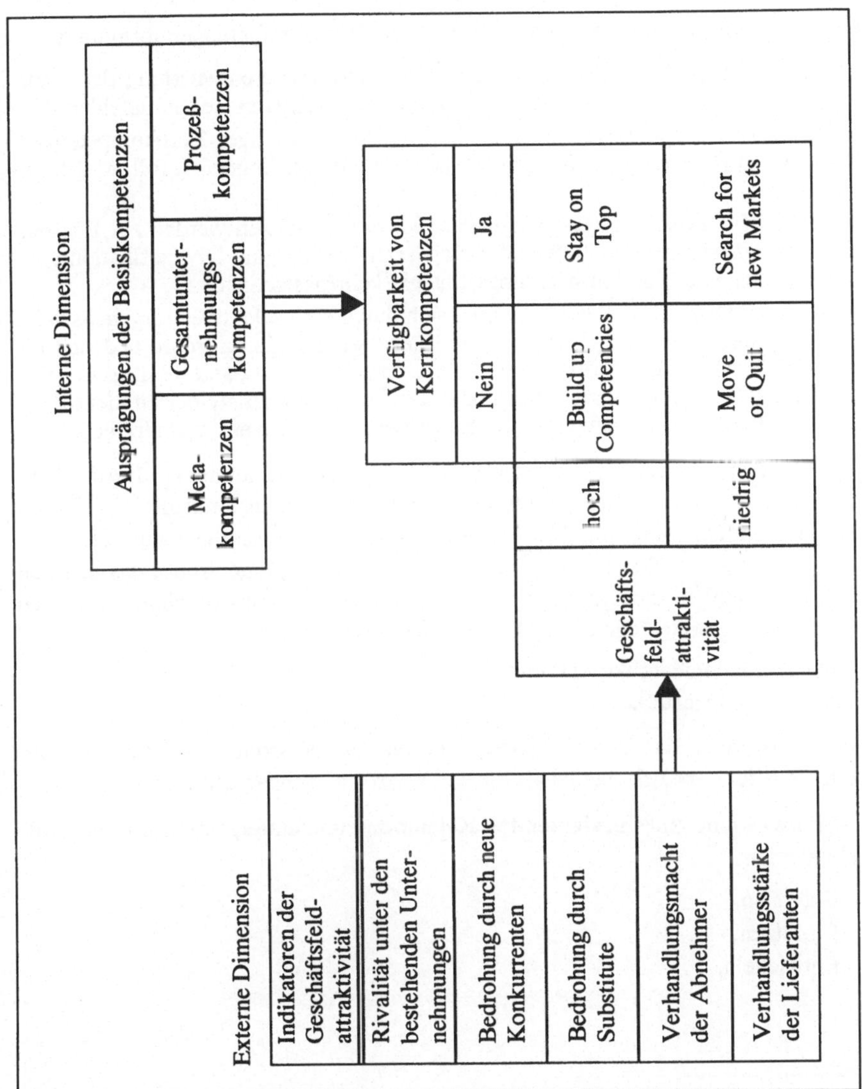

Abb. 57: Geschäftsfeld-Kernkompetenz-Portfolio nach Buchholz/Olemotz

Hieraus werden dann die folgenden feldspezifischen Empfehlungen formuliert:

- **Stay on Top**: Intendiert ist die Sicherung und Weiterentwicklung der Kernkompetenz zur bestmöglichen Bearbeitung der attraktiven Geschäftsfelder.
- **Build up Competencies**: Ziel ist der Aufbau langfristiger Kernkompetenzen, um an attraktiven Geschäftsfeldern partizipieren zu können („follow"-Strategie).
- **Search for new Markets**: Verfügbare Kernkompetenzen werden zur Bearbeitung unattraktiver Geschäftsfelder eingesetzt, so daß eine Diversifikationsstrategie oder eine Marktentwicklungsstrategie[1)] einzusetzen ist.
- **Move or Quit**: Dieses Feld zeichnet sich durch eine selektive Vorgehensweise aus. Während die Quit-Variante eine Rückzugsstrategie erfordert, bedeutet die Move-Variante den Aufbau von Kernkompetenzen, um dann in attraktive Geschäftsfelder eintreten zu können oder attraktive Geschäftsfelder zu identifizieren und dort den Aufbau entsprechender Kernkompetenzen[2)] zu betreiben.

Der Ansatz der Kernkompetenzen geht dabei mit dem Effekt einher, daß der Stellenwert unternehmerischer Funktionsbereiche im Rahmen strategischer Überlegungen deutlich zunimmt. Ein weiterer in diesem Zusammenhang relevanter Aspekt ist das von Pfeiffer u.a.[3)] entwickelte **Technologieportfolio**, das nicht an Produkten oder Produktgruppen anknüpft, sondern an Technologien, die diesen Produkten zugrunde liegen. Als Dimensionen werden dabei

- die Technologieattraktivität und
- die Ressourcenstärke

herangezogen, so daß es sich hierbei auch um eine Ressourcenorientierung handelt, die jedoch spezifischer ist als die des Kernkompetenzansatzes.

Die Entwicklung eines **umfassenden Kernkompetenzmanagement** mit den Aufgabenfeldern

- Erkennen,
- Einsetzen,
- Entwickeln,

1) Vgl. Ansoff (1966, S. 131 ff.).

2) Der Aufbau von Kernkompetenzen kann dabei nach Hamel/Prahalad (1995, S. 299) fünf, zehn oder mehr Jahre dauern.

3) Vgl. Pfeiffer u.a. (1991).

- Erwerben,
- Erhalten und
- Entlernen[1)]

streben Reiß/Beck an[2)].

Das Erkennen setzt zunächst eine Bestandsaufnahme gegebener Kernkompetenzen voraus[3)], um sie dann in einem zweiten Schritt optimal einzusetzen, wobei eine kompetenzbasierte Diversifikation anzustreben ist. Existente Kernkompetenzen müssen darüber hinaus ständig weiterentwickelt werden, wodurch das Kernkompetenzmanagement ein dynamisches Management impliziert. Diese Entwicklung von Kernkompetenzen bedingt ein **integriertes Portfolio-Verbundsystem**, in dem die Interdependenzen zwischen

- Programmstruktur (klassisches Marktportfolio),
- Programmressourcenstruktur (klassisches Kompetenzportfolio) und
- Ressourcenstruktur

aufgezeigt werden, wie dies in Abbildung 58 dargestellt wird[4)].

Im Falle fehlender Kompetenzen sind dann entsprechende Strategien für den Erwerb zu formulieren, wobei hierfür einerseits interne Lernprozesse und anderseits Kooperationen, z.B. in der Form strategischer Allianzen in Frage kommen. Einmal geschaffene Kernkompetenzen sind aber, um sie zu erhalten, zu pflegen. Hierbei sind insbesondere externe Risiken zu beachten, was eines entsprechenden Umwelt-Monitoring bedarf[5)]. Tragen Kernkompetenzen zu keinem Wettbewerbsvorteil mehr bei, dann muß die Unternehmung auch in der Lage sein, sich von überholtem Wissen zu trennen (Entlernen).

1) Vgl. hierzu auch Zehnder (1997, S. 47 ff.).

2) Vgl. Reiß/Beck (1995a, S. 39 ff.).

3) Zu Instrumenten vgl. Steinle/Bruch/Nasner (1997, S. 11 f.), die in diesem Zusammenhang die Interview-Technik, Workshops unter Anwendung der PUZZLE-Methodik, Toolkit und das System von Bewertungsmatrizen vorschlagen. Zum Toolkit vgl. Edge u.a. (1995, S. 201 ff.).

4) Reiß/Beck (1995a, S. 42).

5) Zu einer Auflistung von Risikofaktoren vgl. Reiß/Beck (1995a, S. 43).

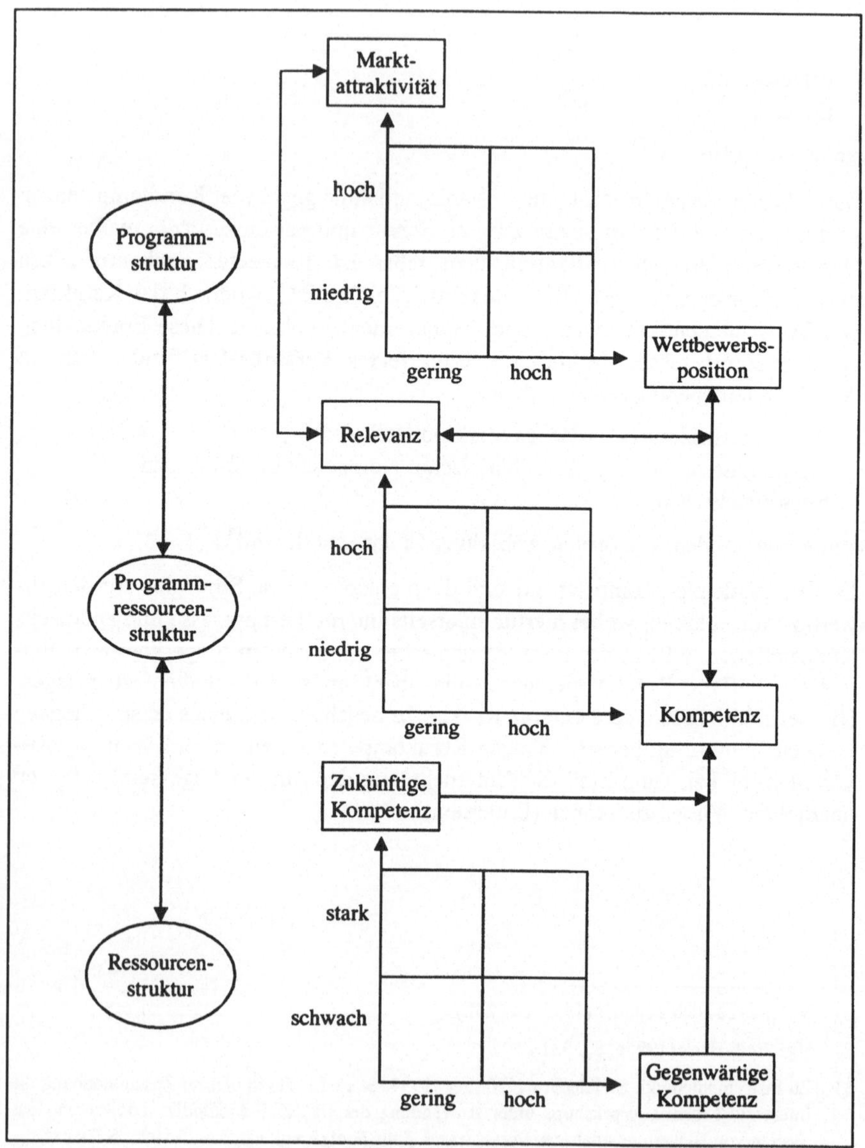

Abb. 58: Portfoliogestütztes Entwickeln von Kernkompetenzen nach Reiß/Beck

Auch wenn das Kernkompetenzkonzept ein einleuchtender Ansatz ist, darf nicht verkannt werden, daß die Entwicklung und Pflege von Kernkompetenzen an Grenzen stößt, ähnlich wie dies etwa beim Konzept der Unternehmungskultur der Fall ist. Eine absolute Gestaltbarkeit der Kernkompetenzen erscheint damit kaum möglich. Ein weiterer Aspekt, der nicht übersehen werden darf, ist darin zu sehen, daß dieser Ansatz ein „strukturkonservatives Konzept“[1)] darstellt, d.h., daß es veränderungsresistent ist, weil nach dem Grundsatz verfahren wird, daß sich das, was sich in der Vergangenheit bewährt hat, auch für die Zukunft eignet und damit als erhaltenswert zu betrachten ist. Gerade hierin ist ein Argument zu sehen, das für eine ergänzende oder komplementäre Betrachtung der Produkt-Markt-Sicht spricht. Der ressourcenorientierte Ansatz soll nicht an die Stelle der Produkt-Markt-Perspektive treten, eine Sichtweise, die von den meisten Autoren[2)], die sich mit Kernkompetenzen beschäftigen, geteilt wird, sondern die interne und die unternehmungsexterne Sicht der Industrieökonomie sollen sich gegenseitig ergänzen[3)], wobei auch ein **situativer Perspektivenwechsel** explizit zu fordern ist.

1) Reiß/Beck (1995a, S. 46).

2) Vgl. z.B. Friedrich (1995a, S. 343); Hamel/Prahalad (1995, S. 352); Rasche (1993, S. 426).

3) „Extreme Verfechter der Ressourcenperspektive unterliegen aber sicherlich einem Trugschluß, wenn sie einen Paradigmenwechsel im strategischen Management und eine daraus resultierende primäre Ausrichtung an unternehmensinternen Potentialen postulieren.“ Rasche/Wolfrum (1994, S. 513).

4 Phasen der Strategieentwicklung

4.1 Strategieformulierung

4.1.1 Grundprinzipien

Ausgangspunkt und Grundlage der Strategieformulierung bildet die Gegenüberstellung der Ressourcensituation und der Umweltentwicklung vor dem Hintergrund der unternehmerischen Ziele[1]. Auch wenn dabei dem **kreativen Denken** eine wesentliche Funktion zukommt[2], erweist es sich als zweckmäßig und vorteilhaft, im Rahmen dieses kreativen Aktes **allgemeine Prinzipien** zu beachten. In diesem Zusammenhang schlägt Pümpin den folgenden **Kriterienkatalog** vor[3]:

- Konzentration auf Kräfte,
- Aufbau von Stärken, Vermeiden von Schwächen,
- Ausnutzung von Umwelt- und Marktchancen,
- geschickte Innovationen,
- Ausnutzung von Synergievorteilen,
- Abstimmung von Zielen und Mitteln[4],
- Schaffung einer zweckmäßigen, führbaren Organisationsstruktur,
- Risikoausgleich,
- Ausnutzung von Koalitionsmöglichkeiten und
- Einfachheit.

Als Orientierung für strategische Handlungsempfehlungen erscheinen diese Grundsätze jedoch als zu allgemein. Aus diesem Grund formulieren dann auch Welge/Al-Laham die drei folgenden **zentralen Prinzipien**, auf die im Rahmen der Strategieformulierung zurückgegriffen werden kann[5]:

---

1) Vgl. Grant/King (1979, S. 104 ff.); Steinmann/Schreyögg (1991, S. 165).

2) Vgl. Hammer (1992, S. 136); Kreikebaum (1997, S. 70).

3) Vgl. Pümpin (1980, S. 15 ff.).

4) Vgl. hierzu Olemotz (1995, S. 33).

5) Vgl. Welge/Al-Laham (1992, S. 171).

- Aufbau von Stärken, Vermeiden von Schwächen,
- Konzentration der Kräfte und
- Ausnutzung bzw. Aufbau von Synergiepotentialen.

Zum **Aufbau von Stärken** und **Vermeiden von Schwächen**[1] wird in der Literatur auf die TOWS-Matrix zurückgegriffen[2], auf deren Grundlage sich die vier folgenden grundsätzlichen strategischen Prinzipien formulieren lassen[3]:

- Strategien, die auf dem **SO-Prinzip** basieren, gehen von den existenten Stärken der Unternehmung aus und haben das Ziel, die Chancen der Umwelt wahrzunehmen. Liegen ausgeprägte interne Stärken vor und bieten sich entsprechende Chancen, dann erscheint eine Wachstumsstrategie erfolgversprechend.
- Strategien nach dem **WO-Prinzip** haben das Ziel, intern vorhandene Schwächen zu beseitigen, um dann sich im Umfeld ergebende Chancen nutzen zu können.
- Strategien, die auf dem **ST-Prinzip** basieren, haben das Ziel, die internen Stärken so einzusetzen, daß die sich im Umfeld abzeichnenden Gefahren minimiert werden (z.B. durch Diversifizierung).
- Strategien nach dem **WT-Prinzip** sind defensiv ausgerichtet. Sie zielen darauf ab, die Schwächen der Unternehmung zu minimieren und den auftretenden Gefahren im Umfeld auszuweichen.

Bei der **Konzentration der Kräfte** ist zwischen interner und externer Perspektive zu unterscheiden. Während die externe Sicht auf den Markt gerichtet ist und das Erfolgspotential als Kriterium für eine Rangfolge der Aktivitätsschwerpunkte heranzieht, zielt die interne Sicht darauf ab, zu analysieren, inwieweit die einzelnen Unternehmungsfunktionen zur Erlangung eines Wettbewerbsvorteils beizutragen vermögen[4].

1) Ein empirischer Befund von Al-Laham (1997, S. 155 ff.) zeigt, daß dem „Abbau von Schwächen" eine deutlich geringere Bedeutung zuerkannt wird als der „Ausnutzung von Stärken", ein Grundsatz, der von fast allen befragten Unternehmungen als relevant eingestuft wurde.

2) S (strengths, Stärken), O (opportunities, Chancen), W (weaknesses, Schwächen) und T (threats, Risiken).

3) Vgl. David (1986, S. 205 ff.); Weihrich (1990, S. 17 ff.).

4) Dabei können z.B. die Wertkette oder die Funktions/Ressourcen-Matrix nach Hofer/Schendel einen heuristischen Rahmen bilden.

Der Aufbau und die Nutzung von **Synergien** wird in der Literatur[1)] häufig als ein zentrales Anliegen der Strategie hervorgehoben[2)]. Unter Synergie ist der Sachverhalt zu verstehen, daß durch das Zusammenwirken von Aktivitäten, Funktionen etc. eine Gesamtwirkung erreicht wird, die größer ist als die Summe der Einzelwirkungen[3)]. Generell entstehen Synergien aus

- Größenvorteilen,
- Transaktionskostenvorteilen[4)] und
- Beseitigung von Kapazitätsauslastungsschwankungen.

Synergien können dabei in den unterschiedlichsten unternehmerischen Funktionsbereichen entstehen[5)]:

- **Produktionsbereich**: Synergiepotential entsteht z.B. in Form von Kosteneinsparungen durch Betriebsvergrößerungen (economies of scale) oder durch den Abbau von Überschußkapazitäten bei Unternehmungszusammenschlüssen, ferner durch das Auftreten von economies of scope[6)]: $K(x_1, x_2) < K(x_1) + K(x_2)$.
- **Absatzbereich**: Synergien werden geschaffen, wenn durch die Aufnahme weiterer Produkte in das Absatzprogramm ein bestehendes, nicht ausgelastetes Vertriebssystem besser genutzt wird oder leicht ausbaufähig ist.
- **Forschung und Entwicklung**: Synergien entstehen durch die Bündelung von Ressourcen zur Durchführung anspruchsvoller Projekte.
- **Beschaffungsbereich**: Synergiepotential wird durch die Bündelung von Nachfrage genutzt, um so eine günstigere Marktposition zu erlangen (z.B. durch Einkaufsgenossenschaften und zentrale Beschaffungsabteilungen).

---

1) Vgl. z.B. Aaker (1989, S. 243 f.); Lehmann (1993, S. 41 ff.); Pümpin (1980, S. 16).

2) Die empirische Untersuchung von Al-Laham (1997, S. 156) zeigt jedoch nur eine geringe Bedeutung des Faktors „Aufbau und Nutzung von Synergien", bei den befragten Unternehmungen, so daß sich ein deutlicher Widerspruch zur theoretischen Einschätzung ergibt.

3) Anschaulich wird deshalb auch vom „2+2=5 Effekt" gesprochen.

4) Hierunter sind die Kosten zu verstehen, die durch die Übertragung eines Gutes von einem Wirtschaftssubjekt auf ein anderes entstehen. Picot (1982, S. 270) zählt hierzu: Anbahnungskosten, Vereinbarungskosten, Kontrollkosten und Anpassungskosten. Kritisch hierzu Schneider (1985, S. 1237 ff.).

5) Vgl. z.B. Gälweiler (1989, Sp. 1938 f.); Welge/Al-Laham (1992, S. 177). Ebenfalls sind Synergien im Finanzbereich, Managementbereich etc. möglich.

6) Hierunter sind Vielfalts- oder Breitenvorteile, d.h. Realisation von Wirtschaftlichkeitsvorteilen durch steigende Produktvielfalt zu verstehen, z.B. durch den Einsatz von Flexiblen Fertigungssystemen.

Ferner sind funktionsübergreifende Synergien zu nennen, die etwa durch die gemeinsame Nutzung von Ressourcen entstehen oder durch eine entsprechende Prozeßorganisation, die mit einer Schnittstellenreduzierung verbunden ist, hervorgerufen werden können[1].

Dabei ist zu beachten, daß Synergien nicht immer positiv, sondern auch negativ wirken können.

Im Rahmen einer ressourcenorientierten Betrachtung geht es hingegen um die Intensivierung der Ressourcennutzung in unterschiedlichen Geschäftsfeldern. Je besser dabei eine Übertragung von Kernkompetenzen auf unterschiedliche Geschäftsfelder funktioniert, desto höher ist dann der sogenannte Leverageeffekt[2]. Dieser Effekt resultiert folglich aus einer Intensivierung der Ressourcennutzung und kann als eine spezifische Synergie interpretiert werden.

Neben diesen Grundprinzipien stellt sich die **inhaltliche Frage**, welche Strategien eine Unternehmung verfolgen kann und soll. Wird dabei als Kriterium die „Entwicklungsrichtung" herangezogen, dann kann zwischen

- Wachstums- (Investitionsstrategie),
- Stabilisierungs- (Haltestrategie) und
- Schrumpfungsstrategie (Desinvestitionsstrategie)

unterschieden werden[3]. Wird als Kriterium das Marktverhalten zugrunde gelegt, dann ergibt sich eine Untergliederung in

- Beeinflussungs- (Angriffs- oder offensive Strategie) und
- Anpassungsstrategie (Verteidigungs- oder defensive Strategie).

Ein **wachstumsrelevantes Strategiespektrum** stellt Ansoff[4] mit seiner Produkt-Markt-Matrix auf, die in Tabelle 13 dargestellt ist[5].

---

1) Vgl. Osterloh/Frost (1996, S. 161 und S. 182 ff.), die darüber hinaus zwischen horizontalen und vertikalen Synergien unterscheiden.

2) Vgl. Hamel/Prahalad (1993, S. 78 ff.); Thiele (1997, S. 101).

3) Vgl. hierzu auch Abschnitt 1.2.

4) Vgl. Ansoff (1966, S. 132).

5) Vgl. z.B. Hentze/Brose/Kammel (1993, S. 146 ff.); Welge (1985, S. 234 ff.).

Produkte / Markt	gegenwärtig	neu
gegenwärtig	Markt-durchdringung	Produkt-entwicklung
neu	Markt-entwicklung	Diversifikation

Tab. 13: Produkt-Markt-Matrix

Ziel der **Marktdurchdringung** ist die Vergrößerung des Marktanteils auf den gegenwärtigen Märkten mit den vorhandenen Produkten, d.h., es erfolgt eine intensivere Bearbeitung der bisherigen Märkte mit dem absatzpolitischen Instrumentarium. Bei der Strategie der **Produktentwicklung** werden neue Produkte in das Leistungsprogramm der Unternehmung aufgenommen. Da hierbei keine neuen Märkte erschlossen werden, geht diese Strategie häufig mit einer Produktsubstitution oder Produktdifferenzierung einher. Ziel der **Marktentwicklung** ist hingegen die Erschließung neuer Märkte mit dem gegenwärtigen Leistungsprogramm. Dabei ergibt sich häufig die Möglichkeit, Synergiepotentiale auszuschöpfen (z.B. durch Nutzung bestehender Distributionssysteme, Größendegression in der Produktion). Eine **Diversifikationsstrategie**[1)] liegt nach Ansoff dann vor, wenn eine Unternehmung mit neuen Produkten in einen bisher noch nicht bearbeiteten Markt tritt[2)]. Grundlage für solche Diversifikationen[3)] können einerseits interne und anderseits extern ausgerichtete Aktivitäten sein (z.B. Beteiligungserwerb, Lizenz-

1) Thiele (1997, S. 91 f.) hebt in diesem Zusammenhang hervor, daß hierbei auch eine kompetenzorientierte Diversifikation von Bedeutung ist, da sich hierdurch bedingt, Diversifikationen in Bereichen als wichtig und notwendig erweisen können, die unter Beachtung von Produkten und Märkten als nicht zweckmäßig eingestuft wurden.

2) Vgl. Lehmann (1993, S. 18 ff.).

3) Vgl. Aaker (1989, S. 259 ff.).

nahme, strategische Allianzen, Joint Ventures). Wird als Kriterium die Stellung im **Wertschöpfungsprozeß** herangezogen, dann kann zwischen horizontaler und vertikaler Diversifikation unterschieden werden[1)]. Während bei einer **horizontalen Diversifikation** ein sachlicher Zusammenhang mit den gegenwärtigen Produkt-Markt-Kombinationen gegeben ist und damit die Produktionstiefe unverändert bleibt, wird von einer **vertikalen Diversifikation** dann gesprochen, wenn es sich um Produkte einer vor- oder nachgelagerten Produktionsstufe handelt. Als dritte Form ist die **laterale** oder **konglomerate Diversifikation** zu nennen, die primär finanzwirtschaftliche und risikopolitische Ziele verfolgt. Da es keinen sachlichen Zusammenhang zwischen den Geschäftsbereichen gibt, tritt die Bedeutung von Synergien deutlich zurück. Laterale Diversifikationen werden häufig über Unternehmungszusammenschlüsse realisiert, so daß sich sogenannte Mischkonzerne ergeben.

Stabilisierungsstrategien umfassen einerseits Halte- und anderseits Konsolidierungsstrategien[2)]. Während **Haltestrategien** auf die Erhaltung des Status quo gerichtet sind, zielen **Konsolidierungsstrategien** auf eine bewußte Selbstbeschränkung ab, um so zu einer erhöhten Effizienz zu gelangen. Ziel ist es damit, die strategische Ausgangssituation der Unternehmung zu verbessern[3)], wobei als Ansatzpunkte zu nennen sind[4)]:

- Kostensenkungen in allen Unternehmungsbereichen,
- Eliminieren unnötiger Aktivitäten,
- organisatorische Umgestaltungen,
- Programmbereinigungen etc.

Bei **Schrumpfungsstrategien**[5)] handelt es sich nicht um eine kontinuierlich durchzuführende Programmbereinigung, sondern um die Aufgabe einer kompletten Einheit (z.B. Division, strategische Geschäftseinheit, Tochtergesellschaft), die mit einer entsprechenden Freisetzung von Ressourcen verbunden ist. Primäre Intention von Schrumpfungsstrategien ist es damit, sich von unrentablen Einheiten zu trennen, d.h. die Kräfte zu fokussieren und auf diese Weise einen Beitrag zur

---

1) Vgl. Steinmann/Schreyögg (1991, S. 174 ff.).

2) Vgl. Welge (1985, S. 247 ff.).

3) Vgl. Pümpin (1980, S. 76).

4) Vgl. Welge (1985, S. 249).

5) Vgl. Welge (1985, S. 249 ff.).

Existenzsicherung zu leisten. Schrumpfungsstrategien (oder Desinvestitionsstrategien) stellen einen integralen Bestandteil der **Unternehmungsentwicklungsplanung**[1] dar. Dies kommt nicht zuletzt auch im Portfoliokonzept zum Ausdruck. Dabei erlangt die zeitliche Gestaltung eines „Ausstiegs" zentrale Bedeutung, d.h., die Unternehmung muß bestrebt sein, „Desinvestitionskandidaten" rechtzeitig zu erkennen, um Überraschungen zu vermeiden. Damit erlangt auch in diesem Kontext ein Früherkennungssystem eine grundlegende Bedeutung.

Diese strategischen Orientierungen geben damit, ähnlich wie die im Rahmen der Portfolioanalyse zu besprechenden **Normstrategien**, lediglich „strategische Stoßrichtungen"[2] an, die im Einzelfall zu konkretisieren sind. Derartige Normstrategien helfen lediglich, den Raum möglicher strategischer Optionen vorzustrukturieren[3].

Während auf der Gesamtunternehmungsebene damit eher unternehmerische Absichten[4] formuliert werden, sind auf der Ebene der Geschäftsfelder spezifische strategische Ausrichtungen zu formulieren. Dabei stellen sich die drei folgenden grundsätzlichen Probleme[5]:

- Ort des Wettbewerbs,
- Regeln des Wettbewerbs und
- Schwerpunkt des Wettbewerbs.

Während der **Ort des Wettbewerbs** als Antwort auf die Frage „wo soll konkurriert werden?" zwischen Gesamtmarkt und Marktsegment unterscheidet, ist bei den **Regeln des Wettbewerbs** die Frage zu beantworten, ob eine Unternehmung sich an die gegebenen Wettbewerbssituationen anpassen möchte oder ob sie Regeln verändern möchte. Der **Schwerpunkt des Wettbewerbs** greift wiederum die Frage auf, auf welcher Grundlage der Wettbewerb erfolgen soll[6]. Auf der Grundlage dieser Problemstellungen kann eine Unternehmung strategische Optionen formulieren.

---

1) Vgl. Welge (1985, S. 251).

2) Vgl. Hammer (1992, S. 135 ff.).

3) Vgl. Steinmann/Schreyögg (1991, S. 167), die deshalb auch vom Optionsansatz sprechen.

4) Zum Beispiel in der Form „Erwirtschaften eines zufriedenstellenden Gewinns" oder „Erlangen eines hohen Marktanteils".

5) Vgl. Steinmann/Schreyögg (1991, S. 167).

6) Vgl. hierzu die Ausführungen in Abschnitt 3.1.

Auf der Ebene der unternehmerischen Funktionsbereiche sind dann die funktionalen Voraussetzungen für die Realisierung der Wettbewerbsstrategien zu schaffen[1]. Dabei haben die **Funktionsbereichsstrategien** die folgenden Funktionen zu erfüllen[2]:

- **Detaillierungsfunktion**: Sie hat die Aufgabe, die Gesamt- und Geschäftsbereichsstrategien in ihren Konsequenzen für die Funktionsbereiche zu erfassen.
- **Koordinationsfunktion**: Hierbei geht es einerseits um die vertikale (innerhalb eines Funktionsbereichs) und anderseits um die horizontale Abstimmung der Funktionsbereiche[3] (z.B. Beschaffung, Produktion, Marketing).
- **Brückenfunktion**: Den Funktionsbereichsstrategien kommt die Aufgabe zu, die Schnittstelle zwischen strategischer und operativer Ebene zu gestalten.

Eine von Al-Laham durchgeführte empirische Untersuchung[4] zeigt jedoch eine eher zurückhaltende Einschätzung der strategischen Bedeutung von Funktionsbereichen. Weniger als die Hälfte der befragten Unternehmungen gab an, für einzelne Funktionsbereiche eigenständige Strategien zu planen. Bei Unternehmungen, die eine eigenständige Formulierung von Funktionsbereichsstrategien durchführten, zeigt sich dabei, daß dies insbesondere für den Funktionsbereich Absatz und Marketing erfolgte, während etwa der F&E-Bereich die geringste strategische Fundierung aufwies.

4.1.2 Portfolioanalyse

Ein Instrument, das einer Unternehmung eine grundsätzliche Handlungsorientierung bietet, in welche Richtung die Entwicklung erfolgen sollte, ist die Portfolioanalyse, die mittlerweile als ein klassisches Instrument des strategischen Management bezeichnet werden kann[5] und seit den siebziger Jahren vielfältige Modifi-

---

1) Vgl. Welge (1985, S. 258 ff.).

2) Vgl. Al-Laham (1997, S. 148 ff.).

3) Vgl. Pümpin (1980, S. 52).

4) Vgl. Al-Laham (1997, S. 167 ff.).

5) Vgl. z.B. Gälweiler (1980b, S. 183 ff.). So belegt die empirische Studie von Al-Laham (1997, S. 159), daß die Portfolioanalyse in den meisten der befragten Unternehmungen zum Einsatz gelangt.

kationen erfahren hat[1]). **Theoretische Grundlage** bildet die von Markowitz[2]) für die Bestimmung der optimalen Zusammensetzung eines Wertpapier-Portefeuilles entwickelte Portfolio-Selections-Theorie. Zentrale Größen sind dabei die

- Gewinnerwartungswerte (z.B. Rendite) und das
- Risiko (ausgedrückt durch die Standardabweichung).

Ein **Portefeuille** ist dann **effizient**[3]),

- wenn für einen gegebenen Erwartungswert der Zielgröße (Rendite) kein anderes Portefeuille existiert, das mit einem geringeren Risiko verbunden ist, oder
- wenn für ein gegebenes Risiko kein anderes Portefeuille mit einem höheren Erwartungswert der Zielgröße (Rendite) existiert.

Dieser Ansatz, der im Rahmen von Investitionsentscheidungen bei unsicheren Erwartungen relevant ist, wurde in vereinfachter Form auf strategische Überlegungen zur Positionierung von strategischen Geschäftseinheiten übertragen.

Unter einem **Portfolio** ist dabei eine zweidimensionale Darstellung in der Form einer Matrix zu verstehen, die einen Zusammenhang zwischen einer von der Unternehmung beeinflußbaren und einer nicht beeinflußbaren Größe wiedergibt. In dieser Matrix werden die strategischen Geschäftseinheiten positioniert, um auf dieser Grundlage die Stärken und Schwächen sowie die Chancen und Risiken einer Unternehmung erkennen zu können.

Eine der bekanntesten Formen ist das **Marktanteils-Marktwachstums-Portfolio** der Boston Consulting Group, das unmittelbar auf dem Erfahrungskurvenkonzept[4]) aufbaut. Ausgangspunkt bildet dabei die Überlegung, daß das Marktrisiko um so geringer ist, je höher der relative Marktanteil gemessen als

$$\frac{\text{Marktanteil der Unternehmung}}{\text{Marktanteil des stärksten Konkurrenten}} \cdot 100 \qquad [\%]$$

1) Zu einer tabellarischen Übersicht über absatzmarktorientierte Portfoliokonzepte vgl. Al-Laham (1997, S. 141); vgl. ferner Hentze/Brose/Kammel (1993, S. 205 ff.); Welge (1985, S. 328 ff.).

2) Vgl. Markowitz (1959).

3) Vgl. Kern (1974, S. 344); Kruschwitz (1993, S. 291 ff.).

4) Vgl. z.B. Felzmann (1982, S. 35), der betont, daß auch die PIMS-Untersuchung eine Grundlage für die Portfoliokonzeption darstellt.

ausfällt. **Ziel** ist es dabei, eine **finanzielle Ausgewogenheit** der im Produktionsprogramm zusammengefaßten Produkte herbeizuführen, d.h., es soll ein Gleichgewicht zwischen den finanzbedürftigen und den finanzüberschüssigen Produkten realisiert werden[1]. Abbildung 59 gibt das Marktanteils-Marktwachstums-Portfolio wieder[2].

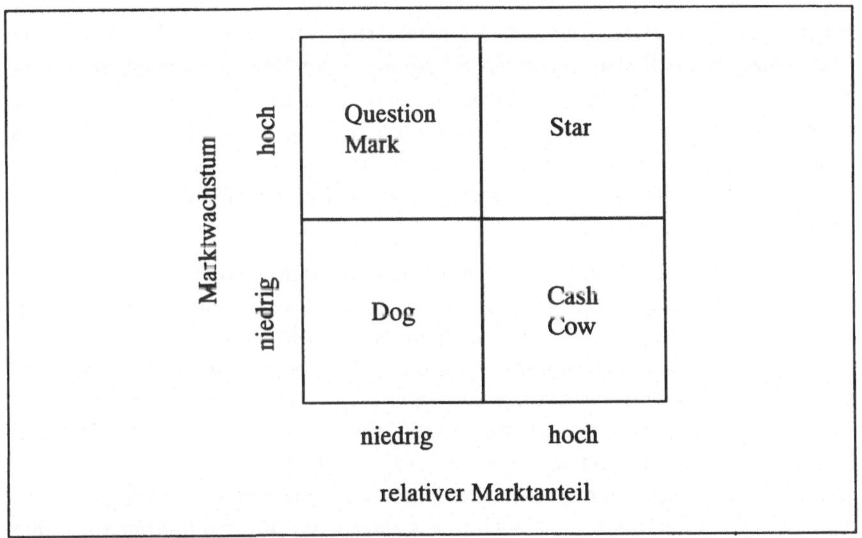

Abb. 59: Marktanteils-Marktwachstums-Portfolio

Stars sind durch ein hohes Marktwachstum und einen hohen relativen Marktanteil gekennzeichnet. Sie bringen zwar einerseits hohe Erlöse, diese müssen aber anderseits zur Erhaltung ihrer Position in Kapazitätserweiterungen reinvestiert werden. Ursache hierfür ist das schnelle Marktwachstum. Verringert sich im Lauf der Zeit die Wachstumsrate und kann die Marktführerposition gehalten werden, dann wird aus dem Star eine Cash Cow. Verliert der Star hingegen auch Marktanteile, dann wird er zum Dog.

Bei **Cash Cows** handelt es sich um Produkte, die durch ein niedriges Marktwachstum und einen hohen relativen Marktanteil charakterisiert sind. Sie befinden

1) Vgl. Koch (1979, S. 150).

2) Vgl. Hinterhuber (1996, S. 146 ff.); Jacob (1982, S. 58).

sich in der Reife- oder Sättigungsphase des Lebenszyklus. Die in diese Produkte getätigten Investitionen haben sich bereits amortisiert, als sie noch Stars waren. Investitionen sind damit nur zur Erhaltung der Position erforderlich, so daß der Finanzmittelbedarf äußerst gering ist. Es entstehen somit Finanzmittelüberschüsse, die zur Finanzierung der Question Marks oder auch zur Entwicklung neuer strategischer Geschäftseinheiten verwendet werden können.

Dogs sind Einheiten mit niedrigen Wachstumsraten und einem niedrigen relativen Marktanteil. Sie befinden sich in der Sättigungs- oder Degenerationsphase. Da jedoch nur geringe Investitionen erforderlich sind, um die Position zu halten, ist ihre Cash-Flow-Bilanz, wenn auch auf niedrigem Niveau, meist ausgeglichen. Eine Unternehmung sollte folglich an eine Eliminierung denken, allerdings können mögliche Verbundeffekte zwischen strategischen Geschäftseinheiten einen kurzfristigen Ausstieg verhindern.

Question Marks sind durch einen niedrigen Marktanteil und durch ein hohes Marktwachstum gekennzeichnet. Question Marks stellen damit zwar Zukunftsmärkte dar, wenn es der Unternehmung gelingt, ihren Marktanteil auszubauen, erfordern aber zur Finanzierung des Wachstums einen hohen Finanzbedarf, obwohl sie aufgrund der schlechten Marktposition nur geringe Erlöse realisieren. Damit ist es für eine Unternehmung auf der einen Seite zwar wichtig, einige Question Marks im Portfolio zu haben, die mittelfristig zu Stars entwickelt werden sollen. Auf der anderen Seite sind diese Einheiten mit einem hohen Risiko verbunden, so daß die Anzahl der Question Marks zu begrenzen ist. Dies bedingt letztlich eine selektive Vorgehensweise in diesem Feld.

In die Matrix lassen sich sowohl die **Ist-** als auch die **Zielpositionen** für die strategischen Geschäftseinheiten eintragen. Sie kann damit einen gedanklichen Rahmen für die strategische Formulierung der Zukunftssituation bilden. Folglich deckt sie auf diese Weise die Notwendigkeit von produktpolitischen Maßnahmen zur Realisierung der Unternehmungsziele auf. Es lassen sich daraus jedoch keine bestimmten Maßnahmen herleiten[1)].

Darüber hinaus kann die Bedeutung der strategischen Geschäftseinheiten für die Unternehmung durch die Größe der sie symbolisierenden Kreise erfaßt werden, d.h., die Kreisgröße entspricht dann z.B. dem Umsatzanteil.

---

1) Vgl. Brockhoff (1993, S. 73).

Die Anwendung des Marktwachstums-Marktanteils-Portfolios setzt jedoch voraus, daß die Unternehmung

- das zu erwartende Marktwachstum prognostizieren kann, ein Vorgang, der mit hohen Unsicherheiten verbunden ist, und
- den Hauptkonkurrenten identifiziert und dessen Marktanteil kennt.

Diese beiden Aspekte sind zu berücksichtigen, wenn es darum geht, auf der Grundlage der Positionierungen strategische Empfehlungen zu formulieren.

In einem weiteren Schritt können den einzelnen Matrixfeldern sogenannte **Normstrategien** zugeordnet werden, die jedoch nur eine grobe Stoßrichtung für die jeweilige strategische Geschäftseinheit angeben[1]. Abbildung 60 ordnet diese Normstrategien den jeweiligen Matrixfeldern zu und gibt ferner über den notwendigen Cash-Flow-Bedarf Auskunft[2].

	Marktanteil/ Marktwachstum	Cash-Flow-Bedarf	Normstrategien
Stars	Hoher Marktanteil in schnell wachsenden Märkten	Hoher Cash-Flow-Bedarf, den sie jedoch größtenteils selbst decken	Investitionsstrategien
Cash Cows	Hoher Marktanteil in langsam wachsenden Märkten	Nur geringe Erhaltungsinvestitionen und daher Realisation eines Cash-Flow-Überschusses	Abschöpfungsstrategien (Defensivstrategien)
Question Marks	Geringer Marktanteil in schnell wachsenden Märkten	Cash Flow reicht nicht aus, um die Erweiterungsinvestitionen zu decken	Investitions- oder Desinvestitionsstrategien (Offensivstrategie oder Aufgabe)
Dogs	Geringer Marktanteil in langsam wachsenden Märkten	Niedriger Cash Flow (teilweise auch negativer Cash Flow)	Desinvestitionsstrategie

Abb. 60: Normstrategien im Marktanteils-Marktwachstums-Portfolio

1) Pointiert formulieren Krüger/Homp (1997, S. 59) zur Anwendbarkeit der Portfolioanalyse: „Ihre Anwendung ... untergräbt oft das eigene Nachdenken, statt es zu fördern."

2) Vgl. Engeleiter (1981, S. 409).

Die Darstellung zeigt, daß letztlich strategische Grundausrichtungen ausschließlich unter Cash-Flow-Effekten betrachtet werden und deren Entstehung auf zwei Faktoren zurückgeführt wird.

Diese Kritik, strategische Geschäftseinheiten lediglich auf der Grundlage von zwei Größen zu beurteilen, hat zur Entwicklung von **Multifaktorenansätzen** geführt, wie etwa dem Wettbewerbsvorteil-Marktattraktivitäts-Portfolio[1], wobei an die Stelle des Marktwachstums die Markt- und Branchenattraktivität und an die Stelle des relativen Marktanteils der Wettbewerbsvorteil tritt. Dabei sind die Markt- und Branchenattraktivität und der Wettbewerbsvorteil Oberbegriffe für eine Gruppe von Faktoren, von denen unterstellt wird, daß sie für diese beiden Komplexe von Bedeutung sind. Die Aufteilung dieser beiden **Faktorenguppen** wird dabei in der Literatur[2] nicht einheitlich vorgenommen.

Die Abbildungen 61a und 61b geben mögliche Aufteilungen wieder.

(1) Relative Marktposition
- Marktanteil und seine Entwicklung
- Größe und Finanzkraft der Unternehmung
- Wachstumsrate der Unternehmung
- Rentabilität
- Risiko
  (Grad der Etabliertheit am Markt)
- Marketingpotential
  (Image der Unternehmung und daraus resultierende Abnehmerbeziehungen; Preisvorteile aufgrund von Qualität, Lieferzeiten, Service, Technik, Sortimentsbreite etc.)
- Vertriebsorganisation

(Fortsetzung nächste Seite)

1) Vgl. Hinterhuber (1996, S. 149 ff.); Jacob (1982, S. 63).

2) Vgl. z.B. Kreikebaum (1997, S. 78); Macharzina (1995, S. 303 ff.); Welge/Al-Laham (1992, S. 208 ff.).

(2) Relatives Produktionspotential

A) Prozeßwirtschaftlichkeit

- Kostenvorteile aufgrund der Modernität der Produktionsprozesse, der Kapazitätsausnutzung, der Produktionsbedingungen etc.
- Innovationsfähigkeit und technisches Know-how der Unternehmung
- Lizenzbeziehungen, Patente
- Flexibilität der Anlagen

B) Hardware

- Gegenwärtige oder im Bau befindliche Kapazitäten
- Standortvorteile
- Steigerungspotential der Produktivität
- Umweltfreundlichkeit der Produktionsprozesse
- Lieferbedingungen, Kundendienst etc.

C) Energie- und Rohstoffversorgung

- Voraussichtliche Versorgungsbedingungen
- Kostensituation der Energie- und Rohstoffversorgung
- Beschaffungslogistik

(3) Relatives Forschungs- und Entwicklungspotential

- F&E-Stand im Vergleich zur Marktposition der Unternehmung
- Innovationspotential und -kontinuität

(4) Relative Qualifikation der Führungskräfte und Mitarbeiter

- Professionalität und Urteilsfähigkeit, Einsatz und Kultur der Mitarbeiter
- Innovationsklima
- Qualität des Führungssystems

Abb. 61a: Bestimmungsgrößen der relativen Wettbewerbsvorteile

(1)	Marktwachstum und Marktgröße
(2)	Marktqualität - Rentabilität der Branche - Stellung im Marktlebenszyklus - Spielraum für die Preispolitik - Technologisches Niveau und Innovationspotential - Schutzfähigkeit des technischen Know-how - Investitionsintensität - Wettbewerbssituation - Anzahl und Struktur potentieller Abnehmer - Verhandlungsstärke und Kaufverhalten der Abnehmer - Eintrittsbarrieren für neue Anbieter - Anforderungen an Distribution und Service - Varietät der Wettbewerbsbedingungen - Substitutionskonkurrenz
(3)	Energie- und Rohstoffversorgung - Störungsanfälligkeit bei der Versorgung mit Energie und Rohstoffen - Beeinträchtigung der Wirtschaftlichkeit der Produktionsprozesse durch Erhöhung der Energie- und Rohstoffkosten - Existenz von alternativen Rohstoffen und Energieträgern
(4)	Umweltsituation - Konjunkturabhängigkeit - Inflationsauswirkungen - Abhängigkeit von der Gesetzgebung - Abhängigkeit von der öffentlichen Einstellung - Risiko staatlicher Eingriffe

Abb. 61b: Bestimmungsgrößen der Marktattraktivität

Die Bewertung der strategischen Geschäftseinheiten hinsichtlich der externen Bestimmungsgrößen hat dabei immer in Relation zu den stärksten Wettbewerbern zu erfolgen.

Um eine Einordnung der strategischen Geschäftseinheiten in die Portfoliomatrix vollziehen zu können, ist es notwendig, die Ausprägungen der einzelnen Faktoren zu erfassen und im Rahmen einer **Gesamtbeurteilung** zu aggregieren. Dies kann auf der Grundlage der Scoringmethode erfolgen. Bei Unterteilung der beiden komplexen Dimensionen in „niedrig", „mittel" und „hoch" ergibt sich dann die in Abbildung 62 dargestellte neunfeldrige Portfoliomatrix.

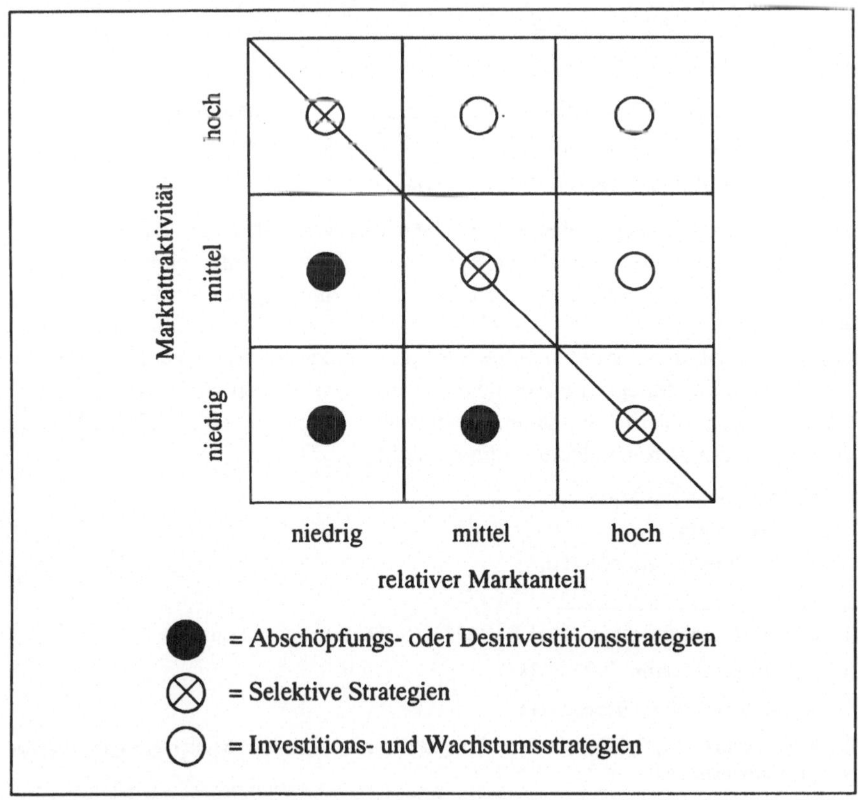

Abb. 62: Wettbewerbsvorteil-Marktattraktivitäts-Portfolio

4.2 Strategieimplementierung

Die Strategieimplementierung[1)] befaßt sich mit der Umsetzung der Strategie in konkretes strategiegeleitetes Handeln[2)]. Dabei ist in Anlehnung an Kolks[3)] zwischen

- sachorientierter Umsetzung (hierzu zählen die strategiebezogene Ausrichtung der Erfolgsfaktoren, die Ableitung von Teilstrategien und die operative Ausgestaltung der Teilstrategien) und
- verhaltensorientierter Durchsetzung (hierzu zählen Strategievermittlung, Einweisung und Schulung sowie Konsensbildung)

von Strategien zu unterscheiden[4)].

Im Rahmen der **sachorientierten Umsetzung** geht es

- einerseits um eine Spezifikation der Strategie (Maßnahmenprogramm) und
- anderseits um die damit einhergehenden Folgemaßnahmen.

Abbildung 63 gibt diese beiden Aspekte wieder[5)].

Bereits bei der Diskussion des Strategiebegriffes wurde deutlich, daß es sich bei der Strategie um eine grundsätzliche Ausrichtung einer Unternehmung handelt, aus der sich die Notwendigkeit einer Konkretisierung ergibt. Wird etwa bei der Wettbewerbsstrategie (Ebene der Geschäftsfelder) eine Kostenführerschaftsstrategie angestrebt, dann ergibt sich hieraus das Erfordernis festzulegen, auf welcher Grundlage diese strategische Ausrichtung vollzogen werden soll[6)]. Ansatzpunkte hierfür können sich in den unterschiedlichsten Bereichen einer Unternehmung ergeben, die es untereinander abzustimmen gilt:

- Produktionstechnologie,
- Logistiksystem,
- Beschaffungsmöglichkeiten,

1) Zum Implementierungsbegriff vgl. Reiß (1995, S. 292 ff.).

2) Vgl. Welge/Al-Laham (1992, S. 387).

3) Vgl. Kolks (1990, S. 79 und S. 215).

4) Kreikebaum (1997, S. 89) weist darauf hin, daß es zwischen diesen beiden Aspekten Abgrenzungsprobleme gibt.

5) Vgl. Kolks (1990, S. 129).

6) Vgl. Bea/Haas (1995, S. 175 ff.).

- patentierte F&E-Ergebnisse,
- günstige Finanzsituation,
- Vertriebssystem etc.

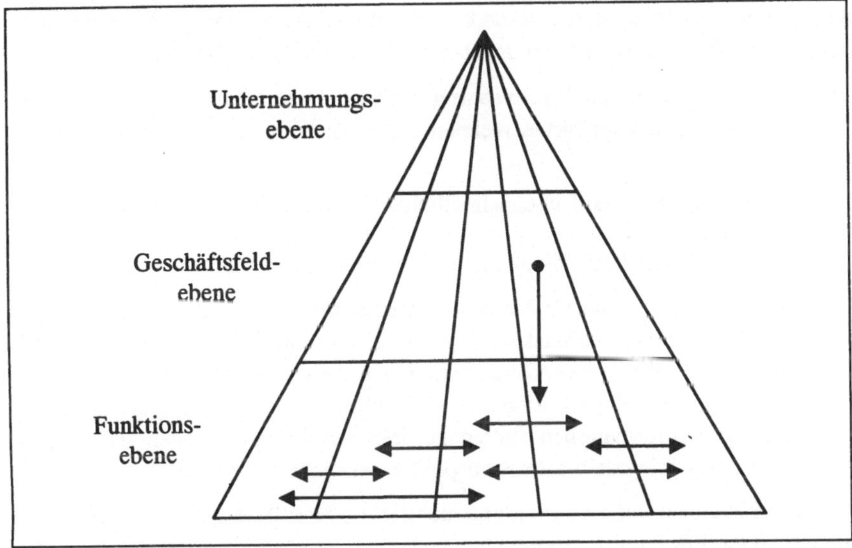

Abb. 63: Strategieumsetzung

Ziel ist es folglich, in allen Bereichen Quellen für Kostenvorteile zu identifizieren und konsequent zu nutzen und darüber hinaus auch auf der Outputseite, etwa über Produkteliminierung, eine kostenorientierte Programmbereinigung durchzuführen.

Die Unternehmung muß somit auf der Basis der gewählten strategischen Option ein spezifisches **Aktionsprogramm** ableiten, in dem der Situation der einzelnen Unternehmungsbereiche Rechnung getragen wird. Aus diesem Aktionsprogramm lassen sich dann entsprechende Pläne (z.B. Produktionspläne, Absatzpläne, Finanzpläne, Beschaffungspläne) ableiten, die die Basis für operative Maßnahmen wie Zeit- und Budgetplanung bilden. Auf diese Weise ergibt sich eine **Verzahnung** der **strategischen** und der **operativen Ebene**[1)]. Diese Vorgehensweise be-

1) Vgl. Welge/Al-Laham (1992, S. 388), die auch einen Überblick über Erfolgsfaktoren im Rahmen der Strategieimplementierung geben (S. 392 ff.).

deutet jedoch nicht, daß eine top-down-Betrachtung einzuschlagen ist[1]. Vielmehr sollte auf der Grundlage des Gegenstromverfahrens[2], das teilweise auch als down-up-Ansatz bezeichnet wird, eine partizipative Strategieimplementierung realisiert werden. Durch den hiermit verbundenen Vor- und Rücklauf können einerseits die angestrebten Ziele abgestimmt und anderseits der notwendige Koordinationsbedarf zwischen den Unternehmungsbereichen frühzeitig geklärt werden.

Im Rahmen der **Strategiedurchsetzung** muß die Unternehmung mit vielfältigen **Widerständen** und **Konflikten** rechnen. Als Ursachen hierfür sind zu nennen[3], daß

- Entscheidungsträger auf unterschiedlichen Hierarchieebenen in anderen Kategorien denken, und
- die Akzeptanz der Betroffenen nicht in ausreichendem Maße gegeben ist[4].

Ein entscheidender Grund für **Verhaltenswiderstände** ist in dem mit einer Strategieimplementierung verbundenen Wandel und der damit einhergehenden **Unsicherheit** zu sehen. Neben Maßnahmen der Personalentwicklung ist dabei vor allem auf eine rechtzeitige Information der Mitarbeiter zu achten. Unvollständige und verspätete Informationen führen zu falschen Interpretationen und können durch eine entsprechende Informationspolitik vermieden werden.

Treten im Rahmen der Strategieimplementierung Konflikte auf, dann lassen sich die folgenden Erscheinungsformen unterscheiden[5]:

- Zielkonflikte,
- Verteilungskonflikte,
- Durchsetzungskonflikte und
- Kulturkonflikte[6].

---

1) Hierzu zählt auch die „Strategie des Bombenwurfs“, vgl. Kirsch/Esser/Gabele (1979, S. 180 ff.).

2) Vgl. Wild (1974, S. 196 ff.).

3) Vgl. Kreikebaum (1997, S. 90).

4) Zu unterschiedlichen Formen der Akzeptanz vgl. Corsten (1986, S. 430 f.).

5) Vgl. Bea/Haas (1995, S. 183); Kolks (1990, S. 120 f.); Kreikebaum (1997, S. 91); Welge/Al-Laham (1992, S. 404).

6) Zum Konfliktmanagement vgl. z.B. Glasl (1992); Krüger (1972); Rosenstiel/Molt/Rüttinger (1995, S. 188 ff.).

Zielkonflikte[1] können einerseits daraus resultieren, daß die einzelnen Bereichsziele mit den Unternehmungszielen und anderseits persönliche Ziele mit den Unternehmungszielen in einer totalen oder partiellen Unvereinbarkeit stehen. Bei **Verteilungskonflikten**, die insbesondere durch Ressortegoismen hervorgerufen werden, geht es um die Verteilung der für die Strategiedurchsetzung relevanten Ressourcen. Demgegenüber haben **Durchsetzungskonflikte** i.d.R. im sozio-emotionalen Bereich ihren Ursprung. **Kulturelle Konflikte** resultieren daraus, daß es in einer Unternehmung keine einheitliche Unternehmungskultur gibt, sondern in einzelnen Funktionsbereichen Subkulturen existieren, die zwischen den Bereichen, bedingt durch ihre konträre Ausgestaltung, zu Konflikten führen (z.B. F&E und Marketing). Dies ist von Bedeutung, weil die Unternehmungskultur[2] im Rahmen der Strategieimplementierung eine Verhaltenssteuerungsfunktion zu übernehmen hat und somit den Implementierungserfolg maßgeblich beeinflussen kann[3]. Es ist damit notwendig, die Ist-Kultur zu erfassen und mit der für die Strategie erforderlichen Soll-Kultur abzustimmen[4], um auf diese Weise einen „Strategie-Kultur-Fit" zu erreichen. Anderenfalls ergibt sich ein kulturbezogener Änderungsbedarf. Dabei ist zu beachten, daß Kulturveränderungen nur langfristig zu erreichen sind, so daß sich alternativ die Frage einer Strategieänderung stellt[5].

Das Auftreten derartiger Konflikte wird dabei entscheidend von der Vorgehensweise im Rahmen der Strategieimplementierung beeinflußt, wobei in der Literatur von Implementierungsstil[6] gesprochen wird. Die Diskussion über **Implementierungsstile** baut dabei unmittelbar auf den Führungsstilen[7] auf. Auf der Grundlage des Modells von Vroom/Yetton[8], dessen Ausgangspunkt spezifische Führungssituationen bilden, entwirft Kolks[9] ein Spektrum unterschiedlicher Imple-

1) Zur Handhabung von Zielkonflikten vgl. Corsten (1988, S. 337 ff.).

2) Vgl. Steinmann/Schreyögg (1991, S. 196 ff.).

3) Vgl. Bleicher (1990, S. 853 ff.).

4) Vgl. Scholz (1987, S. 90 ff.).

5) Vgl. Greipel (1988).

6) Vgl. zu unterschiedlichen Implementierungsstilen Certo/Peter (1990, S. 134); Bourgeois/Brodwin (1984, S. 242 ff.) und Kolks (1990, S. 218 ff.).

7) Vgl. z.B. Scholz (1993, S. 418 ff.); Staehle (1994, S. 204 ff.).

8) Vgl. Vroom (1981, S. 183 ff.); ferner Böhnisch/Jago/Reber (1987, S. 85 ff.); Brose/Corsten (1983, S. 62 ff.).

9) Vgl. Kolks (1990, S. 223 ff.).

mentierungsstile, mit dem er den Einfluß der Implementierungsträger und der Betroffenen erfaßt (vgl. Abbildung 64).

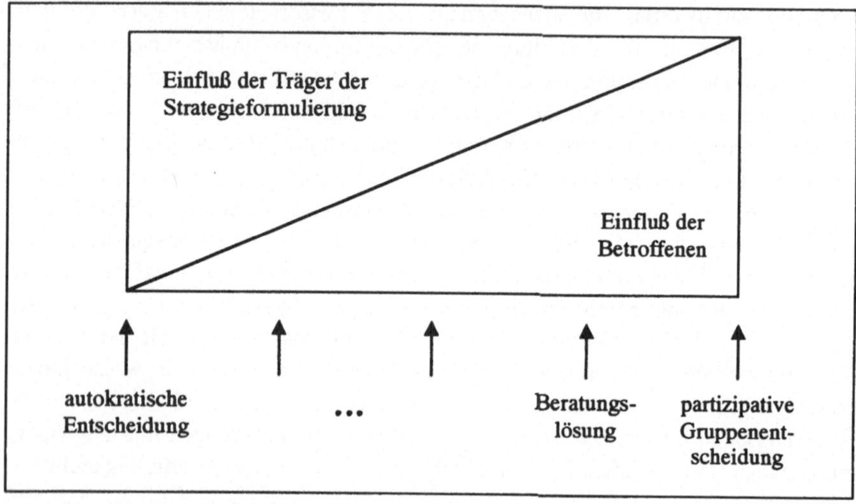

Abb. 64: Implementierungsstile

Bei den **Betroffenen** sind auch die Führungskräfte einbezogen, die an der Strategieformulierung nicht teilgenommen haben, aber zu einem späteren Zeitpunkt Strategieverantwortung tragen. Neben den beiden Extremaltypen, von denen nur die partizipative Gruppenentscheidung relevant ist, ergibt sich als zweite praktikable Vorgehensweise die sogenannte Beratungslösung, bei der ein Manager sich mit der Gruppe berät und dann darauf aufbauend eine Entscheidung trifft, die den notwendigen Einfluß der Gruppe widerspiegelt. Diese Überlegungen werden auch durch die empirische Untersuchung von Nutt[1)] unterstützt.

Im Rahmen des Prozesses der Strategieimplementierung gelangen darüber hinaus die unterschiedlichsten Instrumente zum Einsatz. Diese **Instrumente** haben

- einerseits die Aufgabe, die einzelnen Implementierungsschritte methodisch zu unterstützen und zu deren Transparenz beizutragen, und
- anderseits die Aufgabe, das Verhalten der am Implementierungsprozeß beteiligten Personen im Sinne eines adäquaten Verhaltens zu beeinflussen.

---

1) Vgl. Nutt (1987, S. 4 ff.).

Die Instrumente[1)] lassen sich dabei zu Klassen[2)] zusammenfassen, wobei die folgende Differenzierung vorgenommen werden kann[3)]:

- Diagnoseinstrumente und
- Interventionsinstrumente, die unterschieden werden in
  - Kommunikations-,
  - Qualifikations-,
  - Motivations- und
  - Organisationsinstrumente.

Während die Interventionsinstrumente auch als Kerninstrumentarium der Implementierung bezeichnet werden, geben die **Diagnoseinstrumente** Auskunft darüber, in welchen Bereichen oder Feldern Probleme existieren und liefern damit für den Einsatz der Interventionsinstrumente konkrete Anhaltspunkte. Als **Diagnosefelder** sind dabei

- Strategien,
- Potentiale,
- Strukturen und
- Prozesse

zu nennen, wobei sich die Analyse sowohl auf die Unternehmung als auch auf das Umsystem beziehen muß. So kann die Analyse des Umsystems wertvolle Hinweise über Nachfrageveränderungen, neue Technologien und Konkurrenten etc. geben und damit auf die Notwendigkeit einer Strategieänderung hinweisen. Diagnoseinstrumente sind z.B.

- Befragungen von
  - Mitarbeitern oder
  - Kunden oder
  - Experten,
- Fehlzeitenstatistiken,
- Abweichungsanalysen,
- Schwachstellenanalysen,

---

1) Zu einer phasenmäßigen Zuordnung vgl. z.B. Kolks (1990, S. 262 ff.).

2) Es sei darauf hingewiesen, daß es nicht möglich ist, alle Instrumente einer Klasse eindeutig zuzuordnen, da es durchaus auch multifunktionale Instrumente gibt, wie etwa die Mitarbeiterbefragung.

3) Vgl. Reiß (1997, S. 94 ff.).

- Funktionsdiagramme,
- Szenarioanalysen,
- Trendextrapolationen etc.

Bei den **Interventionsinstrumenten** sind vor allem die **Kommunikationsinstrumente** zu nennen, die nicht nur der Information der Betroffenen dienen, sondern, bedingt durch die Forderung nach einer partizipativen Implementierung, immer den bilateralen Informationsfluß unterstützen müssen. Hierzu zählen[1)]:

- Start-up-Workshops (Kick-off-Workshops[2)]),
- Gruppengespräche,
- Infobörsen/-märkte/-tage,
- Mitarbeiterzeitschriften,
- Abteilungsbesprechungen,
- Mitarbeiterbesprechungen etc.

Informationsaktivitäten sollen dabei das Ziel verfolgen, die betroffenen Mitarbeiter möglichst umfassend über eventuelle Änderungen zu informieren, um Unsicherheiten abzubauen, die aus einem zu niedrigen Informationsgrad resultieren. Dabei ist stets über

- die Notwendigkeit von Maßnahmen und
- die damit verbundenen (positiven und/oder negativen) Konsequenzen für die Unternehmung und die betroffenen Mitarbeiter zu informieren[3)].

Die Glaubwürdigkeit der Information stellt dabei eine unabdingbare Voraussetzung für die Akzeptanz bei den Betroffenen dar[4)].

Qualifizierungsinstrumente zielen auf den durch die Strategieimplementierung induzierten notwendigen Qualifizierungsbedarf im Hinblick auf

- Fach-,
- Methoden- und
- Sozialkompetenz

1) Vgl. Reiß (1997, S. 99).

2) Vgl. Krcmar/Schwarzer/Zerbe (1997, S. 164 ff.).

3) Vgl. Corsten (1989, S. 18 f.).

4) Vgl. Reiß (1997, S. 101).

ab[1]. Typische Qualifizierungsprogramme stellen dabei eine Kombination aus

- off-the-job- (z.B. Schulungen, Seminare),
- near-the-job- (z.B. Zirkel) und
- on-the-job-Training (während der täglichen Arbeit)

dar[2].

Bei den **Motivationsinstrumenten** geht es um den Einsatz akzeptanzfördernder intrinsischer und extrinsischer Anreize, die zu einem Anreizsystem zusammengefaßt werden. Während **intrinsische Anreize**[3] aus der Arbeitstätigkeit selbst resultieren, handelt es sich bei **extrinsischen** z.B. um Prämien für eine schnelle Erledigung einer Aufgabe. Anreizsystemen kommt folglich die Aufgabe zu, bei den Mitarbeitern ein strategiekonformes Verhalten zu fördern[4]. Dabei ist das Anreizsystem in Abhängigkeit von der verfolgten Wettbewerbsstrategie zu gestalten, um den spezifischen Erfordernissen der jeweiligen Strategie Rechnung zu tragen[5]. Dabei wird häufig zwischen Ergebnis- und Handlungszielen unterschieden, die aber in hohem Maße interdependent sind[6].

Um das Anreizspektrum, das die unterschiedlichsten Anreize umfassen kann, dem Mitarbeiter individuell zu offerieren, bietet sich das sogenannte **Cafeteria-System**[7] an, bei dem die Mitarbeiter die Möglichkeit haben, ihren Präferenzen

1) Die Mitarbeiter stellen sowohl in quantitativer als auch in qualitativer Hinsicht einen wesentlichen Erfolgsfaktor für die Strategieimplementierung dar. Quantitative Defizite machen Rekrutierungsmaßnahmen erforderlich.

2) Vgl. Reiß (1997, S. 101).

3) Vgl. Nerdinger (1995, S. 51 ff.). „Intrinsische Motivationswirkungen resultieren aus der jeweiligen Einstellung des Mitarbeiters zu dem Ergebnis seiner Tätigkeit (z.B. Gefühl der Befriedigung). Extrinsische Motivationswirkungen sind das Ergebnis von Anreizen (...), die von der Unternehmung kontrolliert werden.“ Frese/Werder (1994, S. 12). Sie beziehen sich folglich auf Bedürfnisse, die außerhalb des entsprechenden Aufgabenbereiches liegen. Vgl. Laux (1992, Sp. 115); Osterloh/Frost (1996, S. 165 f.).

4) Vgl. Becker (1987); Reiß (1996, S. 315 ff.); Weinert (1992, Sp. 127 ff.).

5) Vgl. Becker (1987, S. 66 ff.); Bleicher (1985, S. 24); Zäpfel (1989, S. 90).

6) Während Ergebnisziele an quantifizierbaren Größen wie Menge, Kosten, Cash Flow etc. ansetzen, zielen Handlungsziele auf ein gewünschtes Leistungsverhalten ab. Vgl. Kolks (1990, S. 146). Zu unterschiedlichen Anreizbemessungsgrößen vgl. Reiß/Corsten (1992, S. 164).

7) Vgl. Gussmann (1988, S. 120 ff.); Reiß/Corsten (1992, S. 162 ff.). Zu einem Spektrum möglicher Anreize vgl. Weinert (1992, Sp. 123).

entsprechend einzelne Anreize auszuwählen. Damit wird neben der Transparenz auch der Flexibilität eines Anreizsystems entsprochen. Diese Vorgehensweise erscheint auch grundsätzlich geeignet zu sein, hybride Wettbewerbsstrategien zu unterstützen.

Motivationsinstrumente zielen somit darauf ab,

- eine Zustimmung der Betroffenen zur angestrebten Strategie zu erreichen und
- eine Vermeidung von Ablehnung zu bewirken.

Bei den **Organisationsinstrumenten**[1)] geht es insbesondere um Erscheinungsformen der Organisation, die die Primärorganisation überlagern und ergänzen. Bedingt durch die im Rahmen des Implementierungsstils geforderte partizipative Vorgehensweise und die damit notwendige Koordination und Kooperation ergibt sich unmittelbar die Forderung nach teamorientierten Strukturen[2)]. Dabei sind in der Praxis **Projektorganisationen** am häufigsten vorzufinden, wobei sich die folgenden **Basisvarianten** unterscheiden lassen[3)]:

- Stabs-Projektorganisation (Einflußprojektorganisation);
- Matrix-Projektorganisation und
- reine Projektorganisation.

Abbildung 65 gibt diese Formen wieder.

---

1) Vgl. hierzu auch die Ausführungen zur Abstimmung zwischen Unternehmungsstruktur und -strategie, in denen betont wurde, daß es keine eindeutigen Aussagen hinsichtlich der Stimmigkeit zwischen Strategie und Struktur gebe, sondern letztlich nur situativ entschieden werden könne, wobei insbesondere die Dimensionen der Organisationsstruktur (z.B. Spezialisierung, Koordination) die Strategieimplementierung beeinflussen. Vgl. Kieser/ Kubicek (1992, S. 73 ff.); Kolks (1990, S. 132 ff.). Struktur und Strategie beeinflussen sich letztlich wechselseitig, und es zeigt sich, daß Unternehmungen mit unterschiedlichen Strukturen bei denselben Umweltgegebenheiten erfolgreich sein können. So weist dann auch Gaitanides (1986, S. 280) darauf hin, daß die These von Chandler zu deterministisch sei.

2) Vgl. auch die vermaschten Teams von Schnelle (1966).

3) Vgl. Bühner (1993, S. 450 ff.); Frese (1995, S. 470 ff.); Reiß (1996, S. 291 ff.); Schreyögg (1996, S. 190 ff.).

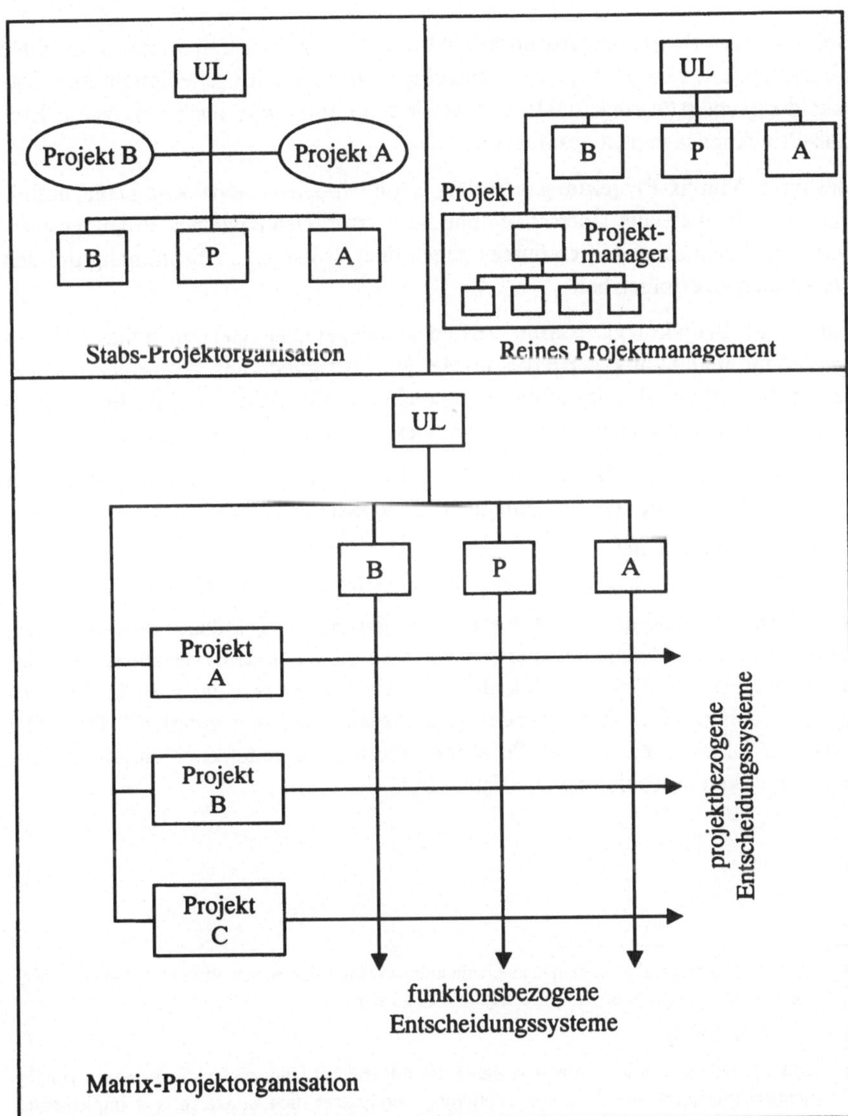

Abb. 65: Basisvarianten der Projektorganisation

Bei der **Stabs-Projektorganisation** sind die Projektmitarbeiter weiterhin in ihrer Linienfunktion verankert, und die einzelne Projekteinheit hat lediglich eine Entscheidungsunterstützungsfunktion. Aus diesem Grund wird auch von einem Einfluß-Projektmanagement gesprochen.

Bei einer **Matrix-Projektorganisation** erfolgt hingegen eine Kompetenzaufteilung, die eine bewußte Überschneidung hervorruft. Den einzelnen Projekten werden dabei entsprechende Ressourcen zugeordnet, wobei eine Abstimmung mit den Funktionen zu erfolgen hat.

Eine **reine Projektorganisation** verfügt demgegenüber über ein hohes Maß an Autonomie und Autarkie. Hierbei erfolgt eine Ausgliederung der projektbezogenen Aufgaben aus den jeweiligen Unternehmungsbereichen, wobei der Projektleiter das alleinige Weisungsrecht gegenüber den Projektmitarbeitern hat[1)].

Diese Basisvarianten können einerseits in vielfältigen Modifikationen, aber auch in Kombination auftreten. So können z.B. **Projektteams** einen

- konstanten und einen
- variablen Teil

aufweisen. Während das Kernteam über die gesamte Projektdauer hinweg unverändert dem Projektteam angehört, handelt es sich bei dem variablen Teil um temporäre Erweiterungen, die situativ als zweckmäßig erachtet werden. Im Projektteam sollen dabei **Promotoren**[2)] den Projekterfolg sicherstellen[3)]. Dabei ist zwischen Macht-, Fach- und Prozeßpromotoren zu unterscheiden, deren Zusammenwirken in Abbildung 66 erfaßt wird[4)].

---

1) Auch Task-Forces sind spezifische Erscheinungsformen des reinen Projektmangement. Vgl. Irle (1971, S. 231 ff.); Brose/Corsten (1983, S. 83 ff.).

2) Vgl. Witte (1973).

3) Kolks (1990, S. 206 ff.) formuliert dabei die folgenden Leitlinien für die Personen (Implementierungsträger), die die Implementierung durchsetzen und umsetzen: (1) Implementierungsträger sollen stets Implementierungsverantwortung tragen; (2) es sind sog. „Schlüsselpersonen" einzubeziehen; (3) aufgrund der unterschiedlichen Anforderungen ist bei der Teamzusammensetzung auf eine entsprechende „Mischung" zu achten.

4) Vgl. Hauschildt (1997, S. 183).

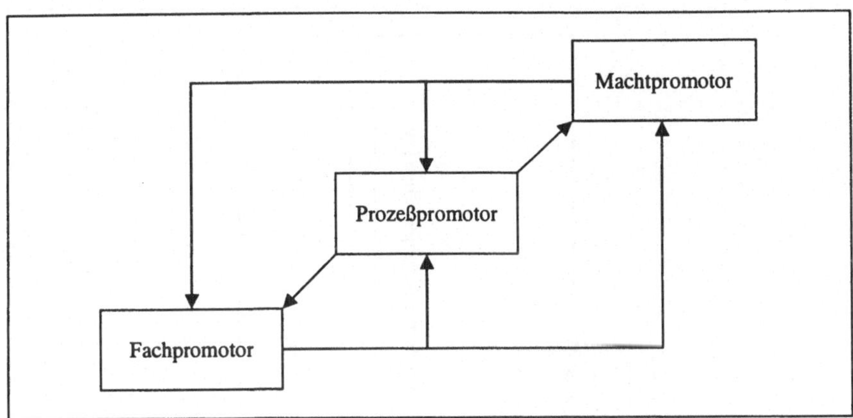

Abb. 66: Promotoren

Während der **Machtpromotor** aufgrund seiner hierarchischen Position das Projekt vorantreibt, unterstützt der **Fachpromotor** das Projekt auf der Basis seines objektspezifischen Wissens. Demgegenüber obliegt dem **Prozeßpromotor** eine Art „Getriebefunktion"[1], um das Zusammenwirken der Promotoren in effizienter Weise zu sichern. Dabei ist aber auch auf sogenannte **Opponenten** zu achten, die den Projekterfolg gefährden[2]. Allerdings ist zu beachten, daß Opponenten auch durchaus als „Korrekturfaktor" wirken können und daher nicht ausschließlich negativ zu beurteilen sind. So können Opponenten in frühen Projektphasen z.B. auf übersehene Konsequenzen hinweisen. Aufgabe der Promotoren ist es dann, entsprechende Überzeugungsarbeit zu leisten.

Neben strukturellen sind prozessuale Aspekte relevant, die in sogenannten **Vorgehensmodellen** ihren Niederschlag finden, die i.d.R. einzelne Phasen unterscheiden. Auch wenn derartige phasenbezogene Vorgehensweisen nicht unproblematisch sind, so können sie doch einen Beitrag zur Schaffung von Transparenz leisten. Dabei seien die Phasen Implementierungsplanung, -realisation und -kontrolle unterschieden (vgl. Abbildung 67[3]).

1) Vgl. Reiß (1997, S. 105).

2) Das Spektrum der Maßnahmen reicht dabei vom Umleiten von Informationsflüssen bis hin zur Versetzung auf unattraktivere Stellen. Vgl. Reiß (1997, S. 107).

3) Vgl. Kolks (1990, S. 257 ff.), der diese Vorgehensweise auf den Überlegungen von Wild (1974, S. 32 ff.) einschlägt.

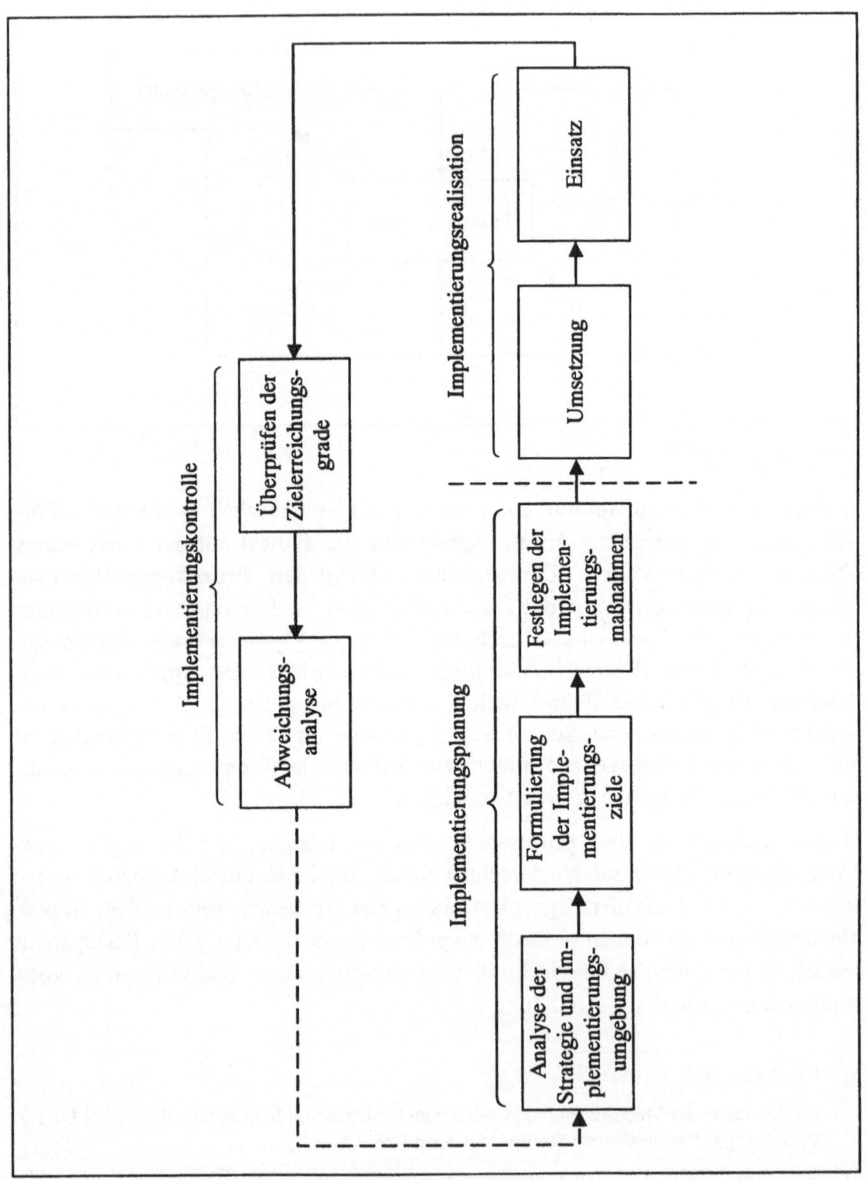

Abb. 67: Vorgehensmodell der Implementierung

Ausgangspunkt der **Implementierungsplanung** ist die zu implementierende Strategie, die es unter Beachtung der spezifischen Implementierungsumgebung zu analysieren gilt. Auf dieser Basis sind dann die Implementierungsziele zu formulieren. Die Festlegung der notwendigen Implementierungmaßnahmen schließt sich an und bildet den Ausgangspunkt für die **Implementierungsrealisation**. In diesen Übergang fällt auch die Einrichtung des Projektteams, dem in der Umsetzung die Aufgabe eines effizienten Projektmanagement obliegt. Mit der Einweisung und Schulung des Personals beginnt dann die Einsatzphase. Die Überprüfung der Zielerreichungsgrade und eine eventuell notwendig werdende Abweichungsanalyse sind anschließend Gegenstand der **Implementierungskontrolle**.

4.3 Strategiekontrolle

4.3.1 Grundlegungen

Der Bereich der strategischen Kontrolle stellt ein stark vernachlässigtes Gebiet der strategischen Planung dar. Bevor auf die spezifischen Ansatzpunkte und Probleme der Strategiekontrolle eingegangen wird, sind zunächst einige terminologische Grundlegungen vorzunehmen.

Kontrolle ist ein **Informationsgewinnungsprozeß**, der durch eine Gegenüberstellung von Vergleichs- und Kontrollgrößen charakterisiert ist. Das Ziel der Kontrolle ist damit eine **Erfolgsbeurteilung** von Handlungen in Form von Soll-Ist-Vergleichen[1] und deren Auswertung für das künftige Unternehmungsgeschehen[2]. Unter Kontrolle ist somit mehr als die Durchführung eines Vergleiches zwischen geplanten und realisierten Werten zu verstehen. Kontrollaktivitäten sind letztlich die Basis, um

- Fehler in der Planung und/oder
- Fehler in der Realisation

zu erkennen und geeignete Maßnahmen ergreifen zu können. Ziel der Kontrolle ist es damit, einen **unternehmungszielkonformen Aufgabenvollzug** sicherzustel-

1) Zu unterschiedlichen Vergleichsformen vgl. Corsten/Reiß (1989, S. 615 ff.).

2) Vgl. Kloock (1979, Sp. 1525); Pfohl/Stölzle (1997, S. 3); Reiß (1984, S. 499 ff.); Schweitzer (1993, S. 89 f.).

len. Der Kontrolle obliegen ferner unterschiedliche **Funktionen**, d.h., sie ist einerseits unter Koordinations- und anderseits unter Motivationsüberlegungen von Bedeutung[1)].

Primäre Aufgabe der **Koordinationsfunktion** ist die Abstimmung zwischen Planung und Kontrolle, wobei insbesondere die drei folgenden Aufgaben zu nennen sind:

- Ermittlung der Istwerte,
- Vergleich von Soll- und Istwerten sowie Feststellung von Abweichungen und
- Analyse von Abweichungen zur Identifikation von Ursachen.

Damit ergeben sich als weitere spezifische Funktionen der Koordination

- die **Aufdeckungsfunktion** (Abweichungen sollen identifiziert werden) und
- die **Erklärungsfunktion** (Abweichungsursachen sollen ermittelt und erklärt werden).

Kontrollen weisen aber nur dann einen Nutzen auf, wenn die mit ihrer Hilfe ermittelten Informationen für zukünftige Handlungen von Bedeutung sind, d.h., wenn sie einen **Informationswert**, definiert als Differenz zwischen Informationsertrag und -kosten, aufweisen.

Im Rahmen von **Motivationsüberlegungen** sind Kontrollen ein Instrument zur zieladäquaten Beeinflussung menschlicher Verhaltensprozesse, wobei zwischen intrinsischer und extrinsischer Motivation zu unterscheiden ist. In extrinsischer Sicht kann sie einerseits mit einer vorbeugenden Wirkung gegen Verhaltensabweichungen einhergehen und anderseits als Basis für den Einsatz von „Belohnungen" und „Bestrafungen" dienen. Demgegenüber resultiert eine intrinsische Motivation aus der individuellen Bedeutung der Information für den jeweiligen Mitarbeiter.

Auf der Grundlage der Anzahl der Merkmalsausprägungen der Kontrollobjekte[2)], die Gegenstand der Kontrolle sind, lassen sich ein- und mehrdimensionale Kontrollen unterscheiden. Wird ein Merkmal als Beurteilungsgrundlage herangezogen, dann liegt eine **eindimensionale Kontrolle** vor. Derartige Kontrollen können mit einer **dysfunktionalen Wirkung** einhergehen, die sich in einer Verschlechterung

1) Zu einer anderen Einteilung vgl. z.B. Pfohl/Stölzle (1997, S. 80 ff.).

2) Hierunter sind alle personalen und sachlichen Objekte einer Organisation zu verstehen, über deren reale Erscheinungen die Kontrolle Informationen gewinnen kann.

des **Kontrollklimas** niederschlägt. Dies ist etwa dann der Fall, wenn der Kontrollierte der Meinung ist, daß seine Leistung durch das festgelegte Kontrollmerkmal nicht richtig gemessen wird. Für den Mitarbeiter ergeben sich in dieser Situation die folgenden Anpassungsmöglichkeiten:

- bei Vorgabe eines quantitativen Zieles besteht die Gefahr der Vernachlässigung qualitativer Aspekte;
- bei Ausrichtung an kurzfristigen Zielen besteht die Gefahr der Vernachlässigung langfristiger Ziele;
- wird ein Mitarbeiter danach bewertet, inwieweit er die seinem Verantwortungsbereich vorgegebene Größe realisiert, dann besteht die Gefahr der Vernachlässigung anderer Bereiche (Verselbständigung von Teilzielen mit dem Problem der Suboptimierung).

Darüber hinaus sind **Manipulationen** entscheidungsrelevanter Kontrollinformationen zu nennen, mit deren Hilfe versucht werden kann, Belohnungen zu erlangen oder Sanktionen zu vermeiden. Unter diesen Aspekten erscheint es einerseits zweckmäßig, **mehrdimensionale Kontrollen** durchzuführen, die das Leistungsverhalten durch mehrere Merkmale zu erfassen versuchen, und anderseits, die Festlegung der jeweiligen Merkmalsausprägungen als einen partizipativen Prozeß zu begreifen.

Aufgabe der Kontrolle ist es, Fehler in der Planung und/oder in der Realisation zu erkennen, um einen unternehmungszielkonformen Aufgabenvollzug sicherzustellen. Während als **Planungsfehler** insbesondere die fehlerhafte Situationsbeschreibung und Durchführung von Planungsverfahren[1)] zu nennen sind, können sich **Realisationsfehler** im Rahmen der Prozeßrealisation und/oder des -ergebnisses niederschlagen. Diese Fehler sind Grundlage für unterschiedliche Formen der Kontrolle, die sich wie folgt unterscheiden lassen[2)]:

- **Prämissenkontrolle**: Sie soll sicherstellen, daß Abweichungen hinsichtlich der Einflußgrößenentwicklung und in der modellmäßigen Abbildung vor der Planrealisation rechtzeitig erkannt werden.
- **Realisationskontrolle:** Es werden die vorgegebenen Sollwerte als Kontrollgrößen mit den tatsächlich realisierten Istwerten verglichen.

1) Sie entsteht durch Unzulänglichkeiten der Planungsträger im Rahmen der Anwendung von Planungsverfahren und durch unzureichende Informationen über den Entwicklungsstand des methodischen Planungs-Know-hows.

2) Vgl. Corsten (1995c, S. 477 f.); Frese (1968, S. 61 f.); Schweitzer (1993, S. 95 ff.).

- **Metakontrolle**: Sie soll sicherstellen, daß das angewandte mit dem vorgegebenen Planungsverfahren in Einklang steht.

Abbildung 68 gibt den Zusammenhang zwischen den einzelnen Kontrollformen und den auftretenden Fehlern zusammenfassend wieder.

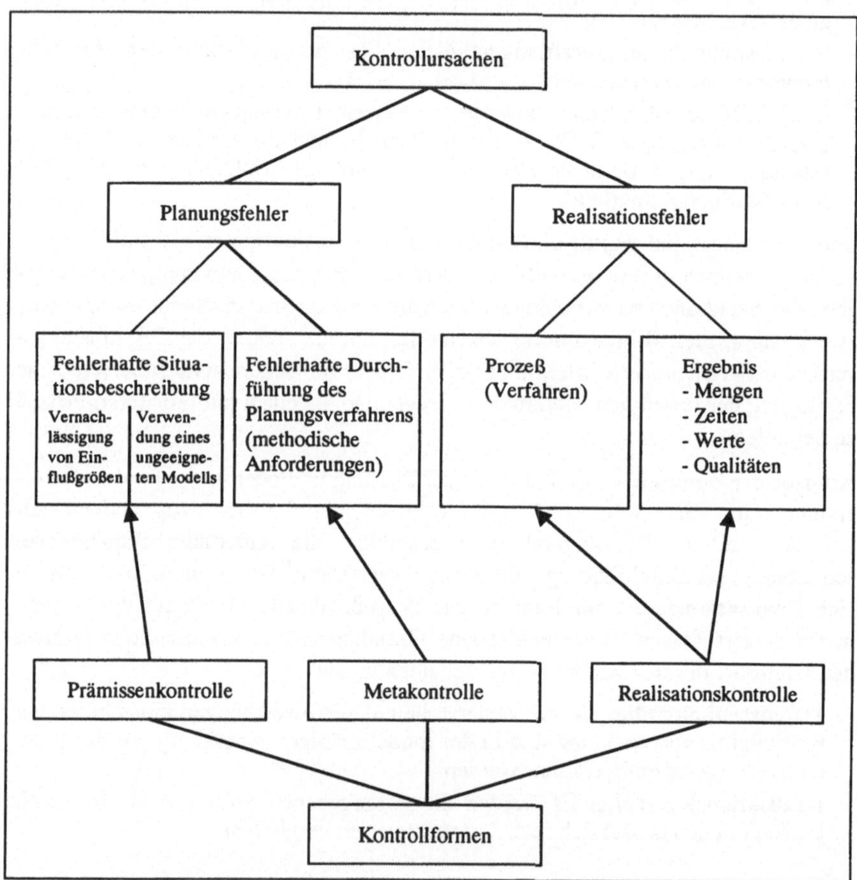

Abb. 68: Zusammenhang zwischen Kontrollformen und Fehlerarten

4.3.2 Besonderheiten der strategischen Kontrolle

In den bisherigen Ausführungen wurde implizit unterstellt, daß die Kontrolle im Rahmen eines Soll-Ist-Vergleichs als letzte Phase des Managementprozesses durchgeführt wird, d.h., es handelt sich um eine ex post-Kontrolle, bei der Abweichungen identifiziert werden und gegebenenfalls entsprechende Korrekturen erfolgen. Eine derartige ex post-Kontrolle ist jedoch für strategische Überlegungen unbrauchbar, da sie letztlich (zu) späte Erkenntnisse darüber liefert, wie ein Entscheidungsträger hätte entscheiden und handeln sollen[1]. Aufgrund der langfristigen Reichweite und den intertemporalen Interdependenzen[2] strategischer Pläne liegen für die strategische Kontrolle gänzlich andere Bedingungen vor[3]. Aus der Langfristigkeit strategischer Überlegungen resultiert

- einerseits eine **erhebliche Unsicherheit**, die sich in mehrdeutigen Grundannahmen und Ergebnisbegründungen niederschlägt und
- anderseits eine **geringere Genauigkeit** als dies bei der operativen Kontrolle der Fall ist, so daß sich letztlich nur Orientierungshilfen ergeben.

Die strategische Kontrolle soll

- einerseits der **Sicherstellung** dienen, daß die Aktivitäten auch in der geplanten Weise durchgeführt werden und
- anderseits einen **Lernprozeß** darstellen, und zwar hinsichtlich
  - -- der verwendeten Prognosen und
  - -- der Vorgehensweise[4].

Dabei ergibt sich zunächst das Problem, welcher Kontrollmaßstab herangezogen werden soll. Hierbei zeigt sich, daß im Rahmen der strategischen Kontrolle i.d.R. keine exakt vorgegebenen monetären Zielgrößen relevant sind, sondern eher allgemeine Anspruchsformulierungen oder Intervalle von Bedeutung sind[5] und dar-

1) Vgl. Gälweiler (1981b, S. 383 f.).

2) Vgl. Kreikebaum (1997, S. 93).

3) So lassen sich Aussagen über den Erfolg von strategischen Handlungen teilweise erst sehr spät formulieren. Erschwerend kommt hinzu, daß Ursache und Wirkung nicht nur deutlich auseinanderfallen, sondern Ursache-/Wirkungszusammenhänge äußerst schwach sein können und damit teilweise auch den Charakter von Ursache-/Wirkungsvermutungen annehmen.

4) Vgl. Picot (1981, S. 566).

5) Vgl. Köhler (1976, S. 309).

über hinaus auch „weiche“ Faktoren zu beachten sind[1]. Dies zeigt sich auch auf der Ebene der Wettbewerbsstrategien, deren Bezugsobjekt die strategischen Geschäftseinheiten sind, so daß Produkt-Markt-Ziele von Bedeutung sind, d.h., es geht um die Entwicklung potentieller Nachfragegruppen und die anzubietenden Leistungen. So können als Ziele dann der Ausbau einer bestehenden Marktposition oder z.B. der Eintritt in einen neuen Markt formuliert werden. Derartige zunächst unverbindlich klingende Zielvorgaben haben jedoch erhebliche Auswirkungen auf die unterschiedlichsten unternehmerischen Bereiche. So muß etwa die F&E Leitlinien für die Produktentwicklung oder -modifikation aufstellen, der Finanzbereich entsprechende Investitionsüberlegungen anstellen, der Produktionsbereich die technologischen Voraussetzungen schaffen, und ferner können im Personal- und Organisationsbereich Änderungsbedarfe induziert werden. Durch diese Konkretisierungen werden gleichzeitig die ersten Grundlagen für Schätzungen monetärer Größen gelegt.

4.3.3 Strategisches Kontrollsystem

Grundlegend für das strategische Kontrollsystem im deutschsprachigen Raum sind die Arbeiten von Schreyögg/Steinmann[2], auf die sich die meisten Abhandlungen[3] beziehen. Ausgangspunkt bildet dabei ein Kontrollverständnis, das vom üblichen Kontrollbegriff als ex post-Vergleich grundlegend abweicht. Strategische Kontrolle wird vielmehr als ein **planungsbegleitender Prozeß** verstanden, d.h., sie stellt einen kontinuierlichen Informationsgewinnungsprozeß dar, der parallel zur strategischen Planung verläuft[4]. Aufgabe der strategischen Kontrolle ist folglich die laufende Überprüfung des strategischen Planes, ob dieser weiterhin tragfähig und realisierbar ist. Sie stellt damit eine Art Gegengewicht zu der mit der strategischen Planung unabdingbar verbundenen Selektivität dar. Diese **Selektivität** re-

1) Aus diesem Grund schlagen Bea/Haas (1995, S. 220) vor, im Rahmen der strategischen Kontrolle keine Abweichungsanalyse im üblichen Sinne durchzuführen, sondern eine Argumentationsbilanz aufzustellen, die Argumente und Vermutungen über Abweichungsgründe erfaßt. Zur Idee der Argumentationsbilanz vgl. Wildemann (1986, S. 33).

2) Vgl. Schreyögg/Steinmann (1985, S. 391 ff.); Steinmann/Schreyögg (1991, S. 200 ff.).

3) So z.B. Bea/Haas (1995, S. 201 ff.); Kreikebaum (1997, S. 91 ff.). Demgegenüber enthält das Grundlagenwerk von Welge/Al-Laham (1992) kein Kapitel über strategische Kontrolle.

4) Vgl. auch Picot (1981, S. 566).

sultiert aus der „... prinzipiellen Unabschließbarkeit des strategischen Entscheidungsfeldes der Unternehmung."[1] Differenzierend unterscheiden die Autoren dann zwischen

- strategischer Überwachung als globaler Kernfunktion,
- strategischer Durchführungskontrolle und
- strategischer Prämissenkontrolle,

wobei die beiden zuletzt genannten als Spezialfunktionen in der strategischen Überwachung eingebettet sind[2]. Abbildung 69 gibt dieses Kontrollsystem in seiner grundsätzlichen Struktur wieder[3].

Im Zeitpunkt t_0 beginnt der **strategische Planungsprozeß** und setzt im Zeitpunkt t_1 **Prämissen**, um so Unsicherheiten und Unklarheiten zu reduzieren, d.h., die Prämissensetzung hat das Ziel, die Entscheidungssituation zu strukturieren. Durch diese Prämissen (z.B. über Marktentwicklungen, technische Entwicklungen) werden letztlich denkbare Alternativen ausgeblendet. Hieraus resultiert unmittelbar die Notwendigkeit einer laufenden Überprüfung der durch die Planer gesetzten Prämissen. Dabei kann sich etwa zeigen, daß durch Veränderungen der Umweltbedingungen einzelne Prämissen nicht mehr haltbar sind und entsprechende Änderungen vollzogen werden müssen. Zu beachten ist in diesem Zusammenhang, daß auch Situationen auftreten können, in denen Änderungen mit extrem hohen Aufwand verbunden sind oder auch bedingt durch mangelnde Reversibilität strategische Pläne verworfen werden müssen.

---

1) Steinmann/Schreyögg (1992, S. 204).

2) Vgl. Schreyögg/Steinmann (1985, S. 401 ff.). Die in der Literatur vorzufindenden Konzepte der strategischen Kontrolle enthalten alle die Prämissen- und Durchführungskontrolle (Fortschrittskontrolle) als Minimalgrundlage. Durch weitere Aspekte ergeben sich dann entsprechende Differenzierungen (zu einem Überblick vgl. Pfohl 1988, S. 806 ff.). So betonen Hahn (1992, S. 655 ff.) und Gälweiler (1981b, S. 386 ff.) die Notwendigkeit einer Konsistenzkontrolle in methodischer und inhaltlicher Sicht, die Zettelmeyer (1984, S. 220 ff.) auch als Plankontrolle bezeichnet. Tendenziell weisen zwar die einzelnen Konzepte unterschiedliche Differenzierungsgrade auf, jedoch sind häufig lediglich terminologische Unterschiede oder andere Zuordnungen zu einzelnen Kontrolltypen festzustellen.

3) Steinmann/Schreyögg (1992, S. 203).

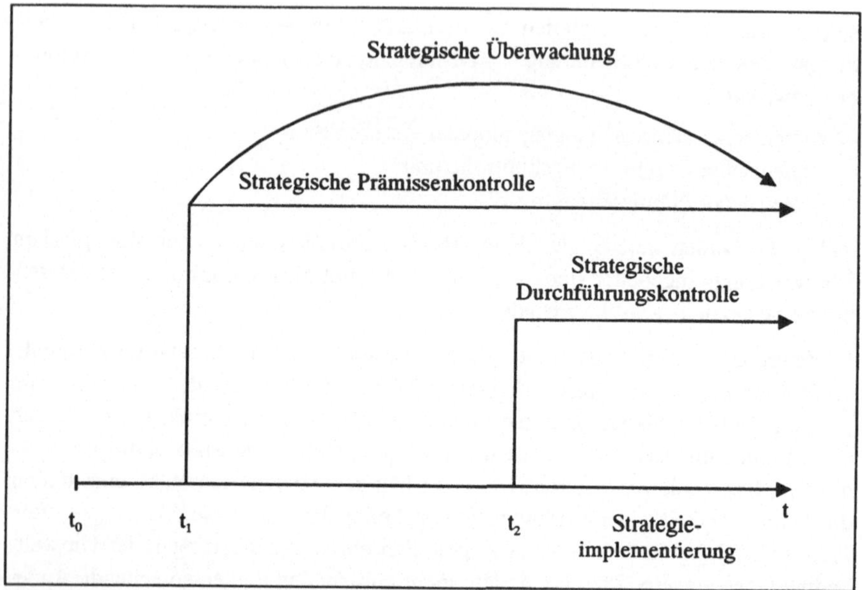

Abb. 69: Bausteine der strategischen Kontrolle

Im Zeitpunkt t_2 beginnt die **Strategieimplementierung** und damit die **strategische Durchführungskontrolle**, ein Sachverhalt, der auch als Planfortschrittskontrolle bezeichnet wird[1]. Hierbei lassen sich Zwischenziele in der Form von Meilensteinen definieren, d.h., es handelt sich um eine Abfolge von Zustandsstufen[2]. Die strategische Durchführungskontrolle ist damit durch einen deutlich höheren Konkretisierungsgrad gekennzeichnet als die beiden anderen Kontrollformen.

Demgegenüber stellt die **strategische Überwachung** eine ungerichtete Kontrolle dar: „Sie ist eine im Grundsatz ungerichtete Kontrollaktivität, d.h., sie ist nicht von vornherein auf ein konkretes Kontrollobjekt bezogen."[3] Es läßt sich damit durchaus eine Parallele zum Beobachtungszyklus des integrierten Produktlebenszyklus aufzeigen, bei dem es ebenfalls darum geht, frühzeitig Chancen und Ri-

1) Vgl. Wild (1974, S. 44 und S. 67).

2) Vgl. Köhler (1976, S. 311).

3) Steinmann/Schreyögg (1992, S. 204).

siken für die Unternehmung aufzudecken[1]. Die skizzierten Typen strategischer Kontrolle, die nur gemeinsam ein angemessenes Kontrollsystem darstellen, lassen sich dann, wie in Tabelle 14 dargestellt, konkretisieren[2].

Typen strategischer Kontrolle / Kontroll-Charakteristika	Strategische Überwachung	Strategische Prämissen-kontrolle	Strategische Durchführungs-kontrolle
Ausmaß der Gerichtetheit	Gering	Mittel	Hoch
Kontrollobjekt	Umwelt/ Ressourcen	Planungs-prämissen	Zwischen-ziele

Tab. 14: Kontrollarten eines strategischen Kontrollsystems

Die strategische Kontrolle ist damit als ein Prozeß permanenter Beobachtung zu begreifen. Ein wesentlicher Aspekt der strategischen Kontrolle ist folglich darin zu sehen, daß sich das Management ständig mit den Veränderungen im Umsystem auseinandersetzen, Prämissen hinterfragen und somit einen Lernprozeß durchlaufen muß. Generell gilt dabei, daß es vermieden werden sollte, die Kontrolle als ein Instrument zur Identifikation von „Schuldigen" zu sehen[3] und zu kommunizieren[4]. Dabei sollte gerade auf der strategischen Ebene vermieden werden, unerfüllbare Perfektionsansprüche zu formulieren, sondern ein Prozeß permanenter Problemsuche und Zukunftsgestaltung initiiert werden, ohne dabei die notwendige Formalisierung zu vernachlässigen[5]. Die strategische Kontrolle ist damit durch das **Prinzip der Vorkoppelung** (feed forward) charakterisiert[6].

1) Vgl. hierzu auch den Ansatz der schwachen Signale von Ansoff (1976, S. 135 ff.).

2) Steinmann/Schreyögg (1992, S. 207).

3) Vgl. Köhler (1976, S. 317).

4) Dies gilt auch für Kontrollen auf der operativen Ebene.

5) Vgl. Szyperski (1974, S. 678).

6) Vgl. Pfohl (1988, S. 804).

Literaturverzeichnis

Aaker, D.A.: Strategisches Markt-Management - Wettbewerbsvorteile erkennen - Märkte erschließen - Strategien entwickeln, Wiesbaden 1989

Abell, D.F.: Defining the Business. The Starting Point of Strategic Planning, Englewood Cliffs (NJ) 1980

Abernathy, W.J.; Utterback, J.M.: Patterns of Industrial Innovation, in: Technology Review, 80. Jg. (1978), H. 6/7, S. 40-47

Ackermann, K.-F.: Arbeitszeitmanagement im „Kritischen Erfolgsfaktoren-Konzept" der strategischen Unternehmensführung, in: Innovatives Arbeitszeit- und Betriebszeitmanagement, hrsg. v. K.-F. Ackermann u. M. Hofmann, Frankfurt a.M./New York 1990, S. 5-28

Adrian, W.: Strategische Unternehmensführung und Informationssystemgestaltung auf Grundlage kritischer Erfolgsfaktoren, Bergisch Gladbach/Köln 1989

Albach, H.: Strategische Unternehmensplanung bei erhöhter Unsicherheit, in: Zeitschrift für Betriebswirtschaft, 48. Jg. (1978), S. 702-715

Albach, H.: Interner und externer Strukturwandel als Unternehmensstrategien, in: Zeitschrift für Betriebswirtschaft, 54. Jg. (1984), S. 1169-1190

Albach, H.: Kosteneffekte auf stagnierenden Märkten - Bemerkungen zum Verhältnis von Kapazitätsauslastung und Erfahrung, in: Praxisorientierte Betriebswirtschaft, hrsg. v. H.G. Bartels, G. Beuermann u. R. Thome, Berlin 1987, S. 21-33

Albach, H.: Maßstäbe für den Unternehmungserfolg, in: Handbuch Strategische Führung, hrsg. v. H. Henzler, Wiesbaden 1988, S. 69-84

Albach, H.: Das Management der Differenzierung, in: Zeitschrift für Betriebswirtschaft, 60. Jg. (1990), S. 773-788

Al-Laham, A.: Strategieprozesse in deutschen Unternehmungen. Verlauf, Struktur und Effizienz, Wiesbaden 1997

Amit, R.: Cost Leadership Strategy and Experience Curves, in: Strategic Management Journal, 7. Jg. (1986), S. 281-292

Amit, R.; Schoemaker, P.: Strategic Assets and Organizational Rent, in: Strategic Management Journal, 14. Jg. (1993), S. 33-46

Ansoff, H.I.: Management-Strategie, München 1966

Ansoff, H.I.: Managing Surprise and Discontinuity. Strategic Response to Weak Signals, in: Zeitschrift für betriebswirtschaftliche Forschung, 28. Jg. (1976), S. 129-152

Ansoff, H.I.: The Changing Shape of the Strategic Problem, in: Strategic Management. A New View of Business Policy and Planning, hrsg. v. D.E. Schendel u. C.W. Hofer, Boston/Toronto 1979, S. 30-44

Ansoff, H.I.: Implanting Strategic Management, Englewood Cliffs (NJ) 1984

Ansoff, H.I.; Kirsch, W.; Roventa, P.: Unschärfenpositionierung in der strategischen Portfolio-Analyse, in: Zeitschrift für Betriebswirtschaft, 51. Jg. (1981), S. 963-988

Ansoff, H.I.; Leontiades, J.C.: Strategic Portfolio-Management. Working Paper 76-16 des European Institute for Advanced Studies in Management, Brüssel 1976

Arbeitskreis „Organisation" der Schmalenbach-Gesellschaft/Deutsche Gesellschaft für Betriebswirtschaft e.V.: Organisation im Umbruch. (Was) kann man aus den bisherigen Erfahrungen lernen?, in: Zeitschrift für betriebswirtschaftliche Forschung, 48. Jg. (1996), S. 621-665

Arnold, U.: Strategische Unternehmensführung und das Konzept der „Schwachen Signale", in: Wirtschaftswissenschaftliches Studium, 10. Jg. (1981), S. 290-293

Ayres, R.U.: Prognosen und langfristige Planung in der Technik, München 1971

Backhaus, K.; Gruner, K.: Epidemie des Zeitwettbewerbs, in: Die Beschleunigungsfalle oder der Triumph der Schildkröte, hrsg. v. K. Backhaus u. H. Bonus, 2. Aufl., Stuttgart 1997, S. 19-46

Bain, J.S.: Barriers to New Competition, Cambridge (MA) 1956

Bain, J.S.: Industrial Organization, New York/London/Sydney 1968

Bamberger, I.: Theoretische Grundlagen strategischer Entscheidungen, in: Wirtschaftswissenschaftliches Studium, 10. Jg. (1981), S. 97-104

Bamberger, I.; Wrona, T.: Der Ressourcenansatz und seine Bedeutung für die Strategische Unternehmensführung, in: Zeitschrift für betriebswirtschaftliche Forschung, 48. Jg. (1996), S. 130-153

Barney, J.: Firm Resources and Sustained Competitive Advantage, in: Journal of Management, 17. Jg. (1991), S. 99-120

Bartling, H.: Leitbilder der Wettbewerbspolitik, München 1980

Bartling, H.: Wettbewerbstheorie, in: Wirtschaftslexikon, hrsg. v. A. Woll, 6. Aufl., München/Wien 1992, S. 735-738

Bauer, H.H.: Das Erfahrungskurvenkonzept, in: Wirtschaftswissenschaftliches Studium, 15. Jg. (1986), S. 1-10

Bauer, H.H.: Marktabgrenzung. Konzeption und Problematik von Ansätzen und Methoden zu Abgrenzung und Strukturierung von Märkten unter besonderer Berücksichtigung von marketingtheoretischen Verfahren, Berlin 1989

Bauer, H.H.: Unternehmensstrategie und strategische Gruppen, in: Unternehmensdynamik, hrsg. v. K.-P. Kistner u. R. Schmidt, Wiesbaden 1991, S. 389-416

Bauer, H.H.: Marktliche Einzeltransaktion und Geschäftsbeziehung sowie Sach- und Dienstleistung als jeweils eigenständige Erkenntnisobjekte?, in: Marketing - Zeitschrift für Forschung und Praxis, 17. Jg. (1995), S. 44-47

Bea, F.X.; Haas, J.: Strategisches Management, Stuttgart/Jena 1995

Becker, F.G.: Anreizsysteme für Führungskräfte im Strategischen Management, Bergisch Gladbach/Köln 1987

Benkenstein, M.: Strategisches Marketing. Ein wettbewerbsorientierter Ansatz, Stuttgart/Berlin/Köln 1997

Berger, R.; Kalthoff, O.: Kernkompetenzen - Schlüssel zum Unternehmenserfolg, in: Meilensteine im Management. Unternehmenspolitik und Unternehmensstrategie, hrsg. v. H. Siegwart, F. Malik u. J. Mahari, Stuttgart/Zürich/Wien 1995, S. 159-175

Bitzer, M.R.: Zeitbasierte Wettbewerbsstrategien - Die Beschleunigung von Wertschöpfungsprozessen in der Unternehmung, Gießen 1992

Bleicher, K.: Zur strategischen Ausgestaltung von Anreizsystemen für die Führungsgruppe in Unternehmungen, in: Zeitschrift für Organisation, 54. Jg. (1985), S. 21-27

Bleicher, K.: Unternehmenskultur und strategische Unternehmensführung, in: Strategische Unternehmungsplanung - Strategische Unternehmungsführung. Stand und Entwicklungstendenzen, hrsg. v. D. Hahn u. B. Taylor, 5. Aufl., Heidelberg 1990, S. 852-903

Blum, U.: Volkswirtschaftslehre. Studienhandbuch, München/Wien 1992

Böhnisch, W.; Jago, A.G.; Reber, G.: Zur interkulturellen Validität des Vroom/Yetton-Modells, in: Die Betriebswirtschaft, 47. Jg. (1987), S. 85-93

Bonus, H.: Die Langsamkeit von Spielregeln, in: Die Beschleunigungsfalle oder der Triumph der Schildkröte, hrsg. v. K. Backhaus u. H. Bonus, 2. Aufl., Stuttgart 1997, S. 1-18

Boos, F.; Jarmai, H.: Kernkompetenzen - gesucht und gefunden, in: Harvard Business Manager, 16. Jg. (1994), H. 4, S. 19-26

Bourgeois, L.O.; Brodwin, D.R.: Strategic Implementation: Five Approaches to an Elusive Phenomenon, in: Strategic Management Journal, 5. Jg. (1984), S. 241-264

Bowman, E.H.: Epistemology, Corporate Strategy, and Academe, in: Sloan Management Review, 15. Jg. (1974), S. 35-50

Bracker, J.: The Historical Development of the Strategic Management Concept, in: Academy of Management Review, 5. Jg. (1980), S. 219-224

Braun, C.F.v.: Die Beschleunigungsfalle, in: Zeitschrift für Planung, 2. Jg. (1991), S. 51-70

Bresser, R.K.F.: Kollektive Unternehmensstrategien, in: Zeitschrift für Betriebswirtschaft, 59. Jg. (1989), S. 545-564

Brockhoff, K.: Delphi-Prognosen im Computer-Dialog, Tübingen 1979

Brockhoff, K.: Produktpolitik, 3. Aufl., Stuttgart/Jena 1993

Brose, P.; Corsten, H.: Partizipation in der Unternehmung, München 1983

Buchholz, W.; Olemotz, T.: Markt- vs. Ressourcenbasierter Ansatz - Konkurrierende oder komplementäre Konzepte im Strategischen Management. Arbeitspapier Nr. 1/95 der Professur für Betriebswirtschaftslehre II: Organisation. Unternehmungsführung. Personalwirtschaft, hrsg. v. W. Krüger, Gießen 1995

Bühner, R.: CIM setzt eine leistungsfähige Organisation voraus, in: CIM-Management, 4. Jg. (1988a), H. 6, S. 4-8

Bühner, R.: Technologieorientierung als Wettbewerbsstrategie, in: Zeitschrift für betriebswirtschaftliche Forschung, 40. Jg. (1988b), S. 387-406

Bühner, R.: Strategie und Organisation, in: Zeitschrift Führung + Organisation, 58. Jg. (1989), S. 223-232

Bühner, R.: Economies of Speed - Beschleunigung der Abläufe im Unternehmen zur Erhöhung der Wettbewerbsfähigkeit, in: Zukunftsperspektiven der Organisation, Festschrift zum 65. Geburtstag von Robert Staerkle, hrsg. v. K. Bleicher u. P. Gomez, Bern 1990, S. 29-43

Bühner, R.: Betriebswirtschaftliche Organisationslehre, 6. Aufl., München/Wien 1992a

Bühner, R.: Management-Holding. Unternehmensstruktur der Zukunft, 2. Aufl., Landsberg a.L. 1992b

Bühner, R.: Strategie und Organisation. Analyse und Planung der Unternehmensdiversifikation mit Fallbeispielen, 2. Aufl., Wiesbaden 1993

Buzzell, R.D.; Gale, B.T.: The PIMS Principles. Linking Strategy to Performance, New York/London 1987

Camp, R.C.: Benchmarking: The Search for Industry Best Practices That Lead to Superior Performance, 12. Nachdruck, Milwaukee (WIS) 1995

Certo, S.C.; Peter, J.P.: Strategic Management: A Focus on Process, New York 1990

Chamberlin, E.: The Theory of Monopolistic Competition, Cambridge (MA) 1935

Chandler, A.D. Jr.: Strategy and Structure. Chapters in the History of Industrial Enterprise, Cambridge/London 1962

Child, J.: Organizational Structure, Environment and Performance: The Role of Strategic Choice, in: Sociology, 6. Jg. (1972), S. 1-22

Chrubasik, B.; Zimmermann, H.-J.: Evaluierung der Modelle zur Bestimmung strategischer Schlüsselfaktoren, in: Die Betriebswirtschaft, 47. Jg. (1987), S. 426-450

Coase, R.H.: The Nature of the Firm, in: Economica, N.S., 4. Jg. (1937), S. 386-405

Coenenberg, A.G.; Baum, H.-G.: Wettbewerbsmatrizen als Ergänzung des Produktportfolios, in: Zukunftsaspekte der anwendungsorientierten Betriebswirtschaftslehre. Erwin Grochla zum 65. Geburtstag gewidmet, hrsg. v. E. Gaugler, Stuttgart 1986, S. 91-110

Collis, D.J.: A Resource-Based Analysis of Global Competition: The Case of the Bearing Industry, in: Strategic Management Journal, 12. Jg. (1991), Special Issue Summer, S. 49-68

Corsten, H.: Zum Problem der Mehrstufigkeit in der Dienstleistungsproduktion, in: Jahrbuch der Absatz- und Verbrauchsforschung, 30. Jg. (1984), S. 253-272

Corsten, H.: Die Produktion von Dienstleistungen, Berlin 1985

Corsten, H.: Zur Verkürzung der Durchlaufzeiten bei Büroarbeiten, in: Das Wirtschaftsstudium, 15. Jg. (1986), S. 426-431

Corsten, H.: Zielbildung als interaktiver Prozeß, in: Das Wirtschaftsstudium, 17. Jg. (1988), S. 337-344

Corsten, H.: Überlegungen zu einem Innovationsmanagement - Organisationale und personale Aspekte, in: Die Gestaltung von Innovationsprozessen, hrsg. v. H. Corsten, Berlin 1989, S. 1-56

Corsten, H.: Personale Aspekte neuerer Konzepte der Produktionsorganisation, in: Die soziale Dimension der Unternehmung, hrsg. v. H. Corsten, L. Schuster u. B. Stauss, Berlin 1991, S. 39-64

Corsten, H.: Global Sourcing - Ein Konzept zur Stärkung der Wettbewerbsfähigkeit von Unternehmungen, in: Die Unternehmung im internationalen Wettbewerb, hrsg. v. L. Schuster, Berlin 1994a, S. 187-210

Corsten, H.: Gestaltungsbereiche des Produktionsmanagement, in: Handbuch Produktionsmanagement, hrsg. v. H. Corsten, Wiesbaden 1994b, S. 5-21

Corsten, H.: Wettbewerbsstrategien - Möglichkeiten einer simultanen Strategieverfolgung, in: Handbuch Unternehmungsführung, hrsg. v. H. Corsten u. M. Reiß, Wiesbaden 1995a, S. 341-354

Corsten, H.: Simultaneous Engineering, in: Lexikon der Betriebswirtschaftslehre, hrsg. v. H. Corsten, 3. Aufl., München/Wien 1995b, S. 868-872

Corsten, H.: Kontrolle, in: Lexikon der Betriebswirtschaftslehre, hrsg. v. H. Corsten, 3. Aufl., München/Wien 1995c, S. 475-479

Corsten, H.: Produktionsstrukturen. Aktuelle Trends und künftige Entwicklungen, in: Zukunftsorientiertes Management. Handlungshinweise für die Praxis, hrsg. v. H. Bruch, M. Eickhoff u. H. Thiem, Frankfurt a.M. 1996, S. 218-233

Corsten, H.: Geschäftsprozeßmanagement - Grundlagen, Elemente und Konzepte, in: Management von Geschäftsprozessen. Theoretische Ansätze - Praktische Beispiele, hrsg. v. H. Corsten, Stuttgart/Berlin/Köln 1997a, S. 9-57

Corsten, H.: Dienstleistungsmanagement, 3. Aufl., München/Wien 1997b

Corsten, H.: Produktionswirtschaft. Einführung in das industrielle Produktionsmanagement, 7. Aufl., München/Wien 1998

Corsten, H.; Gössinger, R.: Entwurf eines konzeptionellen Rahmens für ein Multiagentensystem zur integrativen Unterstützung der Produktionsplanung und -steuerung, Nr. 13 der Schriften zum Produktionsmanagement, hrsg. v. H. Corsten, Kaiserslautern 1997

Corsten, H.; Reiß, M.: Betriebswirtschaftliche Vergleichsformen, in: Das Wirtschaftsstudium, 18. Jg. (1989), S. 615-620

Corsten, H.; Reiß, M.: Systemische Integrationsansätze im Produktentstehungsprozeß, in: Integrationsmanagement für neue Produkte, Zeitschrift für betriebswirtschaftliche Forschung, Sonderheft 30, hrsg. v. R.A. Hanssen u. W. Kern, Düsseldorf/Frankfurt a.M. 1992, S. 213-231

Corsten, H.; Stuhlmann, S.: Chaostheoretische Überlegungen zur Dienstleistungsproduktion, Nr. 10 der Schriften zum Produktionsmanagement, hrsg. v. H. Corsten, Kaiserslautern 1996

Curti, B.: Strategiefragen des Unternehmens oder gibt es so etwas wie „Erfolgsfaktoren"?, in: Meilensteine im Management. Unternehmenspolitik und Unternehmensstrategie, hrsg. v. H. Siegwart, F. Malik u. J. Mahari, Stuttgart/Zürich/Wien 1995, S. 289-300

Daudel, S.; Vialle, G.: Le Yield Management, Paris 1989

David, F.R.: Fundamentals of Strategic Management, Columbus u.a. 1986

Day, G.S.; Wensley, R.: Marketing Theory with a Strategic Orientation, in: Journal of Marketing, 47. Jg. (1983), Fall, S. 79-89

Day, G.S.; Wensley, R.: Assessing Advantage: A Framework for Diagnosting Competitive Superiority, in: Journal of Marketing, 52. Jg. (1988), Spring, S. 1-20

Dess, G.G.; Davis, P.S.: Porter's (1980) Generic Strategies as Determinants of Strategic Group Membership and Organizational Performance, in: Academy of Management Journal, 27. Jg. (1984), S. 467-488

Diegruber, J.: Erfolgsfaktoren nationaler europäischer Linienluftverkehrsgesellschaften im Markt der 90er Jahre, Diss. St. Gallen, Konstanz 1991

Dill, W.R.: Environment as an Influence on Managerial Autonomy, in: Administrative Science Quarterly, 2. Jg. (1958), S. 409-443

Diller, H.: Preispolitik, 2. Aufl., Stuttgart/Berlin/Köln 1991

Dolata, B.: Betriebliche Früherkennungssysteme und deren strategische Bedeutung, München 1987

Doz, Y.; Prahalad, C.K.: A Process Model of Strategic Redirection in Large Complex Firms: The Case of Multinational Corporations, in: The Management of Strategic Change, hrsg. v. A.M. Pettigrew, Oxford 1987, S. 63-83

Edge, G. u.a.: Technologiekompetenz und Skill-basierter Wettbewerb, in: Handbuch Technologiemanagement, hrsg. v. E. Zahn, Stuttgart 1995, S. 185-217

Eicker, A.: Entschleunigung statt Beschleunigung (Gespräch mit K. Backhaus), in: Handelsblatt Nr. 223/46 vom 18./19.11.1994, S. K1

Ellinger, T.: Ablaufplanung, Stuttgart 1959

Endräs, C.: Erfolgsfaktoren computergestützter Informationssysteme in Mittelbetrieben: Eine empirische Untersuchung in Deutschland, Frankreich und Spanien, Frankfurt a.M. 1991

Engeleiter, H.-J.: Die Portfolio-Technik als Instrument der strategischen Planung, in: Betriebswirtschaftliche Forschung und Praxis, 33. Jg. (1981), S. 407-420

Engelhardt, W.H.; Freiling, J.: Leistungspotentiale als Basis für das Management von Geschäftsbeziehungen, in: Beziehungsmanagement. Dokumentation des 2. Workshops der Arbeitsgruppe „Beziehungsmanagement“ der wissenschaftlichen Kommission für Marketing im Verband der Hochschullehrer für Betriebswirtschaftslehre vom 29.-30.9.1995 in Heiligenstadt, hrsg. v. H. Diller, Heiligenstadt 1995, S. 7-33

Esser, M.: Die Wertkette als Instrument der strategischen Analyse, in: Strategieentwicklung - Konzepte und Erfahrungen, hrsg. v. H.C. Riekhof, Stuttgart 1989, S. 191-212

Faix, A.; Görgen, W.: Das „Konstrukt“ Wettbewerbsvorteile. Grundlagen, Kennzeichnung und Planung, in: Marketing - Zeitschrift für Forschung und Praxis, 16. Jg. (1994), S. 160-166

Faulkner, D.; Bowman, C.: Generic Strategies and Congruent Organisational Structures: Some Suggestions, in: European Management Journal, 4. Jg. (1992), S. 494-499

Felzmann, H.: Ein Modell zur Unterstützung der strategischen Planung auf der Ebene strategischer Geschäftseinheiten, Gelsenkirchen 1982

Fischer, T.M.: Kostenmanagement strategischer Erfolgsfaktoren, München 1993

Fleck, A.: Hybride Wettbewerbsstrategien. Zur Synthese von Kosten- und Differenzierungsvorteilen, Wiesbaden 1995

Fombrun, C.: Strategic Management: Integrating the Human Resource Systems into Strategic Planning, in: Advances in Strategic Management. A Research Annual, hrsg. v. R. Lamb, Greenwich/London 1983, S. 191-210

Ford, D.; Ryan, C.: Taking Technology to Market, in: Harvard Business Review, 59. Jg. (1981), H. 2, S. 117-126

Franz, K.-P.: Target Costing - Konzept und kritische Bereiche, in: Controlling, 5. Jg. (1993), S. 124-130

Freeman, E.R.: Strategic Management - A Stakeholder Approach, in: Advances in Strategic Management. A Research Annual, hrsg. v. R. Lamb, Greenwich/ London 1983, S. 31-60

Freeman, E.R.: Strategic Management - A Stakeholder Approach, Boston u.a. 1984

Freidank, C.-C.: Unterstützung des Target Costing durch die Prozeßkostenrechnung, in: Neuere Entwicklungen im Kostenmanagement, hrsg. v. K. Dellmann u. K.-P. Franz, Berlin/Stuttgart/Wien 1994, S. 223-259

Frese, E.: Kontrolle und Unternehmungsführung. Entscheidungs- und organisationstheoretische Grundfragen, Wiesbaden 1968

Frese, E.: Exzellente Unternehmungen - Konfuse Theorien. Kritisches zur Studie von Peters und Waterman, in: Die Betriebswirtschaft, 45. Jg. (1985), S. 604-606

Frese, E.: Grundlagen der Organisation. Konzepte - Prinzipien - Strukturen, 6. Aufl., Wiesbaden 1995

Frese, E.; Werder, A.v.: Organisation als strategischer Wettbewerbsfaktor - Organisationstheoretische Analyse gegenwärtiger Umstrukturierung, in: Organisationsstrategien zur Sicherung der Wettbewerbsfähigkeit, Zeitschrift für betriebswirtschaftliche Forschung, Sonderheft 33, hrsg. v. E. Frese u. W. Maly, Düsseldorf 1994, S. 1-27

Friedl, B.: Grundlagen des Beschaffungscontrolling, Berlin 1990

Friedrich, S.A.: Ressourcen und Kompetenzen als Bezugspunkte strategischen Denkens und Handelns - zur Renaissance einer stärker potentialorientierten Führung, in: Die Herausforderung der Zukunft meistern: Globalisierung, Potentialorientierung und Fokussierung, hrsg. v. H.H. Hinterhuber, Frankfurt a.M. u.a. 1995a, S. 319-354

Friedrich, S.A.: Mit Kernkompetenzen im Wettbewerb gewinnen, in: io Management Zeitschrift, 64. Jg. (1995b), H. 4, S. 87-91

Friedrich, S.A.: Der Ressourcenansatz in der strategischen Unternehmungsführung, Wiesbaden 1997

Fritz, W.: Marketing, ein Schlüsselfaktor des Unternehmenserfolges? Eine kritische Analyse vor dem Hintergrund der empirischen Erfolgsfaktorenforschung, Mannheim 1989

Fritz, W.: Marketing - ein Schlüsselfaktor des Unternehmenserfolges? Eine kritische Analyse vor dem Hintergrund der empirischen Erfolgsfaktorenforschung, in: Marketing - Zeitschrift für Forschung und Praxis, 12. Jg. (1990), S. 91-110

Fritz, W.: Die Produktqualität - ein Schlüsselfaktor des Unternehmenserfolges?, in: Zeitschrift für Betriebswirtschaft, 64. Jg. (1994), S. 1045-1062

Gabele, E.: Unternehmungsstrategie und Organisationsstruktur, in: Zeitschrift für Organisation, 48. Jg. (1979), S. 181-190

Gaitanides, M.: Strategien und Strukturen des Marktmanagements, in: Wirtschaftswissenschaftliches Studium, 15. Jg. (1986), S. 275-281

Gaitanides, M.; Westphal, J.: Strategische Gruppen und Unternehmenserfolg. Ergebnisse einer empirischen Studie, in: Zeitschrift für Planung, 2. Jg. (1991), S. 247-265

Gälweiler, A.: Unternehmensplanung. Grundlagen und Praxis, Frankfurt a.M. 1974

Gälweiler, A.: Strategische Geschäftseinheiten (SGE) und Aufbau-Organisation der Unternehmung, in: Zeitschrift für Organisation, 48. Jg. (1979), S. 252-260

Gälweiler, A.: Zum Stand der Unternehmensplanung heute, in: Rationalisierung, 31. Jg. (1980a), S. 31-36

Gälweiler, A.: Portfolio-Management - Produkt/Markt-Strategien als Voraussetzung, in: Zeitschrift für Organisation, 49. Jg. (1980b), S. 183-190

Gälweiler, A.: Strategische Unternehmensplanung, in: Planung und Kontrolle: Probleme der strategischen Unternehmensführung, hrsg. v. H. Steinmann, München 1981a, S. 84-100

Gälweiler, A.: Zur Kontrolle strategischer Pläne, in: Planung und Kontrolle: Probleme der strategischen Unternehmensführung, hrsg. v. H. Steinmann, München 1981b, S. 383-399

Gälweiler, A.: Strategische Unternehmensführung, Frankfurt a.M./New York 1987

Gälweiler, A.: Synergiepotentiale, in: Handwörterbuch der Planung, hrsg. v. N. Szyperski, Stuttgart 1989, Sp. 1935-1943

Gemünden, H.G.: Zeit - Strategischer Erfolgsfaktor in Innovationsprozessen, in: F&E-Management, hrsg. v. M. Domsch u.a., Stuttgart 1993, S. 67-118

Gere, K.; Roventa, P.: Strategische Geschäftseinheiten - Perspektiven aus der Sicht des Strategischen Managements, in: Zeitschrift für betriebswirtschaftliche Forschung, 33. Jg. (1981), S. 843-858

Geschka, H.; Reibnitz, U.v.: Die Szenario-Technik - ein Instrument der Zukunftsanalyse und der strategischen Planung, in: Praxis der strategischen Unternehmensplanung, hrsg. v. A. Töpfer u. H. Afheldt, 2. Aufl., Landsberg a.L. 1986, S. 125-170

Gilbert, X.; Strebel, P.: Strategies to Outpace the Competition, in: Journal of Business Strategy, 8. Jg. (1987), S. 28-36

Glasl, F.: Konfliktmanagement. Ein Handbuch für Führungskräfte und Berater, 3. Aufl., Bern/Stuttgart 1992

Gluck, F.W.; Kaufmann, S.P.; Walleck, A.S.: Strategic Management for Competitive Advantage, in: The McKinsey Quarterly, o.Jg. (1980), H. 3, S. 2-16

Goldsmith, W.; Clutterbuck, D.: The Winning Streak, London 1984

Görgel, U.B.: Computer Integrated Manufacturing und Wettbewerbsstrategie, Wiesbaden 1992

Görgen, W.; Kerkom, K.v.: Der Wechsel der Wettbewerbsstrategie - Eine kritische Analyse der Bestimmungsfaktoren und Maßnahmen. Arbeitspapier des Instituts für Markt- und Distributionsforschung der Universität zu Köln, Köln 1991

Götze, U.; Rudolph, F.: Instrumente der strategischen Planung, in: Strategische Planung. Instrumente, Vorgehensweisen und Informationssysteme, hrsg. v. J. Bloech u.a., Heidelberg 1994, S. 1-56

Götzelmann, F.: Umweltschutzinduzierte Kooperationen der Unternehmung. Anlässe, Typen und Gestaltungspotentiale, Frankfurt a.M. u.a. 1992

Grabner-Kräuter, S.: Diskussionsansätze zur Erforschung von Erfolgsfaktoren, in: Journal für Betriebswirtschaft, 43. Jg. (1993), S. 278-300

Graff, P.: Die Wirtschaftsprognose. Empirie und Theorie, Voraussetzungen und Konsequenzen, Tübingen 1977

Grant, J.H.; King, W.R.: Strategy Formulation: Analytical and Normative Models, in: Strategic Management. A New View of Business Policy and Planning, hrsg. v. D.E. Schendel u. C.W. Hofer, Boston/Toronto 1979, S. 104-122

Grant, R.M.: The Resource-Based Theory of Competitive Advantage: Implications for Strategy Formulation, in: California Management Review, 33. Jg. (1991), H. 1, S. 114-135

Grant, R.M.: Contemporary Strategy Analysis, Cambridge/Oxford 1995

Greipel, B.: Strategie und Kultur: Grundlagen und mögliche Handlungsfelder im kulturbewußten strategischen Management, Berlin 1988

Gröger, M.: CIM und strategisches Management, Wiesbaden 1992

Grossekettler, H.: Macht, Strategie und Wettbewerb - Versuch einer prüfbaren Theorie des strategischen Unternehmerverhaltens, Mainz 1972

Gussmann, B.: Innovationsfördernde Unternehmenskultur. Die Steigerung der Innovationsbereitschaft als Aufgabe der Organisationsentwicklung, Berlin 1988

Gutenberg, E.: Grundlagen der Betriebswirtschaftslehre, Bd. 2: Der Absatz, 13. Aufl., Berlin/Heidelberg/New York 1971

Haedrich, G.; Gussek, F.; Tomczak, T.: Instrumentelle Strategiemodelle als Komponenten im Marketingplanungsprozeß, in: Die Betriebswirtschaft, 50. Jg. (1990), S. 205-222

Haedrich, G.; Jenner, T.: Die Bedeutung strategischer Gruppen für die Marktwahl- und Marktbearbeitungsentscheidung bei der Neuproduktplanung in Konsumgütermärkten, in: Marketing - Zeitschrift für Forschung und Praxis, 17. Jg. (1995), S. 29-36

Haedrich, G.; Tomczak, T.: Strategische Markenführung. Planung und Realisierung von Marketingstrategien für eingeführte Produkte, Bern/Stuttgart 1990

Hahn, D.: Strategische Kontrolle, in: Strategische Unternehmungsplanung - Strategische Unternehmungsführung. Stand und Entwicklungstendenzen, hrsg. v. D. Hahn u. B. Taylor, 6. Aufl., Heidelberg 1992, S. 651-664

Hall, W.K.: Survival Strategies in a Hostile Environment, in: Harvard Business Review, 58. Jg. (1980), H. 5, S. 75-85

Hambrick, D.C.: Environmental Scanning and Organizational Strategy, in: Strategic Management Journal, 3. Jg. (1982), S. 159-174

Hambrick, D.C.: Some Tests of the Effectiveness and Functional Attributes of Miles and Snow's Strategic Types, in: Academy of Management Journal, 26. Jg. (1983), S. 5-26

Hamel, G.; Prahalad, C.K.: Strategy as Stretch and Leverage, in: Harvard Business Review, 71. Jg. (1993), H. 2, S. 75-84

Hamel, G.; Prahalad, C.K.: Competing for the Future, Boston (MA) 1994

Hamel, G.; Prahalad, C.K.: Wettlauf um die Zukunft. Wie Sie mit bahnbrechenden Strategien die Kontrolle über ihre Branche gewinnen und die Märkte von morgen schaffen, Wien 1995

Hamermesh, R.G.; Silk, S.B.: How to Compete in Stagnant Industries, in: Harvard Business Review, 57. Jg. (1979), H. 5, S. 161-168

Hammer, R.M.: Strategische Planung und Frühaufklärung, 2. Aufl., München/Wien 1992

Hansmann, K.-W.: Industriebetriebslehre, 2. Aufl., München/Wien 1987

Hauschildt, J.: Innovationsmanagement, 2. Aufl., München 1997

Hax, A.C.; Majluf, N.S.: Strategisches Management, Frankfurt a.M. 1988

Hax, A.C.; Majluf, N.S.: Strategisches Management. Ein integratives Konzept aus dem Massachusetts Institute of Technology, Studienausgabe, Frankfurt a.M./New York 1991

Hayes, R.H.; Wheelwright, S.C.: Link Manufacturing Process and Product Life Cycles, in: Harvard Business Review, 57. Jg. (1979), H. 1, S. 133-140

Henderson, B.D.: Die Erfahrungskurve in der Unternehmungsstrategie, Frankfurt a.M. 1974

Hentze, J.; Brose, P.; Kammel, A.: Unternehmungsplanung. Eine Einführung, 2. Aufl., Bern/Stuttgart/Wien 1993

Hering, T.: Investitionstheorie aus der Sicht des Zinses, Wiesbaden 1995

Heß, G.: Marktsignale und Wettbewerbsstrategie. Theoretische Fundierung und Fälle aus der Unternehmenspraxis, Stuttgart 1991

Heuss, E.: Allgemeine Markttheorie, Tübingen/Zürich 1965

Hieber, W.L.: Lern- und Erfahrungskurveneffekte und ihre Bestimmung in der flexibel automatisierten Produktion, München 1991

Hildebrandt, L.: Wettbewerbssituation und Unternehmenserfolg, in: Zeitschrift für Betriebswirtschaft, 62. Jg. (1992), S. 1069-1084

Hill, C.W.: Differentiation versus Low Cost or Differentiation and Low Cost: A Contingency Framework, in: Academy of Management Review, 13. Jg. (1988), S. 401-412

Hinterhuber, H.H.: Wettbewerbsstrategie, Berlin/New York 1982

Hinterhuber, H.H.: Strategische Unternehmungsführung, Bd. I: Strategisches Denken, 4. Aufl., Berlin/New York 1989

Hinterhuber, H.H.: Die Strategie als System von Aushilfen, in: Meilensteine im Management. Unternehmenspolitik und Unternehmensstrategie, hrsg. v. H. Siegwart, F. Malik u. J. Mahari, Stuttgart/Zürich/Wien 1995, S. 77-110

Hinterhuber, H.H.: Strategische Unternehmungsführung, Bd. I: Strategisches Denken, 6. Aufl., Berlin/New York 1996

Hinterhuber, H.H.; Stuhec, U.: Kernkompetenzen und strategisches In-/Outsourcing, in: Marketing. Zeitschrift für Betriebswirtschaft, Ergänzungsheft 1, hrsg. v. H. Albach, Wiesbaden 1997, S. 1-20

Hinterhuber, H.H. u.a.: Die Unternehmung als kognitives System von Kernkompetenzen und strategischen Geschäftseinheiten, in: Produktions- und Zuliefernetzwerke, hrsg. v. H. Wildemann, München 1996, S. 67-103

Hofer, C.W.; Schendel, D.E.: Strategy Formulation: Analytical Concepts, St. Paul u.a. 1978

Hoffmann, F.: Kritische Erfolgsfaktoren - Erfahrungen in großen und mittelständischen Unternehmungen, in: Zeitschrift für betriebswirtschaftliche Forschung, 38. Jg. (1986), S. 831-843

Hoffmann, F.: Unternehmungs-Bewertungs-System (UBS). Ein anwendungsorientiertes Konzept, in: Zeitschrift Führung + Organisation, 59. Jg. (1990), S. 315-322

Hoffmann, J.: Die Konkurrenz - Erkenntnisse für die strategische Führung und Planung, in: Praxis der strategischen Unternehmensplanung, hrsg. v. A. Töpfer u. H. Afheldt, 2. Aufl., Landsberg a.L. 1986, S. 183-205

Höft, U.: Lebenszykluskonzepte. Grundlage für das strategische Marketing- und Technologiemanagement, Berlin 1992

Homburg, C.; Sütterlein, S.: Strategische Gruppen: Ein Survey, in: Zeitschrift für Betriebswirtschaft, 62. Jg. (1992), S. 635-662

Horváth, P.; Herter, R.N.: Benchmarking, in: Controlling, 4. Jg. (1992), S. 4-11

Irle, M.: Macht und Entscheidungen in Organisationen - Studie gegen das Linie-Stab-Prinzip, Frankfurt a.M. 1971

Jacob, F.: Produktindividualisierung. Ein Ansatz zur innovativen Leistungsgestaltung im Business-to-Business-Bereich, Wiesbaden 1995

Jacob, H.: Die Aufgaben der strategischen Planung - Möglichkeiten und Grenzen, in: Strategisches Management 1, SzU, Bd. 29, hrsg. v. H. Jacob, Wiesbaden 1982, S. 41-67

Jacob, H.: Das PIMS-Programm, in: Das Wirtschaftsstudium, 12. Jg. (1983), S. 262-266

Jantsch, E.: Integrating Forecasting and Planning Through a Function-Oriented Approach, in: Technological Forecasting for Industry and Government, hrsg. v. J.R. Bright, Englewood Cliffs (NJ) 1968, S. 426-448

Jensen, E.: Reengineering - ein für die Nutzung des Mitarbeiterpotentials bedeutsames Konzept, in: Organisationsentwicklung, 13. Jg. (1994), H. 2, S. 48-57

Jones, D.T.: „Mager" is beautiful - Japaner auf Erfolgskurs, in: Technische Rundschau, 82. Jg. (1991), H. 38, S. 40-50

Jürgens, U.: Lean Production in Japan: Mythos und Realität, in: Lean Production. Schlanke Produktion. Neues Produktionskonzept humanerer Arbeit?, hrsg. v. IAT, IGM, IAO, HBS, 2. Aufl., Düsseldorf 1992, S. 25-34

Jürgens, U.: Lean Production, in: Handbuch Produktionsmanagement, hrsg. v. H. Corsten, Wiesbaden 1994, S. 369-379

Kaas, K.P.: Die Zukunft der Marketingforschung: Von der Konsumenten- zur Konkurrentenforschung?, in: Marktforschung im magischen Viereck. BVM, 23. Kongreß der Deutschen Marktforschung vom 1. bis 3. Mai 1988, hrsg. v. Berufsverband der deutschen Markt- und Sozialforscher e.V., Offenbach 1988, S. 37-55

Kahle, E.: Unternehmensführung und Unternehmenskultur. Zur Bedeutung der Unternehmensidentität als Erfolgsfaktor, in: Zeitschrift für Betriebswirtschaft, 58. Jg. (1988), S. 1228-1241

Kahn, A.; Wiener, A.J.: Ihr werdet es erleben. Voraussagen der Wissenschaft bis zum Jahre 2000, 4. Aufl., Wien/München/Zürich 1968

Kaluza, B.: Erzeugniswechsel als unternehmenspolitische Aufgabe, Berlin 1989

Kaluza, B.: Wettbewerbsstrategien und sozio-ökonomischer Wandel, in: Produktion als Wettbewerbsfaktor. Beiträge zur Wettbewerbs- und Produktionsstrategie, hrsg. v. H. Corsten, Wiesbaden 1995, S. 85-98

Kaluza, B.: Dynamische Produktdifferenzierungsstrategie und moderne Produktionssysteme, in: Produktions- und Zuliefernetzwerke, hrsg. v. H. Wildemann, München 1996, S. 191-234

Kantzenbach, E.: Die Funktionsfähigkeit des Wettbewerbs, Wirtschaftspolitische Studien 1, 2. Aufl., Göttingen 1967

Karnani, A.: Generic Competitive Strategies - An Analytical Approach, in: Strategic Management Journal, 5. Jg. (1984), S. 367-380

Kaufer, E.: Industrieökonomik. Eine Einführung in die Wettbewerbstheorie, München 1980

Kern, W.: Investitionsrechnung, Stuttgart 1974

Kern, W.: Industrielle Produktionswirtschaft, 5. Aufl., Stuttgart 1992

Kern, W.; Schröder, H.-H.: Forschung und Entwicklung in der Unternehmung, Reinbek bei Hamburg 1977

Kieser, A.: Wie „rational“ kann man strategische Planung betreiben?, in: Strategische Unternehmensführung und Rechnungslegung, hrsg. v. E. Gaugler, O.H. Jacobs u. A. Kieser, Stuttgart 1984, S. 31-44

Kieser, A.; Kubicek, H.: Organisation, 3. Aufl., Berlin/New York 1992

Kirsch, W.; Esser, W.-M.; Gabele, E.: Das Management des geplanten Wandels von Organisationen, Stuttgart 1979

Klaus, P.: Durch den Strategie-Theorien-Dschungel ... zu einem Strategischen Management Paradigma?, in: Die Betriebswirtschaft, 47. Jg. (1987), S. 50-68

Kleinaltenkamp, M.: Die Dynamisierung strategischer Marketing-Konzepte - Eine kritische Würdigung des „Outpacing Strategies"-Ansatzes von Gilbert und Strebel, in: Zeitschrift für betriebswirtschaftliche Forschung, 39. Jg. (1987), S. 31-52

Klingebiel, N.: Prozeßinnovationen als Instrumente der Wettbewerbsstrategie, Berlin 1989

Kloock, J.: Produktionskosten, Kontrolle der, in: Handwörterbuch der Produktionswirtschaft, hrsg. v. W. Kern, 1. Aufl., Stuttgart 1979, Sp. 1525-1539

Kloock, J.; Sabel, H.: Economies und Savings als grundlegende Konzepte der Erfahrung. Was bringt mehr?, in: Zeitschrift für Betriebswirtschaft, 63. Jg. (1993), S. 209-233

Kloock, J.; Sabel, H.; Schuhmann, W.: Die Erfahrungskurve in der Unternehmenspolitik, in: Erfahrungskurve und Unternehmensstrategie. Zeitschrift für Betriebswirtschaft, Ergänzungsheft 2, hrsg. v. H. Albach, Wiesbaden 1987, S. 3-51

Knafl, H.H.: Die Konzentration auf Kernkompetenzen in Unternehmen als Faktor für erfolgreichen Wettbewerb, Diss. Graz (TU) 1995

Knyphausen, D. zu: „Why are Firms different?" Der „Ressourcenorientierte Ansatz" im Mittelpunkt einer aktuellen Kontroverse im Strategischen Management, in: Die Betriebswirtschaft, 53. Jg. (1993), S. 771-792

Knyphausen-Aufseß, D. zu: Theorie der strategischen Unternehmensführung, Wiesbaden 1994

Knyphausen, D. zu; Ringlstetter, M.: Wettbewerbsumfeld, Hybride Strategien und Economies of Scope, in: Beiträge zum Management strategischer Programme, hrsg. v. W. Kirsch, München 1991, S. 540-557

Koch, H.: Zum Verfahren der strategischen Programmplanung, in: Zeitschrift für betriebswirtschaftliche Forschung, 31. Jg. (1979), S. 145-161

Köhler, R.: Die Kontrolle strategischer Pläne als betriebswirtschaftspolitisches Problem, in: Zeitschrift für Betriebswirtschaft, 46. Jg. (1976), S. 301-318

Köhler, R.: Grundprobleme der strategischen Marketingplanung, in: Die Führung des Betriebes. Festschrift für C. Sandig, hrsg. v. M.N. Geist u. R. Köhler, Stuttgart 1981, S. 261-291

Kolks, U.: Strategieimplementierung. Ein anwendungsorientiertes Konzept, Wiesbaden 1990

Koppelmann, U.: Beschaffungsmarketing, 2. Aufl., Berlin u.a. 1995

Krcmar, H.; Schwarzer, B.; Zerbe, S.: Innovativer Werkzeugeinsatz zur Unterstützung prozeßorientierter Organisationen - Einsatz der IT zur Einführung prozeßorientierter Standardsoftware und zur Unterstützung flexibler Workflows, in: Management von Geschäftsprozessen. Theoretische Ansätze - Praktische Beispiele, hrsg. v. H. Corsten, Stuttgart/Berlin/Köln 1997, S. 153-193

Kreikebaum, H.: Strategische Unternehmensplanung, 6. Aufl., Stuttgart/Berlin/Köln 1997

Kretschmer, H.: Strategien in reifen Märkten, in: Die Unternehmung, 37. Jg. (1983), S. 95-105

Kroeber-Riel, W.; Weinberg, P.: Konsumentenverhalten, 6. Aufl., München 1996

Krogh, G.v.; Venzin, M.: Anhaltende Wettbewerbsvorteile durch Wissensmanagement, in: Die Unternehmung, 49. Jg. (1995), S. 417-436

Krüger, W.: Grundlagen, Probleme und Instrumente der Konflikthandhabung in der Unternehmung, Berlin 1972

Krüger, W.: Die Erklärung von Unternehmungserfolg: Theoretischer Ansatz und empirische Ergebnisse, in: Die Betriebswirtschaft, 48. Jg. (1988), S. 27-43

Krüger, W.; Bach, N.: Lernen als Instrument des Unternehmungswandels. Arbeitspapier Nr. 3/96 der Professur für Betriebswirtschaftslehre II: Organisation. Unternehmungsführung. Personalwirtschaft, hrsg. v. W. Krüger, Gießen 1996

Krüger, W.; Homp, C.: Kernkompetenzen: Charakteristika, Formen und Wirkungsweise. Arbeitspapier Nr. 2/96 der Professur für Betriebswirtschaftslehre II: Organisation. Unternehmungsführung. Personalwirtschaft, hrsg. v. W. Krüger, Gießen 1996a

Krüger, W.; Homp, C.: Marktorientierte Kernkompetenzen und ihr strategischer Einsatz. Arbeitspapier Nr. 4/96 der Professur für Betriebswirtschaftslehre II: Organisation. Unternehmungsführung. Personalwirtschaft, hrsg. v. W. Krüger, Gießen 1996b

Krüger, W.; Homp, C.: Kernkompetenz-Management. Steigerung von Flexibilität und Schlagkraft im Wettbewerb, Wiesbaden 1997

Kruschwitz, L.: Investitionsrechnung, 5. Aufl., Berlin/New York 1993

Kubicek, H.; Thom, N.: Umsystem, betriebliches, in: Handwörterbuch der Betriebswirtschaft, hrsg. v. E. Grochla u. W. Wittmann, 4. Aufl., Stuttgart 1976, Sp. 3977-4017

Kühn, R.: Angebotspositionierung als Ansatz zur Präzisierung von Wettbewerbsstrategien, in: Positionierung. Kernentscheidung des Marketing, hrsg. v. T. Tomczak, T. Rudolph u. A. Roosdorp, St. Gallen 1996, S. 112-121

Lackes, R.: Just-in-Time-Produktion. Systemarchitektur - Wissensbasierte Planungsunterstützung - Informationssysteme, Wiesbaden 1995

Lado, A.A.; Boyd, N.G.; Wright, P.: A Competency-Based Model of Sustainable Competitive Advantage: Toward a Conceptual Integration, in: Journal of Management, 18. Jg. (1992), S. 77-91

Lange, B.: Die Erfahrungskurve: Eine kritische Beurteilung, in: Zeitschrift für betriebswirtschaftliche Forschung, 36. Jg. (1984), S. 229-245

Laux, H.: Anreizsysteme, ökonomische Dimension, in: Handwörterbuch der Organisation, hrsg. v. E. Frese, 3. Aufl., Stuttgart 1992, Sp. 112-122

Lehmann, R.: Kann Diversifikation Wert schaffen?, Bern 1993

Lehnen, F.: Die Szenariotechnik in der Unternehmensplanung, in: Zeitschrift für betriebswirtschaftliche Forschung, 31. Jg. (1979), S. 71-75

Leon, P. de: Scenario Designs: An Overview. A Report Prepared for Defence Advanced Research Project Agency, ARPA Order No. 189-1, o.O. 1973

Leumann, P.: Die Matrix-Organisation. Unternehmensführung in einer mehrdimensionalen Struktur. Theoretische Darstellung und praktische Anwendung, 2. Aufl., Bern/Stuttgart 1980

Levitt, T.: The Globalization of Markets, in: Harvard Business Review, 61. Jg. (1983), H. 3, S. 92-102

Liebl, F.: Strategische Frühaufklärung als Lernprozeß: Ein Modell zur Unterstützung der Umfeldanalyse, in: Systemdenken und Globalisierung: Folgerungen für die lernende Organisation im internationalen Umfeld, hrsg. v. R. Pfeiffer, Berlin 1997, S. 39-59

Luchs, B.; Roberts, K.: Benchmarking, in: Meilensteine im Management. Unternehmenspolitik und Unternehmensstrategie, hrsg. v. H. Siegwart, F. Malik u. J. Mahari, Stuttgart/Zürich/Wien 1995, S. 187-198

Macharzina, K.: Unternehmensführung: Das internationale Managementwissen, 2. Aufl., Wiesbaden 1995

Markowitz, H.: Portfolio Selection, New York/London/Sydney 1959

Mason, E.S.: Price and Production Policies of Large Scale Enterprises, in: American Economic Review, 29. Jg. (1939), S. 61-74

Mayntz, R.; Holm, K.; Hübner, P.: Einführung in die Methoden der empirischen Soziologie, 4. Aufl., Opladen 1974

McDaniel, S.W.; Kolari, J.W.: Marketing Strategy Implications of the Miles and Snow Strategic Typology, in: Journal of Marketing, 51. Jg. (1987), Fall, S. 19-30

McGrath, R.G.; MacMillan, I.C.; Venkataraman, S.: Defining and Developing Competence: A Strategic Process Paradigm, in: Strategic Management Journal, 16. Jg. (1995), S. 251-275

Meffert, H.: Strategische Unternehmensführung und Marketing, Wiesbaden 1988

Meffert, H.: Marketing-Management. Analyse - Strategie - Implementierung, Wiesbaden 1994

Meffert, H.: Marketing. Grundlagen marktorientierter Unternehmensführung, 8. Aufl., Wiesbaden 1998

Meier, M.C.: Strategisches Material-Ressourcen-Management, Zürich 1988

Miles, R.E.; Snow, C.C.: Organizational Strategy, Structure and Process, New York 1978

Miles, R.E.; Snow, C.C.: Fit, Failure and the Hall of Fame, in: California Management Review, 26. Jg. (1984), H. 3, S. 10-28

Miles, R.E.; Snow, C.C.: Organizations: New Concepts for New Forms, in: California Management Review, 28. Jg. (1986), H. 3, S. 62-73

Miller, A.; Dess, G.G.: Assessing Porter's (1980) Model in Term of its Generalizability, Accuracy and Simplicity, in: Journal of Management Studies, 4. Jg. (1993), S. 553-585

Miller, D.: The Generic Strategy Trap, in: Journal of Business Strategy, 13. Jg. (1992), S. 37-42

Miller, D.; Friesen, P.H.: Archetypes of Strategy Formulation, in: Management Science, 24. Jg. (1978), S. 921-933

Miller, D.; Friesen, P.H.: Porter's (1980) Generic Strategies and Performance: An Empirical Examination with American Data. Part I: Testing Porter, in: Organisation Studies, 7. Jg. (1986a), S. 37-55

Miller, D.; Friesen, P.H.: Porter's (1980) Generic Strategies and Performance: An Empirical Examination with American Data. Part II: Performance Implications, in: Organisation Studies, 7. Jg. (1986b), S. 255-261

Minderlein, M.: Markteintrittsbarrieren und Unternehmensstrategie, Wiesbaden 1989

Mintzberg, H.: Patterns in Strategy Formation, in: Management Science, 24. Jg. (1978), S. 934-948

Mintzberg, H.: The Structuring of Organizations. A Synthesis of the Research, Englewood Cliffs (NJ) 1979

Mintzberg, H.: Opening up the Definition of Strategy, in: The Strategy Process. Concepts, Contexts, and Cases, hrsg. v. J.B. Quinn, H. Mintzberg u. R.M. James, Englewood Cliffs (NJ) 1988, S. 13-20

Mintzberg, H.; Waters, J.A.: Of Strategies, Deliberate and Emergent, in: Strategic Management Journal, 6. Jg. (1985), S. 257-272

Mössner, G.U.: Planung flexibler Unternehmensstrategien, München 1982

Murmann, P.: Zeitmanagement für Entwicklungsbereiche im Maschinenbau, Wiesbaden 1994

Müller-Stevens, G.: Strategie und Organisationsstruktur, in: Handwörterbuch der Organisation, hrsg. v. E. Frese, 3. Aufl., Stuttgart 1992, Sp. 2344-2355

Murray, A.I.: A Contingency View of Porter's „Generic Strategies", in: Academy of Management Review, 13. Jg. (1988), S. 390-400

Nerdinger, F.W.: Motivation und Handeln in Organisationen. Eine Einführung, Stuttgart/Berlin/Köln 1995

Neubauer, F.-F.: Strategische Planung - Ein Managementinstrument mit einer großen Zukunft hinter sich?, in: Die Unternehmung, 39. Jg. (1985), S. 406-425

Neumann, J.v.; Morgenstern, O.: Spieltheorie und wirtschaftliches Verhalten, 2. Aufl., Würzburg 1967

Nieschlag, R.; Dichtl, E.; Hörschgen, H.: Marketing, 18. Aufl., Berlin 1997

Noetel, N.: Geschäftsfeldstrategie und Fertigungsorganisation, Wiesbaden 1993

Nutt, P.C.: Identifying and Appraising How Managers Install Strategy, in: Strategic Management Journal, 8. Jg. (1987), S. 1-14

Ohmae, K.: Japanische Strategien, Hamburg u.a. 1986

Olemotz, T.: Strategische Wettbewerbsvorteile durch industrielle Dienstleistungen, Frankfurt a.M. 1995

Osterloh, M.: Neue Ansätze im Technologiemanagement: vom Technologieportfolio zum Portfolio der Kernkompetenzen [1], in: io Management Zeitschrift, 63. Jg. (1994), H. 5, S. 47-50

Osterloh, M.; Frost, J.: Prozeßmanagement als Kernkompetenz. Wie Sie Business Reengineering strategisch nutzen können, Wiesbaden 1996

Overlack, J.: Wettbewerbsvorteile durch Informationstechnologie, Diss. Frankfurt a.M. 1988

Pekayvaz, B.: Strategische Planung in der Materialwirtschaft, Frankfurt a.M./ Bern/New York 1985

Penrose, E.T.: The Theory of the Growth of the Firm, Oxford 1959

Perillieux, R.: Strategisches Timing von F&E und Markteintritt bei innovativen Produkten, in: Integriertes Technologie- und Innovationsmanagement, hrsg. v. Booz • Allen & Hamilton, Berlin 1991, S. 21-48

Peters, T.; Waterman, R.H.Jr.: Auf der Suche nach Spitzenleistungen, 9. Aufl., Landsberg a.L. 1984

Pfeiffer, W. u.a.: Technologie-Portfolio zum Management strategischer Zukunftsgeschäftsfelder, 6. Aufl., Göttingen 1991

Pfohl, H.-C.: Strategische Kontrolle, in: Handbuch Strategische Führung, hrsg. v. H. Henzler, Wiesbaden 1988, S. 801-824

Pfohl, H.-C.; Stölzle, W.: Planung und Kontrolle, 2. Aufl., München 1997

Phillips, L.W.; Chang, D.R.; Buzzell, R.D.: Product Quality, Cost Position and Business Performance, in: Journal of Management, 9. Jg. (1983), S. 26-43

Picot, A.: Strukturwandel und Unternehmensstrategie, in: Wirtschaftswissenschaftliches Studium, 10. Jg. (1981), Teil 2: S. 563-571

Picot, A.: Transaktionskostenansatz in der Organisationstheorie: Stand der Diskussion und Aussagewert, in: Die Betriebswirtschaft, 42. Jg. (1982), S. 267-284

Picot, A.; Reichwald, R.; Wigand, R.T.: Die grenzenlose Unternehmung. Information, Organisation und Management, Wiesbaden 1996

Pine, J.B.: Mass Customization. The New Frontier in Business Competition, Boston (MA) 1993

Plinke, W.: Einführung in das Industrielle Marketing. Lehrbrief zum Weiterbildenden Studium Technischer Vertrieb, Berlin 1989

Porter, M.E.: The Structure Within Industries and Companies' Performance, in: Review of Economics and Statistics, 61 Jg. (1979), S. 214-227

Porter, M.E.: Wettbewerbsvorteile. Spitzenleistungen erreichen und behaupten, Frankfurt a.M./New York 1989

Porter, M.E.: Wettbewerbsstrategie, 9. Aufl., Frankfurt a.M./New York 1997

Prahalad, C.K.; Hamel, G.: The Core Competence of the Corporation, in: Harvard Business Review, 68. Jg. (1990), H. 3, S. 79-91

Prahalad, C.K.; Hamel, G.: Nur Kernkompetenzen sichern das Überleben, in: Harvard Manager, 13. Jg. (1991), H. 2, S. 66-78

Pryor, L.S.: Benchmarking: A Self-Improvement Strategy, in: The Journal of Business Strategy, 10. Jg. (1989), H. 11/12, S. 28-32

Pümpin, C.: Strategische Führung in der Unternehmungspraxis, Bern 1980

Rasche, C.: Kernkompetenzen, in: Die Betriebswirtschaft, 53. Jg. (1993), S. 425-427

Rasche, C.: Wettbewerbsvorteile durch Kernkompetenzen. Ein ressourcenorientierter Ansatz, Wiesbaden 1994

Rasche, C.; Wolfrum, B.: Ressourcenorientierte Unternehmensführung, in: Die Betriebswirtschaft, 54. Jg. (1994), S. 501-517

Reiß, M.: Bausteine betrieblicher Kontrolle, in: Das Wirtschaftsstudium, 13. Jg. (1984), S. 499-505

Reiß, M.: Mit Blut, Schweiß und Tränen zum schlanken Unternehmen, in: Lean Strategie. Wege zu mehr Effizienz in Produktentwicklung, Produktion, Service und Vertrieb, hrsg. v. gfmt Verlags KG, München 1992, S. 137-173

Reiß, M.: Implementierung, in: Handbuch Unternehmungsführung, hrsg. v. H. Corsten u. M. Reiß, Wiesbaden 1995, S. 291-315

Reiß, M.: Führung, in: Betriebswirtschaftslehre, hrsg. v. H. Corsten u. M. Reiß, 2. Aufl., München/Wien 1996, S. 233-343

Reiß, M.: Instrumente der Implementierung, in: Change Management. Programme, Projekte und Prozesse, hrsg. v. M. Reiß, L.v. Rosenstiel u. A. Lanz, Stuttgart 1997, S. 91-108

Reiß, M.; Beck, T.C.: Mass Customization - ein Weg zur wettbewerbsfähigen Fabrik, in: Zeitschrift für wirtschaftliche Fertigung und Automatisierung, 89. Jg. (1994), S. 570-573

Reiß, M.; Beck, T.C.: Kernkompetenzen in virtuellen Netzwerken: Der ideale Strategie-Struktur-Fit für wettbewerbsfähige Wertschöpfungssysteme, in: Unternehmungsführung im Wandel, hrsg. v. H. Corsten, Stuttgart/Berlin/Köln 1995a, S. 33-60

Reiß, M.; Beck, T.C.: Mass Customization-Geschäfte: Kostengünstige Kundennähe durch zweigleisige Geschäftssegmentierung, in: THEXIS, Fachzeitschrift für Marketing, 12. Jg. (1995b), H. 3, S. 30-34

Reiß, M.; Corsten, H.: Integrative Führungssysteme, in: Integrationsmanagement für neue Produkte, Zeitschrift für betriebswirtschaftliche Forschung, Sonderheft 30, hrsg. v. R.A. Hanssen u. W. Kern, Düsseldorf/Frankfurt a.M. 1992, S. 150-168

Reiß, M.; Corsten, H.: Schnittstellenfokussierte Unternehmungsführung, in: Handbuch Unternehmungsführung, hrsg. v. H. Corsten u. M. Reiß, Wiesbaden 1995, S. 5-18

Rettig, R.; Voggenreiter, D.: Makroökonomische Theorie, 5. Aufl., Düsseldorf 1985

Rieker, S.A.: Bedeutende Kunden: Analyse und Gestaltung von langfristigen Anbieter-Nachfrager-Beziehungen auf industriellen Märkten, Wiesbaden 1995

Rieser, I.: Frühwarnsysteme, in: Die Unternehmung, 32. Jg. (1978), S. 51-68

Rogers, E.M.: Diffusion of Innovations, 3. Aufl., New York/London 1983

Rollberg, R.: Lean Management und CIM aus Sicht der strategischen Unternehmensführung, Wiesbaden 1996

Rommel, G.: Produkt- und Produktionsstrategie I / Industriestudie: Am meisten zählt die einfache Lösung, in: Handelsblatt Nr. 153/33 vom 12.08.1991, S. 6

Rosenstiel, L.v.; Molt, W.; Rüttinger, B.: Organisationspsychologie, 8. Aufl., Stuttgart/Berlin/Köln 1995

Rühli, E.: Ressourcenmanagement: Strategischer Erfolg dank Kernkompetenzen, in: Die Unternehmung, 49. Jg. (1995), S. 91-105

Rumelt, R.P.: Strategy, Structure, and Economic Performance, Boston (MA) 1974

Rumelt, R.P.: Evaluation of Strategy: Theory and Models, in: Strategic Management. A New View of Business Policy and Planning, hrsg. v. D.E. Schendel u. C.W. Hofer, Boston/Toronto 1979, S. 196-212

Rumelt, R.P.: How Much Does Industry Matter, in: Strategic Management Journal, 12. Jg. (1991), S. 167-185

Rupp, E.: Technologietransfer als Instrument staatlicher Innovationsförderung, Göttingen 1976

Sänger, E.: Benchmarking, in: Lexikon des Controlling, hrsg. v. C. Schulte, München/Wien 1996, S. 62-65

Scheer, A.-W.: Computer Integrated Manufacturing: CIM. Der computergesteuerte Industriebetrieb, 4. Aufl., Berlin u.a. 1990a

Scheer, A.-W. (Hrsg.): CIM-Strategie als Teil der Unternehmensstrategie, Berlin u.a. 1990b

Schlicksupp, H.: Kreative Ideenfindung in der Unternehmung - Methoden und Modelle, Berlin/New York 1977

Schmidt, R.H.: Organisationstheorie, transaktionskostenorientierte, in: Handwörterbuch der Organisation, hrsg. v. E. Frese, 3. Aufl., Stuttgart 1992, Sp. 1854-1865

Schmietow, E.A.: Die technologische Wettbewerbsfähigkeit der bundesdeutschen Industrie - Einzel- und gesamtwirtschaftliche Aspekte, Diss. Kaiserslautern 1987

Schmitz, R.: Kapitaleigentum, Unternehmensführung und interne Organisation, Wiesbaden 1988

Schneider, D.: Die Unhaltbarkeit des Transaktionskostenansatzes für die „Markt oder Unternehmung"-Diskussion, in: Zeitschrift für Betriebswirtschaft, 55. Jg. (1985), S. 1237-1254

Schneider, E.: Einführung in die Wirtschaftstheorie, Teil II: Wirtschaftspläne und wirtschaftliches Gleichgewicht in der Verkehrswirtschaft, Tübingen 1949

Schnelle, E.: Entscheidung im Management. Lösung komplexer Aufgaben in großen Organisationen, Quickborn 1966

Scholz, C.: Strategisches Management. Ein integrativer Ansatz, Berlin/New York 1987

Scholz, C.: Personalmanagement, 3. Aufl., München 1993

Schonberger, R.J.: World Class Manfacturing. The Lessons of Simplicity Applied, New York/London 1986

Schonberger, R.J.: Fabriken in der Fabrik. Das Konzept des „Frugal Manufacturing" setzt auf kleinvolumige, flexible Fertigung, in: Harvard Manager, 10. Jg. (1988), H. 2, S. 24-30

Schreyögg, G.: Unternehmensstrategie. Grundfragen einer Theorie strategischer Unternehmensführung, Berlin/New York 1984

Schreyögg, G.: Organisation. Grundlagen moderner Organisationsgestaltung, Wiesbaden 1996

Schreyögg, G.; Steinmann, H.: Strategische Kontrolle, in: Zeitschrift für betriebswirtschaftliche Forschung, 37. Jg. (1985), S. 391-410

Schröder, H.-H.: Zum Problem einer Produktionsfunktion für Forschung und Entwicklung, Meisenheim a.G. 1973

Schumpeter, J.A.: The Theory of Economic Growth Development, Cambridge (MA) 1934

Schüring, K.-H.: Die Bedeutung des immateriellen Vorbereitungsgrades für Produkt- und Programmplanung, Frankfurt a.M. 1978

Schweitzer, M.: Planung und Kontrolle, in: Allgemeine Betriebswirtschaftslehre, Bd. 2: Führung, hrsg. v. F.X. Bea, E. Dichtl u. M. Schweitzer, 6. Aufl., Stuttgart/Jena 1993, S. 19-102

Segler, T.: Situative Organisationstheorie - Zur Fortentwicklung von Konzept und Methode, in: Organisationstheoretische Ansätze, hrsg. v. A. Kieser, München 1981, S. 227-272

Simon, H.: Schwächen bei der Umsetzung strategischer Wettbewerbsvorteile, in: Innovation und Wettbewerbsfähigkeit, hrsg. v. E. Dichtl, W. Gerke u. A. Kieser, Wiesbaden 1987, S. 367-376

Simon, H.: Management strategischer Wettbewerbsvorteile, in: Zeitschrift für Betriebswirtschaft, 58. Jg. (1988), S. 461-480

Simon, H.: Wettbewerbsstrategien, in: Handwörterbuch der Betriebswirtschaft, hrsg. v. W. Wittmann u.a., 5. Aufl., Stuttgart 1993, Sp. 4687-4704

Simon, H.: Die heimlichen Gewinner (Hidden champions): Die Erfolgsstrategie unbekannter Weltmarktführer, 2. Aufl., Frankfurt a.M./New York 1996

Skinner, W.: Manufacturing - Missing Link in Corporate Strategy, in: Harvard Business Review, 47. Jg. (1969), H. 3, S. 136-145

Skinner, W.: The Focused Factory: New Approach to Managing Manufacturing Sees Our Productivity Crisis as the Problem of 'How to Compete', in: Harvard Business Review, 52. Jg. (1974), H. 3, S. 113-121

Skinner, W.: Manufacturing, the Formidable Competitive Weapon, New York u.a. 1985

Snow, C.C.; Hrebiniak, L.G.: Strategy, Distinctive Competence, and Organizational Performance, in: Administrative Science Quarterly, 24. Jg. (1980), S. 317-336

Specht, G.; Beckmann, C.: F&E-Management, Stuttgart 1996

Specht, G.; Zörgiebel, W.W.: Technologieorientierte Wettbewerbsstrategien, in: Marketing - Zeitschrift für Forschung und Praxis, 7. Jg. (1985), S. 161-172

Staehle, W.: Management. Eine verhaltenswissenschaftliche Perspektive, 7. Aufl., München 1994

Stalk, G.: Time-Based Competition and Beyond: Competing on Capabilities, in: Conference Executive Summary, 20. Jg. (1992), H. 9/10, S. 27-29

Stalk, G.; Evans, P.; Shulman, L.E.: Competing on Capabilities: The New Rules of Corporate Strategy, in: Harvard Business Review, 70. Jg. (1992), H. 2, S. 57-69

Stanke, A.: Konzentration auf Kernkompetenzen. Die strategische Basis für das Outsourcing, in: Tätigkeitsbericht 1994 des Fraunhofer-Instituts für Arbeitswissenschaft und Organisation, hrsg. v. H.-J. Bullinger, Stuttgart 1994, S. 93-116

Steffenhagen, H.: Der Strategiebegriff in der Marketingplanung. Arbeitspapier Nr. 3 des Instituts für Wirtschaftswissenschaften der RWTH-Aachen, Aachen 1982

Stein, H.-G.: Kostenführerschaft als strategische Erfolgsposition, in: Handbuch Strategische Führung, hrsg. v. H. Henzler, Wiesbaden 1988, S. 397-426

Steiner, G.A.: Strategic Factors in Business Success, New York 1969

Steinle, C.; Bruch, H.; Müller, P.: Selbstorganisation - Ansätze und Implikationen für Organisation und Personalführung, in: Das Wirtschaftsstudium, 25. Jg. (1996), S. 648-655

Steinle, C.; Bruch, H.; Nasner, N.: Kernkompetenzen - Konzepte, Ermittlung und Einsatz zur Strategieevaluation, in: Zeitschrift für Planung, 8. Jg. (1997), S. 1-23

Steinle, C.; Eggers, B.: Ganzheitliches Problemlösen auf Basis der PUZZLE-Methodik, in: Zeitschrift für Planung, 2. Jg. (1991), S. 295-317

Steinle, C.; Thiem, H.; Bosch, T.: Chancen- und Risikenmanagement: Konzeption, Ausgestaltungsformen und Umsetzungshinweise, in: Zeitschrift für Planung, 8. Jg. (1997), S. 1-16

Steinmann, H.; Schreyögg, G.: Management. Grundlagen der Unternehmensführung, 2. Aufl., Wiesbaden 1991

Stuhlmann, S.: Die Theorie des Gewinnvorbehalts als ein theoretischer Baustein zum Diskontinuitätenmanagement, Arbeitsbericht Nr. 44 des Seminars für Allgemeine Betriebswirtschaftslehre, Industriebetriebslehre und Produktionswirtschaft der Universität zu Köln, Köln 1992

Sydow, J.: Unternehmungsnetzwerke, in: Handbuch Unternehmungsführung, hrsg. v. H. Corsten u. M. Reiß, Wiesbaden 1995, S. 159-169

Szyperski, N.: Planungswissenschaft und Planungspraxis. Welchen Beitrag kann die Wissenschaft zur besseren Beherrschung von Planungsproblemen leisten?, in: Zeitschrift für Betriebswirtschaft, 44. Jg. (1974), S. 667-684

Thiele, M.: Kernkompetenzorientierte Unternehmensstrukturen. Ansätze zur Neugestaltung von Geschäftsbereichsorganisationen, Wiesbaden 1997

Thom, N.; Wenger, A.P.: Unternehmungorganisation als Kernkompetenz. Auswirkungen auf organisatorische Strukturen, Prozesse und Gestaltende, in: Zukunftsorientiertes Management. Handlungshinweise für die Praxis, hrsg. v. H. Bruch, M. Eickhoff u. H. Thiem, Frankfurt a.M. 1996, S. 54-70

Triffin, R.: Monopolistic Competition and General Equilibrium Theory, Cambridge (MA) 1949

Ulrich, K.; Tung, K.: Fundamentals of Product Modularity. To appear in the Proceedings of the 1991 ASME Winter Annual Meeting Symposium on Issues in Design/Manufacturing Integration, Atlanta 1991

Ulrich, P.; Fluri, E.: Management. Eine konzentrierte Einführung, 7. Aufl., Bern/Stuttgart/Wien 1995

Venohr, B.: „Marktgesetze" und strategische Unternehmensführung, Diss. Frankfurt a.M. 1987

Vroom, V.H.: Führungsentscheidungen in Organisationen, in: Die Betriebswirtschaft, 41. Jg. (1981), S. 183-193

Wacker, P.-A.: Die Erfahrungskurve in der Unternehmensplanung, München 1980

Warnecke, H.-J.: Die Fraktale Fabrik, in: CIM-Management, 8. Jg. (1992), H. 2, S. 27-32

Weihrich, H.: The TOWS-Matrix: A Tool for Situational Analysis, in: Strategic Planning: Models and Analytical Techniques, hrsg. v. R.G. Dyson, Chichester u.a. 1990, S. 17-36

Weinert, A.B.: Anreizsysteme, verhaltenswissenschaftliche Dimension, in: Handwörterbuch der Organisation, hrsg. v. E. Frese, 3. Aufl., Stuttgart 1992, Sp. 122-133

Welge, M.K.: Unternehmungsführung, Bd. 1: Planung, Stuttgart 1985

Welge, M.K.: Unternehmungsführung, Bd. 2: Organisation, Stuttgart 1987

Welge, M.K.; Al-Laham, A.: Planung. Prozesse - Strategien - Maßnahmen, Wiesbaden 1992

Welge, M.K.; Al-Laham, A.: Der Prozeß der strategischen Planung, in: Das Wirtschaftsstudium, 22. Jg. (1993), S. 193-200

Werkmann, G.: Strategie und Organisationsgestaltung, Frankfurt a.M./New York 1989

Wernerfelt, B.: A Resource Based View of the Firm, in: Strategic Management Journal, 5. Jg. (1984), S. 171-180

Wheelen, T.L.; Hunger, D.J.: Strategic Management and Business Policy, 2. Aufl., Reading (MA) 1986

Wheelwright, S.C.; Hayes, R.H.: Fertigung als Wettbewerbsfaktor, in: Harvard Manager, 7. Jg. (1985), H. 4, S. 87-93

White, R.E.: Generic Business Strategies, Organizational Context and Performance: An Empirical Investigation, in: Strategic Management Journal, 7. Jg. (1986), S. 217-231

Wild, J.: Grundlagen der Unternehmungsplanung, Reinbek bei Hamburg 1974

Wildemann, H.: Strategische Investitionsplanung für neue Technologien in der Produktion, in: Strategische Investitionsplanung für neue Technologien, hrsg. v. H. Albach u. H. Wildemann, Wiesbaden 1986, S. 1-48

Wildemann, H.: Erfolgspotentialaufbau durch neue Produktionstechnologien, in: Wettbewerbsvorteile und Wettbewerbsfähigkeiten, hrsg. v. H. Simon u. J. Bohnenkamp, Stuttgart 1988, S. 116-128

Wildemann, H.: Wettbewerbswirkungen integrierter Produktionssysteme, in: Fabrikplanung, hrsg. v. H. Wildemann, Frankfurt a.M. 1989, S. 198-218

Wildemann, H.: Einführungsstrategien in die computerintegrierte Produktion, München 1990

Wildemann, H.: Die modulare Fabrik: Kundennahe Produktion, 3. Aufl., St. Gallen 1992

Wildemann, H.: Transaktionskostenreduzierung durch Fertigungssegmentierung, in: Die Betriebswirtschaft, 55. Jg. (1995a), S. 783-795

Wildemann, H.: Kooperation über die Wertschöpfungskette, in: Handbuch Unternehmungsführung, hrsg. v. H. Corsten u. M. Reiß, Wiesbaden 1995b, S. 743-751

Williamson, O.E.: Markets and Hierarchies. Analysis and Antitrust Implications, New York 1975

Witte, E.: Organisation für Innovationsentscheidungen. Das Promotoren-Modell, Göttingen 1973

Wittmann, W.: Betriebswirtschaftslehre, in: Handwörterbuch der Wirtschaftswissenschaften, hrsg. v. W. Albers u.a., Bd. 1, Stuttgart u.a. 1977, S. 584-609

Wolfsteiner, W.D.: Das Management der Kernfähigkeiten - Ein ressourcenorientierter Strategie- und Strukturansatz, Diss. St. Gallen 1995

Wright, P.; Parsinia, A.: Porter's Synthesis of Generic Business Strategies: A Critique, in: Industry Management, 30. Jg. (1988), H. 3, S. 20-23

Wüthrich, H.A.: Neuland des strategischen Denkens, in: Die Unternehmung, 44. Jg. (1990), S. 178-201

Zahn, E.: Produktionsstrategie, in: Handbuch Strategische Führung, hrsg. v. H. Henzler, Wiesbaden 1988, S. 515-542

Zahn, E.: Neue Produktionstechnologien: Potentiale für Wettbewerbsvorteile, in: Strategieentwicklung, hrsg. v. H.C. Riekhof, Stuttgart 1989, S. 153-166

Zahn, E.: Kompetenzbasierte Strategien, in: Handbuch Unternehmungsführung, hrsg. v. H. Corsten u. M. Reiß, Wiesbaden 1995, S. 355-369

Zäpfel, G.: Strategisches Produktions-Management, Berlin/New York 1989

Zäpfel, G.; Brunner, J.K.: Unternehmensstrategien in Wettbewerbssituationen, in: Zeitschrift für Betriebswirtschaft, 55. Jg. (1985), S. 561-576

Zäpfel, G.; Pölz, W.: Zur Analyse von Wettbewerbsvorteilen einer strategischen Geschäftseinheit, in: Marketing - Zeitschrift für Forschung und Praxis, 9. Jg. (1987), S. 257-265

Zehnder, T.: Kompetenzbasierte Technologieplanung. Analyse und Bewertung technologischer Fähigkeiten im Unternehmen, Wiesbaden 1997

Zettelmeyer, B.: Strategisches Management und strategische Kontrolle, Darmstadt 1984

Zimmermann, G.: Produktionsplanung variantenreicher Erzeugnisse mit EDV, Berlin u.a. 1988

Zörgiebel, W.W.: Technologie in der Wettbewerbsstrategie. Strategische Auswirkungen technologischer Entscheidungen untersucht am Beispiel der Werkzeugmaschinenindustrie, Berlin 1983

Index

E

F

G

H

I

Q

R

S

T

U

V

W

Z